INTRODUCTION
TO LATTICE QCD

格点量子
色动力学导论

刘 川 / 编著

北京大学出版社
PEKING UNIVERSITY PRESS

图书在版编目 (CIP) 数据

格点量子色动力学导论 / 刘川编著. —北京：北京大学出版社, 2017. 8
ISBN 978-7-301-28484-1

Ⅰ. ①格… Ⅱ. ①刘… Ⅲ. ①格点问题—量子色动力学—研究
Ⅳ. ① O165 ② O572. 24

中国版本图书馆 CIP 数据核字 (2017) 第 153770 号

书　　　　名	格点量子色动力学导论	
	GEDIAN LIANGZI SEDONGLIXUE DAOLUN	
著作责任者	刘川　编著	
责 任 编 辑	刘啸	
标 准 书 号	ISBN 978-7-301-28484-1	
出 版 发 行	北京大学出版社	
地　　　　址	北京市海淀区成府路 205 号　100871	
网　　　　址	http://www.pup.cn	
电 子 信 箱	zpup@pup.cn	
新 浪 微 博	@ 北京大学出版社	
电　　　　话	邮购部 62752015　发行部 62750672　编辑部 62754271	
印 　刷　 者	北京大学印刷厂	
经 　销　 者	新华书店	
	730 毫米 × 980 毫米　16 开本　11.75 印张　236 千字	
	2017 年 8 月第 1 版　2019 年 6 月第 2 次印刷	
定　　　　价	35.00 元	

内 容 简 介

　　量子色动力学(quantum chromodynamics，QCD)是描写强相互作用的基本理论，同时也是粒子物理标准模型的重要组成部分。格点量子色动力学(lattice QCD)是系统研究强相互作用的非微扰理论方法，为粒子物理、核物理的唯象学以及实验研究提供了直接的、非微扰的理论证据。本书从量子场论的路径积分表示出发，系统阐述了格点量子色动力学的总体框架和主要应用。本书为阐述方便分为两个部分。第一部分相对比较详细完整，侧重于理论框架以及 Monte Carlo 数值模拟的介绍，同时以强子谱学计算为例，演示了格点数值计算的基本步骤。第二部分则相对简略，罗列了强子矩阵元、格点手征费米子、改进作用量等方面的初步介绍。

　　本书适合于理论物理、粒子物理、核物理、凝聚态物理等相关方向的学习过一年研究生课程的读者阅读，特别相关的课程包括：量子场论、量子规范场论、(物理学中的)李群李代数等。

前　言

　　格点量子色动力学 (lattice QCD) —— 或者简称为格点 QCD —— 是粒子物理中一个相当专门的小方向。从其诞生直至今天的发展历程可以看出,它又是一个十分重要的方向。说它专门是因为它需要多方面的专门知识;说它小是因为从事这个方向的人员相对来说是比较少的;说它重要是因为它的独特性,即它是我们目前所知道的、最为系统的处理量子场论非微扰性质的方法。关于格点 QCD 的总体定位、特点以及相关的历史在本书的第一章中会有一个相对更完整的介绍,这里不再赘述。

　　随着近年来格点量子色动力学的发展,国外已经涌现出了不少优秀的介绍格点量子色动力学的教材。不幸的是,我发现国内多数的同学并不喜欢这些英文的教材。其实也说不上不喜欢,可能只是懒于阅读那些 “呕哑嘲哳难为听” 的英文罢了。考虑到这层因素,我时不时地会写一些关于格点 QCD 的中文讲义,原先打算给北大的感兴趣的同学们 (特别是我自己的研究生们) 作为参考,后来经北京大学出版社的同志鼓励,才考虑将其整理成书正式出版,供国内外同行评判。

　　虽然直接从事格点量子色动力学研究的人员比较少,但是与这个方向密切相关的方向的研究人员还是比较多的。因此,对于那些希望参考格点 QCD 的计算的人员来说 —— 无论是专业的从业人员还是正在学习的学生 —— 这个入门级的教科书应当还是有帮助的。这也是我有动力将其整理成书的一个重要原因。

　　本书适合的读者是具备了理论粒子物理研究生阶段基础课程的人员。这里所谓的基础是指读者对于连续时空的量子场论、量子规范场论有一定了解,同时对于群论、群表示论也具有相应的基础。当然,本书也可以供具备上述知识的本科生进行研读。前面虽然明确提及了粒子物理,事实上格点 QCD 的方法也很容易推广到物理学的其他分支,特别是核物理、凝聚态物理、原子分子物理等。

　　虽然出发点仅仅是写一本入门级别的教材,但是我还是加入了一些比较新的内容。为了使读者更容易接受,我将本书的主体内容分为了两大部分: 第一部分属于基础部分;第二部分属于进阶部分。第一部分相对而言讲述格点 QCD 最为基础的内容,包括格点标量场以及重整化的概念、Wilson 格点 QCD 的定义、格点 QCD 的数值模拟方法、格点 QCD 中强子谱的计算等。第二部分则介绍更为深入的内容,包括强子矩阵元的格点计算、手征性与格点费米子、格点作用量的改进等。其中第一部分的讲述相对完整和自洽, 没有太多额外的引文; 第二部分则完全不可能做到这一点。本书多数的讲解都比较简略, 但尽量给出了相关的引文, 希望了解相关问题细节的读者可以去查考。我虽然尽可能地介绍格点 QCD 中的重要方向, 但由于时间仓促, 还是遗漏了一个非常重要的子方向 —— 有限温度和有限密度格点 QCD。这个方向对于研究相对论性重离子碰撞以及 QCD 的相变问题极其重要, 但只能期待下一次再版的时候将其添加进去吧。

　　我首先希望感谢我的妻子韦丹教授。她多年来一直支撑着我的事业和家庭, 还在我不经意间说服了懒惰的我将书稿整理出版。当然, 我也要感谢我的儿子和父母。他们总是给我无私的帮助。最后我也要感谢北京大学物理学院理论物理研究所的同仁以及认真阅读本书初稿的学生们 (特别是孟雨)。

　　由于作者本人知识水平的限制, 书中难免各种错漏之处, 欢迎各位读者批评指正, 作者将在随后的再版过程中加以订正。

刘川, 二零一七年初

目 录

第二部　进阶部分

第一章 引言

本章提要

☞ 格点场论与格点量子色动力学
☞ 为什么需要格点场论

量 子场论 (quantum field theory, QFT) 是目前人类关于已知物质世界的构成及其相互作用的量子理论. 现在普遍认为, 所谓量子场论, 从广义上说, 就是关于多自由度体系的量子理论. 它实际上是基础物理学几乎所有重要分支 (如粒子物理、核物理、原子分子物理、凝聚态物理等等) 的理论基础. 如果按照所处理的对象的能量来区分, 较低能量范围的量子场论一般只需要非相对论性的描述就已经足够了. 这包含了较低能量的核物理、原子分子物理、凝聚态物理等. 相对而言, 在较高的能量区域, 粒子的相对论效应变得重要, 因此需要相对论性的量子场论. 这主要包括了中高能核物理以及 (高能) 粒子物理. 按照国内学科的传统划分, 人们往往用量子场论来特指相对论性量子场论, 而将非相对论性量子场论称为多体理论. 这其实并不是一个十分恰当的划分, 它纯粹是由于历史原因得以保存至今. 事实上, 凝聚态与核物理的多体量子理论就是非相对论性的量子场论.

研究一个多自由度量子体系的理论方法大致可以分为两类: 一类是利用所谓的微扰方法; 另一类则可以统称为非微扰方法.[1] 微扰方法已经发展得比较成熟, 也是读者在学习量子场论等课程时接触过的主要方法. 相对来说, 非微扰的理论方法则比较匮乏. 格点量子场论 (又简称为格点场论) 则是非微扰量子场论方法中最为系统的一种, 而本书的主题 —— 格点量子色动力学则是格点场论的最主流分支.

在本章的随后几节中, 我们将对格点 QCD 的一系列问题, 包括研究它的定位、目的、特点等, 做一个概述. 仅仅感兴趣具体的格点场论内容的读者可以直接跳到第二章, 只不过你可能对格点场论的目的没有太多了解罢了. 第一次阅读本书的读

---

[1] 在具体的研究对象上, 两种方法都出现在量子场论研究各个领域中, 从能量较低的凝聚态体系到能量较高的核物理乃至高能粒子物理. 本书的内容主要侧重于高能粒子物理中遇到的体系.

者 (依赖于你对于量子场论的掌握和理解) 很可能对本章中的某些内容不能很好地理解. 不过这并没有太大的关系, 而且绝对不会影响你对于后面具体内容的理解和掌握. 随着后续具体内容的展开, 多数读者可以再回来重新理解这些内容. 总体来说本章的安排如下: 在第 1 节中我们首先将格点量子色动力学在整个物理学理论中的地位和作用进行一个大致的描述; 随后的第 2 节中, 我们将介绍格点场论作为非微扰方法的特点; 在第 3 节中我们会简要回顾一下格点场论, 特别是格点 QCD 发展的历史. 对于一个学科 (或者子学科) 来说, 了解历史通常都是十分有益的, 尽管很多同学开始可能并不理解这一点.

1   总体定位

¶ 经过多年的努力, 人们已经成功地将自然界四种基本相互作用 (强、弱、电磁、引力) 中的前三种统一在一个量子场论的模型之中, 这就是所谓的粒子物理的标准模型 (standard model, SM).[1] 在高能粒子物理的标准模型中, 关于强相互作用部分的基本理论是量子色动力学 (quantum chromodynamics, QCD). 它在高能区和低能区呈现出不同的特性: 在高能区 QCD 呈现出渐近自由 (asymptotic freedom) 和可做微扰论研究的特性; 在低能区则会展现出手征对称性破缺和色禁闭等非微扰特性. 由于 QCD 在低能区 (通常指几个 GeV 以下) 具有非常强的非微扰特性, 因此研究这个能区的物理必须利用非微扰的理论方法. 目前已知的研究它最为系统的非微扰理论方法就是格点量子色动力学 (lattice QCD), 这也是本书将着重介绍的.

¶ 所谓格点量子场论 (lattice quantum field theory), 或者简称格点场论, 是指将场变量定义在离散的时空格点上的研究量子场论的理论方法. 格点量子色动力学, 或者简称格点 QCD, 则是用格点场论方法研究 QCD 的分支, 同时也是其中最大的一个分支. 格点量子色动力学在整个标准模型的理论框架中的相对位置显示在图 1.1 中. 格点 QCD 实际上是更为一般的格点 (量子) 场论的一个主流分支. 更为一般的格点场论可以用来讨论任何有比较强的相互作用 (从而非微扰效应非常明显) 的场论系统, 这可以是其他相互作用中的模型 (如 Higgs-Yukawa 模型等), 甚至可以是非粒子物理领域中的模型, 例如核物理中的有效场论模型、原子分子物理中的冷原子相互作用模型, 或者凝聚态物理中的强关联电子模型等等.

---

[1]引力部分我们只知道它的经典理论是 Einstein 的广义相对论, 它的量子理论目前还不清楚. 关于电磁相互作用, 它的经典理论就是 Maxwell 理论, 而其量子理论是量子电动力学 (quantum electrodynamics, QED). 强相互作用和弱相互作用由于其短程性, 因此它们总是利用量子理论来刻画的.

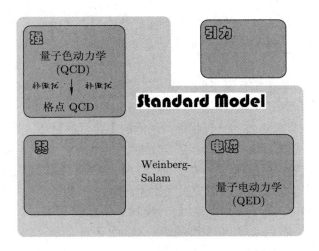

图 1.1   格点量子色动力学在标准模型中的相对位置的示意图.

需要强调指出的是, 虽然进行格点研究的人员绝大多数是研究 QCD 的, 但是这并不意味着格点只能用于研究 QCD. 格点场论作为一种非微扰的理论方法实际上可以用于研究任何量子场论体系. 格点 QCD 之所以特殊, 是因为在 QCD 的很多问题的研究中 (特别是低能区的强子物理研究中), 格点方法基本上是唯一的研究方法, 而在其他的研究领域, 格点场论的研究往往只是多种理论方法中的一种而已. 正是这种准唯一性使得格点 QCD 成为格点界的主流.

2   格点 QCD 的特点

¶ 前面我们强调了格点 QCD 是研究 QCD 的一种非微扰理论方法. 作为一种非微扰的理论方法它必须包括以下两个层面: 第一, 对于我们研究的量子场论系统它必须有一个数学上严格的非微扰的定义; 第二, 它必须能够以可操作的方式进行非微扰的计算. 格点场论的确可以达成上述两个层面的要求. 因此从这个意义上说, 格点场论既是世界观 (非微扰的定义) 又是方法论 (非微扰的计算). 下面将分别从这两个层面来阐述.

¶ 非微扰的定义

非微扰的定义其实是个比较困难的问题, 特别是对于具有无穷多自由度的量子场论体系. 这里之所以需要区分微扰的定义和非微扰的定义, 是因为后者要强于前者, 即如果一个理论的非微扰定义存在, 总可以在其中某个参数比较小的时候对其展开从而获得理论的一个微扰定义. 但是反过来一般是不太可能的, 因为非平庸量子场论体系的微扰论一般都属于不收敛的渐近展开. 换句话说, 大家在量子场论课程中所熟悉的量子场论的定义 —— 如果那能够称为定义的话 —— 绝大多数来自于对微扰论的感受, 都属于微扰定义的范畴. 这些感受对于非微扰的定义是不太起作用的.

那么如何从数学上定义量子场论呢? 目前已知的具有最良好数学基础的分支是所谓的构造量子场论 (constructive quantum field theory, CQFT) 理论体系.[1] 构造量子场论, 有时候又被称为公理化量子场论的主要目的是从一系列公理 (例如所谓的 Wightman 公理系统) 出发, 在数学上提出一个 3+1 维闵氏时空中相互作用量子场论的构造性证明 (即除了存在性证明之外, 还要提供如何构建这个场论的方法或者例证). 构造量子场论在历史上产生了一系列有重大意义的结果, 例如在通常量子场论课程中都会提及的自旋–统计定理、CPT 定理等等. 人们也成功地在此框架下构造出一系列 2 维和 3 维的非平庸的相互作用量子场论模型.[2] 但不幸的是, 这个分支的终极目标, 即在 3+1 维闵氏时空中给出相互作用量子场论的目标一直没有实现. 具体来说, 粒子物理学家经常使用的场论系统, 诸如 QED, QCD, Weinberg-Salam 模型乃至整个标准模型, 都还无法纳入构造量子场论的框架下. 不仅这些我们感兴趣的理论无法纳入构造量子场论的框架, 构造量子场论甚至无法提供任何一个在 3+1 维闵氏时空中非平庸的场论的例子! 这无疑是一个巨大的心理落差: 一方面我们认为量子场论是科学史上最为成功的理论, 它的预言与实验的符合可以达到 10 位以上的有效数字 (例如关于电子的反常磁矩); 另一方面我们所成功使用的量子场论在构造量子场论的意义下竟然还没有数学上的严格定义.

这个困局主要源于紫外发散 (ultraviolet divergence). 非平庸量子场论中紫外发散的存在预示着首先需要一个内禀的紫外截断 (ultraviolet cutoff) Λ 来将该理论正规化 (regularization). 这一点对于微扰论来说同样如此, 无论其截断的具体形式是如何巧妙或不太巧妙地引进的. 紫外截断的存在性是毋庸置疑的. 它是量子场论的定义 (无论微扰还是非微扰) 中不可分割的一部分. 从物理上看, 存在一个数学上有限的紫外截断恰恰是合理的: Heisenberg 的不确定性关系告诉我们, 无穷精细的时空分辨率实际上要求无穷大的能动量, 这一点显然在物理上是不可能实现的. 因此, 我们并不需要将截断 Λ 在数学上趋于无穷大 (这恰恰是构造量子场论所希望达到的), 需要的仅仅是保证截断 Λ 对于在相对于 Λ 低很多的能区所观察到的物理现象的影响足够小就行了. 目前关于量子场论的主流观点认为, 现在所使用的量子场论仅仅是在某个有效紫外截断 Λ 之下才成立的一种有效场论 (effective field theory), 而不是构造量子场论所设想的那种一直可以工作到无穷大能标的终极理论. 换句话说, 我们接受了量子场论中必定包含一个内禀的、有限大的紫外截断 Λ, 理论仅仅在 Λ 之下才成立. 这种关于量子场论主流观点的转变是经过许多年才实

---

[1] 参见 https://en.wikipedia.org/wiki/Constructive_quantum_field_theory.
[2] 有兴趣的读者可以参考 http://arxiv.org/abs/1203.3991 及其中的引文.

现的, 其背后的主要推手恰恰是 Wilson 关于重整化的思想. 这一点我们会在第二章的第 6 节中更为仔细地阐述. 也正因为这种主流观点的转变, 人们, 至少是多数物理学家, 渐渐不那么热衷于原初的构造量子场论了, 毕竟物理学是实验科学.

既然非平庸的量子场论中必须有紫外截断, 那么一种方便的方法就是利用格点正规化方案, 这样一来格距 a 的存在使得体系自动获得了紫外截断 $\Lambda \approx \pi/a$, 而有限的体积, 通常取为尺寸为 L 的一个四维盒子, 实际上还使得体系自动获得了红外的截断 $2\pi/L$. 在假设适当的边条件后, 我们的量子场论体系就变成了一个有限多 (尽管很多) 自由度的量子力学体系, 这就为非微扰地定义量子场论提供了可能. 事实上, 这正是格点场论所采用的方法. 我们可以在有限 L 和有限 a 的情况下研究量子场论体系的性质, 而我们感兴趣的无穷多自由度量子场论体系原则上可以定义为上述有限多自由度的量子体系在 $a \to 0$, $L \to \infty$ 下的极限 (假设它存在的话). 这两个极限分别称为格点场论的连续极限和无穷体积极限. 这个方法事实上与前面提及的构造量子场论的逻辑有类似的地方. 它实际上直接给出了一个具体的操作方法. 事实上利用所谓的 Osterwalder-Schrader 重构定理 (参见第 5.3 小节中进一步的讨论), Lüscher 证明了在有限 L 和有限 a 的情形下, 本书要讨论的一个主要对象 —— Wilson 格点 QCD 的理论在构造量子场论的意义下是存在的.[1] 虽然目前还没有能够证明它的连续极限和无穷体积极限一定也存在, 但这无疑是对 QCD 的一个很好的非微扰的定义.[2] 从这个角度来说, 格点 QCD 比起其他 3+1 维的量子场论 (比如 Weinberg-Salam 模型) 具有更好的构造量子场论基础.

¶ 非微扰的计算

量子场论的非微扰定义固然重要, 但如果无法进行具体的非微扰计算, 这种方法仍然只是镜花水月. 格点场论之所以能够逐渐成为非微扰研究的主流, 得益于它可以结合大规模的 Monte Carlo 数值模拟进行非微扰计算. 这些计算的结果可以直接与实验进行比较, 并且获得了越来越多的认证. 如果说在格点 QCD 发展的早期, 囿于当时计算机能力的限制, 格点 QCD 还仅仅能够研究一些非物理的 "模型" 的话, 那么近十年来格点 QCD 取得了长足的进步, 产生了一大批与实验可以对比, 甚至已经优于实验精度的理论结果.

大型 (甚至是超级) 计算机的使用无疑与格点 QCD 是密不可分的. 我们也会在本书中 (具体见第四章) 简要介绍格点 QCD 的数值模拟中常用的一些算法. 格点 QCD 也是目前世界上公认的需要大规模数值计算的几个方向之一. 因此, 从事格点 QCD 的研究不可避免地会涉及多个学科 (如计算数学、算法、并行计算等交叉学科) 和多人员的合作. 从这个意义上来说, 格点 QCD 的理论计算很像高能实

---

[1] Lüscher M. Construction of a selfadjoint, strictly positive transfer matrix for Euclidean lattice gauge theories. Commun. Math. Phys., 1977, 54: 283.

[2] 事实上这是笔者所知道的对于 QCD 的唯一非微扰定义.

验组, 只不过这个实验是在大型的计算机上做的 "数值实验" 而不是在加速器或探测器上的真实实验. 尽管格点 QCD 的合作组没有像高能实验组那么庞大, 但是往往也是十几人甚至更多的人员在一起共同努力的团体. 这个组织有着比较明确的分工. 大家共同努力的结果不仅仅是解决一系列物理问题, 而且往往使得其中的每个成员可以获得比较全方位的知识.[1]

与其他一些理论方法比较, 格点场论的计算有一个优势, 那就是人们往往比较清楚如何去系统地改进目前的计算. 也就是说, 如果目前的计算有些不如意的地方, 我们原则上知道如何去改进. 例如这种改进可能要面临目前尚无法承受的计算压力, 但是这个困难也许过几年就可以克服. 这个特点使得格点场论明显优于其他的一些理论方法 (比如模型). 也正因为如此, 我们一般会称格点计算为第一性原理 (ab initio) 的计算.

格点场论的另一个优势是, 即使对于物理的理解或者相关的算法改进都毫无进展, 计算机的发展也会帮助我们. 摩尔定律说计算机的计算能力大约每隔 18 个月就要翻倍 (现在该定律也许要失效). 因此, 尽管格点场论, 特别是它的数值模拟诞生没有很久, 今天已经能够计算许多非常重要的物理量了. 可以预见今后还将可以计算更多物理量.

3 一些历史

¶ 早期的格点 QCD (1974—1981)

格点 QCD 正式起源于 Kenneth G. Wilson 在 70 年代的一篇著名论文《夸克禁闭》(Confinement of Quarks).[2] 在这篇文献中,Wilson 详细阐述了如何利用欧氏空间的格点定义一个具有规范对称性的量子场论, 特别是如何利用它来理解 QCD 中的夸克禁闭问题. 这是一篇具有划时代意义的论文. 这不仅仅是因为它开创了格点场论这个理论物理的分支, 更为重要的是它大大深化了我们对于量子场论中重整化的理解.

在当时的计算机情况下,Wilson 本人并不可能进行任何数值模拟研究. 因此, 他的论证主要依靠所谓的强耦合展开 (strong coupling expansion) 进行. 关于 QCD 中的非阿贝尔规范场的格点研究最早是 20 世纪 80 年代由 Creutz 进行的. 他利用一系列优美的算法实现了纯规范场的 Monte Carlo 数值模拟. 但当时的格点场论更多还是在一些统计模型中验证一些比较偏学术的物理规律, 例如相变的行为等等, 还远没有进行真正的量子色动力学的计算. 但这些早年的格点数值模拟积累了大量关

---

[1]正因为如此, 从事格点 QCD 研究的学生平均来说在后来找工作的时候会具有更多的技能.
[2]具体的信息见 Wilson K. Confinement of quarks. Phys. Rev. D, 1974, 10: 2445.

于算法的经验. 事实上, 正是以这些算法为雏形, 后来发展出的一系列非常有实效的算法一直沿用至今.

¶ 淬火格点 QCD 时期 (1981—2003)

在算法方面特别值得一提的是关于费米子的模拟. 在格点场论的理论框架中费米子场是利用 Grassmann 变量表示的, 但是通常的计算机是不可能直接处理 Grassmann 数的, 因此我们必须首先将费米子场在路径积分的框架下积掉 (integrate out), 这就会出现所谓的费米子行列式. 由于其高度的非局域性, 费米子行列式的直接计算远远超出了那个时代计算机所能够承受的极限. 从物理上看费米子行列式代表的是理论中费米子圈 (也就是所谓的海夸克) 的贡献. 因此, 在不得已的情况下, 人们将费米子行列式设为常数 (其实就是忽略掉), 这就是所谓的淬火近似 (quenched approximation). 格点 QCD 的淬火近似又被称为淬火格点 QCD. 由于它忽略掉了费米子圈 (海夸克) 的贡献, 它又被称为价夸克近似 (valence approximation). 具体叫什么并不重要, 重要的是淬火近似本质上讲并不是一个具有良好定义的物理理论: 它根本不具备一个正定的哈密顿量, 它的路径积分表示也可以被证明存在各种问题, 这个理论中存在所谓的鬼粒子 —— 即破坏自旋–统计定理的粒子等等. 也就是说, 我们几乎无法期待系统地将它改善以达到完整的格点 QCD. 但是这个理论在格点 QCD 的早期仍然起到了重要的作用. 相对于淬火格点 QCD, 原先的不淬火格点 QCD, 其实就是真正的格点 QCD, 就被称为完整的 (full) 格点 QCD.

20 世纪 80 年代关于费米子算法的研究有一系列进展, 其中最为重要的就是所谓的杂化 Monte Carlo 算法 (Hybrid Monte Carlo, HMC) 的诞生.[1] 这个算法的重要意义在于, 我们原则上可以利用一个严格的算法, 对包含费米子且无符号问题的体系进行系统的 Monte Carlo 模拟. 这种算法在简并的两味 QCD 上应用的尝试表明, 算法虽然是正确的, 但是以当时的计算能力, 进行完整的格点 QCD 模拟仍然是不可能完成的任务.

另一方面, 从 20 世纪 80 年代起人们就开始尝试一系列基于淬火近似的格点 QCD 计算. 首先 Hamber 和 Parisi 在 1981 年进行了首个淬火格点 QCD 中的轻强子谱的计算.[2] 但是由于当时计算机能力的限制, 这些计算都仅能称为尝试性的研究. 直到 1993 年左右,Weingarten 等人发展了以往的计算方法, 借助于 IBM 公司所提供的强大的机器 —— GF11, 完成了比较系统的、轻强子谱的淬火计算.[3] 随后的几年中, 多个格点合作组都曾利用这个近似进行轻强子谱的研究.

从 1991—1992 年开始, 格点场论就有了自己的专属 arXiv 子库, 这就是 hep-

---

[1]参见 Duane S, Kennedy A D, Pendleton B J, and Roweth D. Phys. Lett. B, 1987, 195: 216.

[2]参见 Hamber H and Parisi G. Phys. Rev. Lett., 1981, 47: 1792.

[3]参见 Butler F, Chen H, Sexton J, Vaccarino A, and Weingarten D. Phys. Rev. Lett., 1993, 70: 2849.

lat.[1] 事实上格点场论是 arXiv 中最早的几个库之一. 这当然并不奇怪, 因为 arXiv 的创始人 Ginsparg 本人就是 Wilson 的学生. 现在, arXiv 已经成为整个物理界 (甚至还包括很多与物理相关的其他学科, 如数学、计算机科学等等) 最为重要的电子预印本 (e-print) 库. 从预印本库文章的数量来看, 应当说格点场论 (hep-lat) 是一个比较 "小众" 的子学科. 这个子学科需要相当专门的知识和技术, 因此从事这个子学科的科学家人数是比较少的, 一个粗略的估计是全世界大约也就在 200 人左右, 主要集中在美国、欧洲、日本.[2] 在 hep-lat 发表的论文的篇数也是比较少的. 究其原因是一般来说真正格点计算的时间比较长, 而且往往都是由多个作者合作完成, 这对于较大的格点合作组更是如此.

目前格点界最为重要的国际会议就是一年一届的格点年会. 如果追溯历史, 第一届格点年会可以上溯到 1984 年 4 月 5—7 日在美国 Argonne 国家实验室举行的一个专题研讨会 (workshop), 会议的主题是格点上的规范场 (Gauge Theory on a Lattice). 后来这个会议的报告出版了会议文集. 第二年 (1985) 在类似的时间 (4 月 10—13 日), 类似的专题研讨会在 Florida 的 Tallahassee 举行. 在同一年的秋天 (11 月 5—7 日), 欧洲从事格点研究的人员在德国的 Wuppertal 也举办了一次研讨会. 显然每年在世界的两个地方分别举行类似的专题研讨会的方式相当不明智. 此后业界的共识是每年只举办一届格点方面的研讨会并将轮流在美国和欧洲举办. 1986 年 9 月格点年会在美国 Upton 举行并且开始使用简称 Lattice Gauge Theory'86, 只不过这时的会议仍然称为研讨会 (workshop) 而不是大会 (symposium). 正式改称为大会的是 1987 年 9 月在法国举行的第五届格点年会. 到第六届格点年会 (1988 年 9 月 22—25 日), 不仅仅会议称为大会, 并且也确立了会议的标准简称 Lattice 88.[3] 从这时起, 格点年会采用每年一届、美国欧洲轮流主办的模式. 仅有的两个例外是 1991 年日本和 1995 年澳大利亚也加入了主办地的行列. 随着 21 世纪的迫近, 人们逐渐意识到简称不能仅仅用两位数字, 而是需要包含年份的所有四位数字. 例如 2017 年的格点年会一般简称为 Lattice 2017, 将在西班牙举行.[4] 为了减少从业人员的旅行压力, 格点年会一般采取欧洲、美国、其他地方轮流主办的方式. 值得一提的是 Lattice 2009 是在北京大学举行的.

¶ 非淬火格点 QCD 时期 (2003–)

从 2003 年起, 人们开始尝试进行有动力学夸克的数值模拟. 这种尝试是从一

---

[1]虽然严格来说它始于 1991 年, 但如果点进去查看的话就会发现: 1991 年只有 07 月和 12 月有文章 (各有两篇文章), 其他月份都是空缺的. 真正每个月份都有文章的历史始于 1992 年. 按照官方的说法, hep-lat 的首创日期设定为 1992 年 2 月.

[2]这可以从每年的格点年会的与会人数得到粗略的估计. 每年一届的格点年会大约 300~400 人参加, 其中至少有一半以上是研究生或博士后. 当然, 每年都会有少部分人由于各种原因无法参会.

[3]当时的人们还没有意识到千年虫的问题.

[4]它的全称是: The 35rd International Symposium on Lattice Field Theory.

种称为 Kogut-Susskind 费米子, 又称为交错费米子 (staggered fermion) 的方案开始的. 我们会在第七章的第 27 节中简单介绍这种格点费米子方案. 随后, 一些大型的格点合作组开始利用全世界的资源产生一系列规范场组态. 这些组态不仅可以供本组的人员使用, 在一系列认证之后, 还可以通过互联网共享给世界上其他研究格点 QCD 的人员. 这就是所谓的 International Lattice Data Grid (ILDG) 机制.

¶ 从 20 世纪 80 年代到目前的 30 余年之中, 随着计算机能力的不断提升以及人们关于各种算法的不断研究, 我们对于强相互作用的认识也不断加深. 格点场论从最开始只能研究一些简单统计模型的计算, 发展为可以进行大量能与真实实验结果对比的计算的非微扰理论方法. 可以预见, 在未来的十几乃至几十年内, 格点场论和格点量子色动力学仍将是快速发展的一个学科. 当然, 这个学科也迫切需要年轻人的加入, 这也是作者撰写本书的重要目的. 我希望更多的年轻人加入这个快速发展并且生机勃勃的学科中来.

这一章简要回顾了量子场论和量子规范场论的历史. 大家会发现, 这个历史在早期是与量子力学的建立, 在后期是与粒子物理的进展等密不可分的. 量子场论的早期简单历史在 Weinberg 的书[2]上有比较详细的叙述. 粒子物理的简单发展历史可以参考有关粒子物理课程的介绍以及网上的资料.

第一部
基础部分

第二章 格点上的标量场

本章提要

- 量子力学的路径积分表示
- 格点标量场论
- 临界现象与重整化群

本 章从路径积分表示出发, 首先讨论最为简单的标量场论.

4 量子力学的模型

4.1 路径积分量子化

我们首先以一个 $(0+1)$ 维量子场论, 也就是量子力学问题为例, 来回顾一下路径积分的基本概念. 为此, 考虑一个一维量子力学非谐振子, 它的哈密顿量为[1]

$$\hat{H} = \hat{H}_0 + \hat{V}(\hat{x}) = \frac{\hat{p}^2}{2} + \frac{\omega^2}{2}\hat{x}^2 + \hat{V}(\hat{x}) , \qquad (2.1)$$

其中相互作用势 $\hat{V}(\hat{x})$ 体现了振子的非谐效应. 我们现在想求这个量子力学系统在初始时刻 $t = t_I$ 处于位置 x_I, 在某个终止时刻 $t = t_F$ 时处于 x_F 的跃迁几率幅

$$\mathcal{Z}[x_F, t_F; x_I, t_I] = \langle x_F, t_F | e^{-iT\hat{H}} | x_I, t_I \rangle, \qquad (2.2)$$

其中 $T = (t_F - t_I)$ 是时间间隔. 将时间间隔 T 切成等长的 N 份, 每份长度为 a, 当然 $Na = T$:

$$\langle x_F | e^{-iT\hat{H}} | x_I \rangle = \langle x_F | e^{-ia\hat{H}} \cdot e^{-ia\hat{H}} \cdots e^{-ia\hat{H}} | x_I \rangle,$$

---

[1]这里为了区分量子力学中的算符和它的本征值 (数), 将在算符的符号上面加一个 "＾" 的符号.

其中等式右边夹在初态和末态之间的共有 N 个相同的指数因子并且已经略写了参数 t_{I} 和 t_{F}. 现在我们假定 a 足够小, 这时指数因子上的坐标和动量部分就可以假定是近似对易的:[1]

$$\mathrm{e}^{-\mathrm{i}a\hat{H}} \approx \mathrm{e}^{-\mathrm{i}a\hat{p}^2/2}\mathrm{e}^{-\mathrm{i}a[\omega^2\hat{x}^2/2+\hat{V}(\hat{x})]},$$

因为上式所造成的误差至少是 $O(a^2)$. 剩下的步骤基本上都是量子力学中惯用的伎俩. 我们在上面的 N 个因子中间插入一组完备的量子力学本征态. 对于这个问题, 最为自然的选择显然是坐标算符 $\hat{x}$ 的本征态 $|x_t\rangle\langle x_t|$, 其中给这些插入的中间态一个下标 t 来区分它们. 于是, 可以将这个矩阵元写成

$$\langle x_{\mathrm{F}}|\mathrm{e}^{-\mathrm{i}T\hat{H}}|x_{\mathrm{I}}\rangle \approx \int \left(\prod_{t=1}^{N-1}\mathrm{d}x_t\right)\left\{\prod_{t=0}^{N-1}\left\langle x_{t+1}\left|\mathrm{e}^{-\mathrm{i}a\frac{\hat{p}^2}{2}}\mathrm{e}^{-\mathrm{i}a[\frac{\omega^2}{2}\hat{x}^2+\hat{V}(\hat{x})]}\right|x_t\right\rangle\right\}, \quad (2.3)$$

这里约定: $x_0 = x_{\mathrm{I}}$, $x_N = x_{\mathrm{F}}$. 利用 $\hat{x}|x_t\rangle = x_t|x_t\rangle$ 以及在坐标表象下动量的表达式 $\hat{p} = -\mathrm{i}(\partial/\partial x)$, 这个公式中的 N 个因子都是类似的, 我们姑且拿出一个来计算:

$$\langle x_{t+1}|\mathrm{e}^{-\mathrm{i}a\frac{\hat{p}^2}{2}}\mathrm{e}^{-\mathrm{i}a(\frac{\omega^2}{2}\hat{x}^2)}|x_t\rangle = \mathrm{e}^{-\frac{\mathrm{i}a\omega^2}{2}x_t^2}\left\langle x_{t+1}\left|\mathrm{e}^{\frac{\mathrm{i}a}{2}\frac{\partial^2}{\partial x^2}}\right|x_t\right\rangle.$$

利用恒等式

$$\mathrm{e}^{\frac{\mathrm{i}a}{2}\frac{\partial^2}{\partial x^2}} = \int_{-\infty}^{\infty}\mathrm{d}\xi\, \mathrm{e}^{\frac{\mathrm{i}\xi^2}{2a}+\xi\frac{\partial}{\partial x}}, \quad (2.4)$$

可以得到

$$\left\langle x_{t+1}\left|\mathrm{e}^{\frac{\mathrm{i}a}{2}\frac{\partial^2}{\partial x^2}}\right|x_t\right\rangle = \int_{-\infty}^{\infty}\mathrm{d}\xi_t\, \mathrm{e}^{\frac{\mathrm{i}\xi_t^2}{2a}}\left\langle x_{t+1}\left|\mathrm{e}^{\xi_t\frac{\partial}{\partial x}}\right|x_t\right\rangle. \quad (2.5)$$

现在注意到上式等号右边的矩阵元就是 $\langle x_{t+1}|x_t + \xi_t\rangle = \delta(x_{t+1} - x_t + \xi_t)$, 这些 δ 函数告诉我们相邻的 x_t 之间的差就是 ξ_t. 利用这些 δ 函数可以完成所有 ξ_t 的积分. 我们得到的结果是:[2]

$$\langle x_{\mathrm{F}}\left|\mathrm{e}^{-\mathrm{i}T\hat{H}}\right|x_{\mathrm{I}}\rangle = \int\left(\prod_{t=1}^{N-1}\mathrm{d}x_t\right)$$

$$\exp\left\{\mathrm{i}a\sum_{t=0}^{N-1}\left[\frac{1}{2}\left(\frac{x_{t+1}-x_t}{a}\right)^2 - \frac{\omega^2 - \mathrm{i}\epsilon}{2}x_t^2 - V(x_t)\right]\right\}. \quad (2.6)$$

注意到这个结果的指数因子在 $a \to 0$ 和 $N \to \infty$ 但 $Na = T$ 固定的极限下正好与系统的经典作用量有关,[3] 于是, 我们可以形式地将它写成

$$\mathcal{Z}[x_{\mathrm{F}}, t_{\mathrm{F}}; x_{\mathrm{I}}, t_{\mathrm{I}}] \equiv \langle x_{\mathrm{F}}|\mathrm{e}^{-\mathrm{i}T\hat{H}}|x_{\mathrm{I}}\rangle = \int \mathcal{D}x\, \mathrm{e}^{\mathrm{i}S[x(t)]}, \quad (2.7)$$

---

[1] 更为科学的做法是将势能的因子对称地分在含动量因子的左右两边, 不过这样做对于最终的结果没有本质影响.

[2] 我们在作用量中加上了一个很小的虚部: $\omega^2 \to (\omega^2 + \mathrm{i}\epsilon)$. 这样一来, 可以证明 (分立形式的) 路径积分是收敛的.

[3] 如果我们假定 x_t 趋向于一个至少一阶可微的函数的话.

其中 $S[x(t)]$ 是系统的经典作用量:

$$S[x(t)] = \int_{t_\mathrm{I}}^{t_\mathrm{F}} \mathrm{d}t L[x, \dot{x}, t] = \int_{t_\mathrm{I}}^{t_\mathrm{F}} \mathrm{d}t \left[\frac{1}{2}\dot{x}^2 - \frac{\omega^2}{2}x^2 - V(x) \right]. \tag{2.8}$$

公式 (2.7) 中的路径积分 $\int \mathcal{D}x$ 代表对于连接 $(x_\mathrm{I}, t_\mathrm{I})$ 和 $(x_\mathrm{F}, t_\mathrm{F})$ 之间的所有可能的路径 (不仅仅是满足经典运动方程的经典路径) 积分.

¶ 需要立即指出的是, 公式 (2.7) 中的表达式仅仅是一个形式上的表达式. 虽然被积函数在 $a \to 0$ 的极限下可能具有明确的极限, 具体地说就是 $\mathrm{e}^{\mathrm{i}S}$, 但是整个积分一般来说在数学上并没有明确的定义.[1] 原因就是前面的积分测度 (一个不可数无限维的积分) 在这个极限下很难普遍地给出明确数学定义. 在数学上有明确定义的公式不是 (2.7), 而是公式 (2.6). 可以将公式 (2.7) 想象成公式 (2.6) 的某种极限, 但在数学上讲, 对于一般的情形并不能证明这个极限是存在的. 从物理的方面来考虑, 引入分立的时间间隔实际上是物理的, 因为纯粹连续的时间意味着我们必须对于时间具有无穷精细的分辨率, 而这实际上意味着 (按照测不准原理) 无穷大的能量, 因此反而是非物理的. 我们称公式 (2.7) 为所研究的理论在闵氏空间的路径积分表示, 或者称为实时路径积分表示.

4.2　编时关联函数与生成泛函

¶ 为了说明闵氏空间的 (实时) 路径积分与量子场论的联系, 首先回顾一下量子场论中十分关注的散射问题的基本图像. 我们所考虑的量子系统的哈密顿量可以写成 $\hat{H} = \hat{H}_0 + \hat{V}$, 其中 $\hat{H}_0$ 称为自由的哈密顿量, 它反映了没有相互作用的情形. 用 Fock 空间的语言来表述, $\hat{H}_0$ 的本征态对应于一堆没有相互作用的自由粒子. 我们将假设 $\hat{H}_0$ 的本征态是正交、归一和完备的. 相互作用项 $\hat{V}$ 则反映了这些自由粒子之间的相互作用. 对于目前讨论的一维量子力学振子, 自由哈密顿量就是谐振子的哈密顿量, 而相互作用则代表了非谐相互作用项.[2]

散射算符 $\hat{S}$ 在一组完备的态之间的矩阵元被称为 S 矩阵元, 它们刻画了所有的散射过程. 我们可以给出 S 矩阵的一个形式表达式:

$$\hat{S} = T \exp\left(-\mathrm{i} \int_{-\infty}^{\infty} \mathrm{d}t \hat{V}_\mathrm{I}(t) \right), \tag{2.9}$$

---

[1]可以证明, 多数情形下对于路径积分有主要贡献的路径绝大部分恰恰是不可微的路径. 因此, 就连被积函数的指数上面也并不趋于系统的经典作用量. 总之, 这个表达式仅仅能够当作一个形式的表达式而已, 或者说, 它是分立形式的表达式的一个简写.

[2]严格来说, 一个 $(0+1)$ 维场论中是没有散射问题的. 我们这里只是运用这个形式上的推导. 本节下面讨论的形式散射理论和相互作用绘景的概念, 可以直接推广到具有多个自由度的场系统, 只不过符号上更为复杂而已.

其中 $\hat{V}_{\mathrm{I}}(t)$ 表示相互作用绘景中的算符 $\hat{V}(x)$. 上面定义的 S 矩阵在量子场论的散射问题中起着核心作用, 包含了散射实验中的所有信息 (散射的几率幅、截面等等). 同时, 它与量子场论中的编时格林函数有着密切的关系. 现在引入一个含时的 c 数外源 $J(t)$, 并且取哈密顿量为 $\hat{H}_J(t) = \hat{H} - J(t)\hat{x}$, 那么如果将外源项看成是 "相互作用", 哈密顿量 $\hat{H}_J(t)$ 的相互作用绘景就是原来哈密顿量的 Heisenberg 绘景. 我们现在定义系统在有外源 $J(t)$ 的情形下, 从真空到真空的散射矩阵元为

$$Z_{\mathrm{H}}[J(t)] \equiv \langle 0_{\mathrm{H}}|\hat{S}_J|0_{\mathrm{H}}\rangle = \left\langle 0_{\mathrm{H}}\left|T\exp\left(\mathrm{i}\int_{-\infty}^{\infty}\mathrm{d}tJ(t)\hat{x}_{\mathrm{H}}(t)\right)\right|0_{\mathrm{H}}\right\rangle. \tag{2.10}$$

这里 $|0_{\mathrm{H}}\rangle$ 代表哈密顿量 $\hat{H}$ 的严格基态,[1] $\hat{x}_{\mathrm{H}}(t)$ 则代表 $\hat{H}_J$ 的相互作用绘景, 也就是 $\hat{H}$ 的 Heisenberg 绘景中的算符.

定义式 (2.10) 是一个十分便利的构建. 只要将等式右边的指数函数展开并考察含有外源 $J(t)$ 的不同幂次的系数, 就会发现它们就是量子场论中的 "编时格林函数":

$$Z_{\mathrm{H}}[J] = \sum_{n=0}^{\infty}\frac{\mathrm{i}^n}{n!}\int\cdots\int\mathrm{d}t_1\cdots\mathrm{d}t_nJ(t_1)\cdots J(t_n)\langle 0_{\mathrm{H}}|T[\hat{x}_{\mathrm{H}}(t_1)\cdots\hat{x}_{\mathrm{H}}(t_n)]|0_{\mathrm{H}}\rangle. \tag{2.11}$$

因此又称 $Z_{\mathrm{H}}[J] = \langle 0_{\mathrm{H}}|\hat{S}_J|0_{\mathrm{H}}\rangle$ 为编时格林函数的生成泛函. 上式中的真空仍然是加上相互作用 $V(x)$ 之后的真空. 我们更希望的是用自由哈密顿量的真空 $|0\rangle$ 来表达. 为此可以利用量子场论中的所谓 Gell-Mann-Low 定理, 最后得到

$$Z_{\mathrm{H}}[J(t)] \equiv \langle 0_{\mathrm{H}}|\hat{S}_J|0_{\mathrm{H}}\rangle = \frac{\langle 0|T\left[\exp\left(-\mathrm{i}\int_{-\infty}^{\infty}\mathrm{d}t(\hat{V}_{\mathrm{I}}(t) - J(t)\hat{x}_{\mathrm{I}}(t))\right)\right]|0\rangle}{\langle 0|T\left[\exp\left(-\mathrm{i}\int_{-\infty}^{\infty}\mathrm{d}t\hat{V}_{\mathrm{I}}(t)\right)\right]|0\rangle}. \tag{2.12}$$

这个伟大的等式是利用微扰论计算量子场论中具体散射过程的出发点.

上面我们得到了系统编时格林函数的生成泛函的一个重要表达式 (2.12). 它的分母是从真空 $|0\rangle$ 到真空 $|0\rangle$ 的跃迁矩阵元:

$$\mathcal{Z} = \langle 0|\Omega_{\mathrm{I}}(+\infty, -\infty)|0\rangle = \int\mathcal{D}xe^{\mathrm{i}S_c[x]}. \tag{2.13}$$

这个公式的第一个等号是在相互作用绘景中写的跃迁矩阵元, 第二个等号是在 Schrödinger 绘景中的矩阵元 (按照前面的讨论, 它可以写成一个路径积分的形式, 只不过系统的初态和末态都是真空态 $|0\rangle$). 如果中间插有 Heisenberg 绘景中的算符, 它也可以写成路径积分的形式, 只不过在路径积分的被积函数中应当加上相对

---

[1]注意, 我们用 $|0_{\mathrm{H}}\rangle$ 来表示完全哈密顿量 $\hat{H}$ 的严格基态, 用 $|0\rangle$ 来表示自由哈密顿量 $\hat{H}_0$ 的基态 (真空), 并且取它的能量为能量零点: $\hat{H}_0|0\rangle = 0$.

应的因子. 记住我们的路径积分, 是将时间间隔 T (它是趋于无穷的) 分成许多小段, 每一小段插入坐标的本征态来引入的, 因此, 如果在某两个时刻各自多插入一个坐标算符, 那么它也将被那个时刻的 x_t 所替代. 仍然以两点编时格林函数为例, 按照公式 (2.12), 算符 x 的两点编时关联函数 (又称为编时格林函数) 可以用路径积分写为[1]

$$\langle T[\hat{x}_{\mathrm{H}}(t_2)\hat{x}_{\mathrm{H}}(t_1)]\rangle \equiv \langle 0_{\mathrm{H}}|T[\hat{x}_{\mathrm{H}}(t_2)\hat{x}_{\mathrm{H}}(t_1)]|0_{\mathrm{H}}\rangle = \frac{1}{\mathcal{Z}}\int \mathcal{D}x\, x_{t_2}x_{t_1}\mathrm{e}^{\mathrm{i}S[x_t]}, \qquad (2.14)$$

其中 $\mathcal{Z}$ 代表公式 (2.13) 中的路径积分. 类似地, 可以定义算符 $\hat{x}$ 的多点编时关联函数:

$$\langle T[\hat{x}_{\mathrm{H}}(t_n)\cdots\hat{x}_{\mathrm{H}}(t_1)]\rangle = \frac{1}{\mathcal{Z}}\int \mathcal{D}x\, x_{t_n}\cdots x_{t_1}\mathrm{e}^{\mathrm{i}S[x_t]}. \qquad (2.15)$$

如果愿意, 还可以考虑其他算符的关联函数. 由基本算符 (在目前这个简单的例子中就是算符 $\hat{x}$) 构成的算符称为复合算符 (composite operator). 例如算符 $\hat{x}^2(t)$ 和 $\hat{x}\hat{\partial}^2\hat{x}(t)$ 都是复合算符. 复合算符的编时关联函数的定义也是类似的. 例如可以定义

$$\langle T[\hat{x}_{\mathrm{H}}^2(t_n)\cdots\hat{x}_{\mathrm{H}}^2(t_1)]\rangle = \frac{1}{\mathcal{Z}}\int \mathcal{D}x\, x_{t_n}^2\cdots x_{t_1}^2\mathrm{e}^{\mathrm{i}S[x_t]}. \qquad (2.16)$$

一般来说, 除去基本场算符以及基本耦合参数的重整化之外, 复合算符往往需要进一步重整化. 这部分的讨论对于格点 QCD 是十分重要的. 我们将在本书的第二部分中简要讨论这个问题 (参见第 23 节).

为了方便地计算各种算符的关联函数, 可以在路径积分的形式下引入关联函数的生成泛函 $\mathcal{Z}[J]$:

$$\mathcal{Z}[J] = \int \mathcal{D}x\mathrm{e}^{\mathrm{i}S[x_t]+\mathrm{i}\int \mathrm{d}t J(t)x(t)}, \qquad (2.17)$$

其中函数 $J(t)$ 称为 "外源". 用正则量子化的语言来说, $\mathcal{Z}[J]$ 就是含有外源的系统从自由哈密顿量真空到自由哈密顿量真空的跃迁矩阵元, 也就是公式 (2.12) 中等号右边的分子. 生成泛函的用处就在于: 一旦知道了 $\mathcal{Z}[J]$ 作为 "外源" $J(t)$ 的函数, 就可以通过对外源进行泛函偏微商来得到合适的关联函数. 例如, 前面引入的两点编时关联函数可以写成

$$\langle T[\hat{x}_{\mathrm{H}}(t_2)\hat{x}_{\mathrm{H}}(t_1)]\rangle = \frac{1}{\mathrm{i}^2\mathcal{Z}}\left.\frac{\delta^2\mathcal{Z}[J]}{\delta J(t_2)\delta J(t_1)}\right|_{J=0}. \qquad (2.18)$$

很显然, 多点的编时关联函数只需要对生成泛函求更多次的微商, 最后令外源等于零就可以得到. 换句话说, 函数 $\mathcal{Z}[J]$ 包含了算符 $\hat{x}_{\mathrm{H}}(t)$ 的任意点编时关联函数的

---

[1]在这个课程中, 我们将完全等价地使用关联函数和格林函数两个词. 从它们最初的定义来说, 关联函数更多地用于统计物理的文献中, 格林函数则更多地用在粒子物理的文献中. 由于两者可以用 Wick 转动 (参见第 4.3 小节) 联系在一起, 我们将不加区别地使用这两个词语.

信息. 所以, 如果给定一个算符 $\hat{x}_{\mathrm{H}}(t)$ 的一个任意泛函 $F[\hat{x}_{\mathrm{H}}(t)]$, 它的编时关联函数可以形式地写成

$$\langle T\{F[\hat{x}_{\mathrm{H}}(t)]\}\rangle = \frac{1}{\mathcal{Z}[J]}\, F\left[\frac{\delta}{\mathrm{i}\delta J(t)}\right] \cdot \mathcal{Z}[J]\bigg|_{J=0}. \tag{2.19}$$

也就是说, 编时格林函数中的每一个算符 $\hat{x}_{\mathrm{H}}(t)$ 在路径积分表示下都可以形式地代换为一个偏微商算符 $(\delta/\mathrm{i}\delta J(t))$ 作用于生成泛函 $\mathcal{Z}[J]$ 之上. 这个表达式特别适合进行微扰展开.

4.3 Wick 转动与欧氏空间路径积分

¶ 如果将时间旋转到纯虚的轴上, 会得到另一类十分重要的路径积分. 如果在公式 (2.6) 中令 $(\mathrm{i}a) = a_\tau$, $(\mathrm{i}T) = N(\mathrm{i}a) = Na_\tau = \beta$, 那么这个公式变为

$$\langle x_{\mathrm{F}}\,|\mathrm{e}^{-\beta H}|\,x_{\mathrm{I}}\rangle = \int \left(\prod_{\tau=1}^{N-1}\mathrm{d}x_\tau\right)$$
$$\exp\left\{-a_\tau\sum_{\tau=0}^{N-1}\left[\frac{1}{2}\left(\frac{x_{\tau+1}-x_\tau}{a_\tau}\right)^2 + \frac{\omega^2}{2}x_\tau^2 + V(x_\tau)\right]\right\}.$$

由于各个 x_τ 的积分是沿着实轴的, 可以看出上面这个表达式只要在 $\mathrm{Re}(a_\tau) > 0$ 的情况下就是收敛的. 最为简单的情况就是令 $a_\tau > 0$ 为一个正的实数. 此时等式左边与统计物理中的正则系综的配分函数类似, 只要令初始的坐标 x_{I} 与末态 x_{F} 相同并且对其积分, 就得到系统的正则配分函数 $Z = \mathrm{Tr}\,\mathrm{e}^{-\beta\hat{H}}$:

$$Z = \int \left(\prod_{\tau=0}^{N_t-1}\mathrm{d}x_\tau\right)\exp\left\{-a_\tau\sum_{\tau=0}^{N_t-1}\left[\frac{1}{2}\left(\frac{x_{\tau+1}-x_\tau}{a_\tau}\right)^2 + \frac{\omega^2}{2}x_\tau^2 + V(x_\tau)\right]\right\}, \tag{2.20}$$

其中要求 x_τ 满足周期边条件, 即 $x_N = x_0$. 它也可以形式地写为

$$Z = \int \mathcal{D}x\,\mathrm{e}^{-S_{\mathrm{E}}[x_\tau]}, \tag{2.21}$$

其中 $S_{\mathrm{E}}[x_\tau]$ 称为欧氏空间的作用量:

$$S_{\mathrm{E}}[x_\tau] = a_\tau\sum_{\tau=0}^{N-1}\left[\frac{1}{2}\left(\frac{x_{\tau+1}-x_\tau}{a_\tau}\right)^2 + \frac{\omega^2}{2}x_\tau^2 + V(x_\tau)\right], \tag{2.22}$$

实际上是体系的能量.

¶ 从时间演化算符 $\mathrm{e}^{-\mathrm{i}T\hat{H}}$ 的矩阵元出发, 经过变换 $(\mathrm{i}a) = a_\tau$, 就从原先的实时间变为了虚时间, 相应的时间演化算符也变为所谓的虚时时间演化算符 $\mathrm{e}^{-\beta\hat{H}}$. 因此, 公式 (2.20) 又被称为虚时路径积分, 或称为欧氏空间的路径积分, 而原先的时

间演化算符 $\mathrm{e}^{-\mathrm{i}T\hat{H}}$ 矩阵元的路径积分就被称为实时路径积分, 或闵氏空间的路径积分. 从实时路径积分到虚时路径积分之间的变换被称为 Wick 转动.

¶ 在欧氏空间也可以构造类似的编时关联函数, 即 Heisenberg 算符的编时乘积的正则系综平均值:

$$\langle T[\hat{x}_{\mathrm{H}}(\tau_2)\hat{x}_{\mathrm{H}}(\tau_1)]\rangle \equiv \frac{1}{Z}\int \mathcal{D}x\, x_{\tau_2}x_{\tau_1}\mathrm{e}^{-S_{\mathrm{E}}[x_\tau]}. \tag{2.23}$$

为了方便地计算它们, 可以类似地定义生成泛函:

$$Z[J] = \int \mathcal{D}x\,\mathrm{e}^{-S_{\mathrm{E}}[x_\tau]+\int \mathrm{d}\tau J(\tau)x(\tau)}. \tag{2.24}$$

利用这个生成泛函, 可以将欧氏空间的两点编时关联函数表达成

$$\langle T[\hat{x}_{\mathrm{H}}(\tau_2)\hat{x}_{\mathrm{H}}(\tau_1)]\rangle \equiv \frac{1}{Z[J]}\frac{\delta^2 Z[J]}{\delta J(\tau_2)\delta J(\tau_1)}\bigg|_{J=0}. \tag{2.25}$$

¶ 欧氏空间的虚时跃迁矩阵元的 (分立形式的) 路径积分可以写成

$$Z[x_{\mathrm{f}},\tau_{\mathrm{f}};x_{\mathrm{i}},\tau_{\mathrm{i}}] = \int \mathcal{D}x\,\mathrm{e}^{-S_{\mathrm{E}}[x_\tau]},$$

$$S_{\mathrm{E}}[x_\tau] = \sum_{\tau\sigma}\frac{1}{2a_\tau}x_\tau\left(-\hat{\partial}_0^2+\omega^2 a_\tau^2\right)_{\tau\sigma}x_\sigma + \sum_\tau V(x_\tau). \tag{2.26}$$

现在来讨论所谓的长时间极限: $\tau_{\mathrm{f}} \to +\infty$, $\tau_{\mathrm{i}} \to -\infty$, 因此 $\beta = (\tau_{\mathrm{f}} - \tau_{\mathrm{i}}) \to \infty$. 这时, 上述矩阵元可以写成

$$\langle x_{\mathrm{f}},\tau_{\mathrm{f}}|\mathrm{e}^{-\beta\hat{H}}|x_{\mathrm{i}},\tau_{\mathrm{i}}\rangle = \sum_n \langle x_{\mathrm{f}}|n\rangle\mathrm{e}^{-\beta E_n}\langle n|x_{\mathrm{i}}\rangle,$$

其中 $|n\rangle$ 代表哈密顿量 $\hat{H}$ 的严格本征态, 其能量为 E_n. 由于哈密顿量总是有下界的, 我们把与它的最低的本征值对应的量子态定义为系统的真空态 $|0_{\mathrm{H}}\rangle$. 于是可以看出, 如果虚时间隔 β 很大, 对于上述跃迁矩阵元的最主要的贡献由真空到真空的跃迁矩阵元给出:

$$\langle x_{\mathrm{f}},\tau_{\mathrm{f}}|\mathrm{e}^{-\beta\hat{H}}|x_{\mathrm{i}},\tau_{\mathrm{i}}\rangle \approx \langle x_{\mathrm{f}}|0_{\mathrm{H}}\rangle\langle 0_{\mathrm{H}}|x_{\mathrm{i}}\rangle\langle 0_{\mathrm{H}}|\mathrm{e}^{-\beta\hat{H}}|0_{\mathrm{H}}\rangle, \tag{2.27}$$

也就是说, 从初态到末态的跃迁矩阵元就是从 "真空" 到 "真空" 的跃迁矩阵元再乘以相应的真空态的波函数.

类似地, 虚时的编时关联函数也可以近似为 (假定 $\tau_2 > \tau_1$):

$$\lim_{\beta\to\infty}\langle T[\hat{x}_{\mathrm{H}}(\tau_2)\hat{x}_{\mathrm{H}}(\tau_1)]\rangle \approx \sum_n |\langle 0_{\mathrm{H}}|\hat{x}|n\rangle|^2\mathrm{e}^{-(\tau_2-\tau_1)(E_n-E_0)}. \tag{2.28}$$

由此可以看出, 在大的时间间隔下, 真正对于编时关联函数起主要贡献的量子态是基态 (真空). 这个公式在格点场论的数值计算中被普遍用来计算严格哈密顿量的能量本征值 E_n.

5 格点标量场

在四维平直连续时空中, 一个符合 Lorentz 对称性的相对论性标量场的拉格朗日密度可以写成[1]

$$\mathcal{L} = \frac{1}{2}\partial_\mu\phi\partial^\mu\phi - \frac{m_0^2}{2}\phi^2 - \frac{\lambda_0}{4!}\phi^4, \tag{2.29}$$

与之相应的哈密顿密度是

$$\hat{\mathcal{H}} = \frac{1}{2}\pi(\boldsymbol{x})\pi(\boldsymbol{x}) + \frac{1}{2}(\nabla\phi(\boldsymbol{x}))^2 + \frac{m_0^2}{2}\phi(\boldsymbol{x})^2 + \frac{\lambda_0}{4!}\phi^4(\boldsymbol{x}). \tag{2.30}$$

系统的总哈密顿量是哈密顿密度的三维体积分: $\hat{H} = \int \mathrm{d}^3\boldsymbol{x}\hat{\mathcal{H}}(\boldsymbol{x})$. 这个系统中可以取场 ϕ 是对角的表象. 这个表象中的基矢可以取为 $|\{\phi(\boldsymbol{x})\}\rangle$. 这时 (Schrödinger 绘景中的) 量子化的标量场 $\phi(\boldsymbol{x})$ 满足

$$\hat{\phi}(\boldsymbol{x})|\{\phi(\boldsymbol{x})\}\rangle = \phi(\boldsymbol{x})|\{\phi(\boldsymbol{x})\}\rangle. \tag{2.31}$$

而相应的正则动量 $\hat{\pi}(\boldsymbol{x})$ 则可以写成

$$\hat{\pi}(\boldsymbol{x}) = -\mathrm{i}\frac{\delta}{\delta\phi(\boldsymbol{x})}. \tag{2.32}$$

我们关心的是系统在 $t = t_\mathrm{I}$ 时处于 $\phi^{(\mathrm{I})}(\boldsymbol{x})$, 在 $t = t_\mathrm{F}$ 时跃迁到 $\phi^{(\mathrm{F})}(\boldsymbol{x})$ 的矩阵元:

$$Z[\phi^{(\mathrm{F})}, t_\mathrm{F}; \phi^{(\mathrm{I})}, t_\mathrm{I}] = \left\langle \{\phi^{(\mathrm{F})}(\boldsymbol{x})\}, t_\mathrm{F} \left| \mathrm{e}^{-\mathrm{i}T\hat{H}} \right| \{\phi^{(\mathrm{I})}(\boldsymbol{x})\}, t_\mathrm{I} \right\rangle, \tag{2.33}$$

其中 $T = (t_\mathrm{F} - t_\mathrm{I})$ 为时间间隔. 这样的矩阵元被称为 Schrödinger 泛函 (Schrödinger functional), 它可以看成是初始场 $\phi^{(\mathrm{I})}$ 和末态场 $\phi^{(\mathrm{F})}$ 的泛函.

¶ 初看起来, 一个标量量子场系统是前面讨论的单自由度量子力学系统的直接推广. 从原始的 (或者说: 天真的) 含义来讲, 量子场的自由度数目是 (不可数的) 无穷大, 因为只要 $\boldsymbol{x}$ 不同, 每一个 $\phi(\boldsymbol{x})$ 都是独立的自由度, 而不同的 $\boldsymbol{x}$ 的数目是 (不可数的) 无穷大. 学习过量子场论的同学都清楚地知道, 这样的一个推广会带来一个重要的问题, 那就是紫外发散.[2] 因此, 公式 (2.33) 所定义的 Schrödinger 泛函其实仅仅具有形式上的意义, 并没有确切的数学定义. 所以, 虽然我们在量子场论的讨论的最初总是叫嚣研究的是具有无穷多自由度的量子系统, 其实这只是我们头脑中的幻象而已. 从物理上说, 连续多个自由度 $\phi(\boldsymbol{x})$ 意味着必须对于空间有无穷的分辨率. 按照量子力学的不确定性原理, 这实际上是不可能的.

---

[1] 我们首先假定标量场没有其他的内部自由度.

[2] 这个问题在自由场论中可以回避, 但是在绝大多数有相互作用的量子场论中必定存在, 除了那些完全有限的场论模型以外.

5.1　格点标量场的引入

　　破除上述幻象的一个方便的办法就是设想场 $\phi(\boldsymbol{x})$ 并不是定义在每一个空间点的, 而是定义在空间的一个格距为 a 的格子上. 我们还可以取一个足够大的方盒子, 它的三边各有 L 个格点, 这样就有了一个具有 L^3 个自由度的量子系统. 将场变量记为 $\phi_{\boldsymbol{x}}$, 标量场论的哈密顿量可以写成

$$\hat{H} = a^3 \sum_{\boldsymbol{x}} \left[\frac{1}{2} \pi_{\boldsymbol{x}} \pi_{\boldsymbol{x}} - \frac{1}{2a^2} \phi_{\boldsymbol{x}} (\hat{\partial}_i \hat{\partial}_i^*) \phi_{\boldsymbol{x}} + \frac{m_0^2}{2} \phi_{\boldsymbol{x}}^2 + \frac{\lambda_0}{4!} \phi_{\boldsymbol{x}}^4 \right], \tag{2.34}$$

其中 $\hat{\partial}_i$ 和 $\hat{\partial}_i^*$ 表示沿着空间第 i 方向 (其中 $i = 1, 2, 3$) 的向前和向后的差分算符, 它们的具体定义是

$$\hat{\partial}_i \phi_{\boldsymbol{x}} = \phi_{\boldsymbol{x}+\hat{i}} - \phi_{\boldsymbol{x}}, \quad \hat{\partial}_i^* \phi_{\boldsymbol{x}} = \phi_{\boldsymbol{x}} - \phi_{\boldsymbol{x}-\hat{i}}, \tag{2.35}$$

其中 $\boldsymbol{x} \pm \hat{i}$ 分别代表从点 $\boldsymbol{x}$ 出发, 沿着空间的第 i 方向向前和向后所到达的格点. 与之类似, 二阶差分算符 (拉普拉斯算符) 的定义为

$$(\hat{\partial}_i \hat{\partial}_i^*) \phi_{\boldsymbol{x}} = \sum_i (\phi_{\boldsymbol{x}+\hat{i}} + \phi_{\boldsymbol{x}-\hat{i}} - 2\phi_{\boldsymbol{x}}). \tag{2.36}$$

于是, 完全仿照上节中推导路径积分的方式, 可以将时间间隔 T 分为 N_t 小份, 每一份的间隔为 $a = T/N_t$.[1] 然后, 可以在中间插入完备基 $|\phi_x\rangle\langle\phi_x|$. 这样自然引入了四维时空指标 $x = (x^0, \boldsymbol{x})$, 这里 x^0 标记不同的时间片 (time slice). 我们强调指出, 这个推导与量子力学中的推导步骤完全一样, 所不同的是, 在量子力学玩具中我们只有一个变量 x, 这里我们有 L^3 个变量 $\phi_{\boldsymbol{x}}$, 其他完全相同. 我们得到时间演化算符的跃迁矩阵元 (薛定谔泛函) 的路径积分的形式为

$$Z[\phi^{(\mathrm{F})}, t_{\mathrm{F}}; \phi^{(\mathrm{I})}, t_{\mathrm{I}}] = \int \mathcal{D}\phi \mathrm{e}^{\mathrm{i}S[\phi]},$$

$$S[\phi_x] = a^4 \sum_x \left[\frac{1}{2a^2} \left(-\phi_x (\hat{\partial}_0 \hat{\partial}_0^*) \phi_x + \phi_x (\hat{\partial}_i \hat{\partial}_i^*) \phi_x \right) - \frac{m_0^2}{2} \phi_x^2 - \frac{\lambda_0}{4!} \phi_x^4 \right], \tag{2.37}$$

其中积分的测度 $\mathcal{D}\phi = \prod\limits_{x, 0 < x^0 < N} \mathrm{d}\phi_x$, 也就是说对 $0 < x^0 < N$ 的所有时间片上的每个场积分. 在时间片 $x^0 = 0$ 和时间片 $x^0 = N$ 处, 场 ϕ_x 满足指定的 Dirichlet 边条件: $\phi_x|_{x^0=0} = \phi_{\boldsymbol{x}}^{(\mathrm{I})}$, $\phi_x|_{x^0=N} = \phi_{\boldsymbol{x}}^{(\mathrm{F})}$.

---

[1]为了方便起见, 我们令时间方向的格距与空间方向的格距相同. 这一点并不是必须的, 但这样做可以简化一些记号. 当时间、空间方向的格距相同时, 会得到一个具有超立方对称性的晶格. 如果时间、空间方向格距不同, 就会得到一个不对称晶格.

¶ 下面将直接讨论与散射问题相关的跃迁矩阵元. 这时, 时间间隔 $T \to \infty(1 - i\epsilon)$, 我们只需要从真空到真空的跃迁矩阵元. 为此, 仿照量子力学中的讨论, 可以定义标量场的生成泛函

$$\mathcal{Z}[J] = \int \mathcal{D}\phi \exp\left(\mathrm{i}S[\phi] + \mathrm{i}\int \mathrm{d}^4x J(x)\phi(x)\right). \tag{2.38}$$

所有的场编时格林函数可以由对外源的合适微商得到, 例如:

$$\langle T[\phi(x)\phi(y)]\rangle = \frac{1}{\mathcal{Z}[J]} \frac{\delta^2 \mathcal{Z}[J]}{(\mathrm{i})^2 \delta J(x)\delta J(y)}\bigg|_{J=0}. \tag{2.39}$$

因此, 可以毫不夸张地说, 标量场的生成泛函 (2.38) 包含了标量场论所有与场粒子散射有关的信息, 它就是我们需要的一切! 事实上, 这个表达式 (分立形式的) 可以看成是标量场论的一个非微扰定义.

一种方便地处理标量场论的办法是将上面定义的闵氏空间中的生成泛函的路径积分进行 Wick 转动, 利用 $x_0 = -\mathrm{i}\bar{x}_0$, $\mathrm{d}^4x = -\mathrm{i}\mathrm{d}^4\bar{x}$, $\partial_\mu\phi\partial^\mu\phi = -\bar{\partial}_\mu\phi\bar{\partial}_\mu\phi$, 这样就得到了欧氏空间的生成泛函[1]

$$\mathcal{Z}_\mathrm{E}[J] = \int \mathcal{D}\phi \exp\left(-S_\mathrm{E}[\phi] + \int \mathrm{d}^4x J(x)\phi(x)\right), \tag{2.40}$$

其中的欧氏空间的作用量 (能量) 可以写成

$$S_\mathrm{E}[\phi] = \int \mathrm{d}^4x \left(\frac{1}{2}\partial_\mu\phi\partial_\mu\phi + \frac{m_0^2}{2}\phi^2 + \frac{\lambda_0}{4!}\phi^4\right). \tag{2.41}$$

¶ 对于自由的标量场论, 我们可以计算出它的生成泛函的具体表达式. 例如在闵氏空间有

$$\mathcal{Z}_0[J] = \exp\left(-\frac{\mathrm{i}}{2}J(x)(K_0^{-1})_{xy}J(y)\right), \tag{2.42}$$

其中自由场的核的表达式为

$$(K_0)_{xy} = \left(-\hat{\partial}^2 - m_0^2 + \mathrm{i}\epsilon\right)_{xy}. \tag{2.43}$$

自由标量场的两点编时格林函数实际上就是上述核的逆. 利用平移不变性, 我们可以将它在傅里叶空间写成

$$-\mathrm{i}(K_0)_{xy}^{-1} = \langle T[\phi(x)\phi(y)]\rangle = \int \frac{\mathrm{d}^4k}{(2\pi)^4} \mathrm{e}^{\mathrm{i}k\cdot(x-y)} \frac{\mathrm{i}}{\hat{k}^2 - m_0^2 + \mathrm{i}\epsilon}, \tag{2.44}$$

---

[1]然后在不至于引起误会的情形下, 略去了欧氏空间坐标和偏微商上面的一横.

其中在动量空间的积分实际上代表的是下列分立的求和:[1]

$$\int \frac{\mathrm{d}^4 k}{(2\pi)^4} = \frac{1}{\Omega} \sum_k , \tag{2.45}$$

这里 $\Omega = N_t V/a^3$ 为总的自由度数目, 而 $\hat{k}^2 = (4/a^2)\left[\sin^2(k_0 a/2) - \sum_{i=1}^{3} \sin^2(k_i a/2)\right].$

如果是在欧氏空间, 那么相应的生成泛函是

$$\mathcal{Z}_{\mathrm{E0}}[J] = \exp\left(\frac{1}{2} J(x)(K_{\mathrm{E0}}^{-1})_{xy} J(y)\right), \tag{2.46}$$

其中欧氏空间中的两点传播子为

$$(K_{\mathrm{E0}})_{xy}^{-1} = \int \frac{\mathrm{d}^4 k}{(2\pi)^4} \mathrm{e}^{\mathrm{i}k\cdot(x-y)} \frac{1}{\hat{k}_{\mathrm{E}}^2 + m_0^2}, \tag{2.47}$$

而 $\hat{k}_{\mathrm{E}}^2 = (4/a^2)\sum_\mu \sin^2(k_\mu a/2) = (2/a^2)\sum_\mu (1 - \cos(k_\mu a)).$

¶ 这里着重提一下所谓的格点单位制. 在量子场论的研究中比较自然的是使用 "天赋单位制" (God given units): $\hbar = c = k_B = 1$. 这又被称为自然单位制. 这样一来, 量子场论中的具有量纲的物理量将只有一个量纲 —— 能量. 任何有量纲的物理量的量纲都变为能量的正幂次或者负幂次. 例如, 长度就具有能量的 (-1) 次幂的量纲. 在这个单位制下仍然有选择能量单位的自由. 例如在粒子物理的唯象学研究中, 比较常用的是选择 MeV 或者 GeV 为能量的单位. 但同样, 也可以选择一个长度作为基本单位. 在格点量子场论的研究中, 最为常用同时也是最为自然的就是选择格距 $a = 1$ 的单位. 这被称为格点单位制 (lattice units). 这一选择的方便之处不言而喻. 比如我们前面讨论的微分和差分将变得完全一致, 如

$$\partial_\mu \phi(x) \approx \frac{1}{a}\hat{\partial}_\mu \phi(x) \overset{a=1}{\Rightarrow} \hat{\partial}_\mu \phi(x) \tag{2.48}$$

等等. 在本书随后的格点场论的讨论中, 将不加声明地随时启用格点单位. 当然, 在某些讨论中, 当需要将物理量的量纲恢复时, 我们会将格距 a 适当地恢复. 另外在将格点的结果与实验或者唯象学结果比较时也会将其换算为物理单位. 值得注意的是, 在选择了格点单位后, 所有物理量都变为无量纲的数, 这也使得我们可以方便地进行数值计算.

在格点场论以及格点 QCD 中, 将格距 a 换算为物理单位的步骤被称为定标 (scale setting). 定标在格点 QCD 中非常重要. 传统的定标一般依赖于一些在格点

---

[1]如果我们格子的总体积趋于无穷大, 这个求和就趋于在倒格子空间中第一布里渊区中的积分.

上可以很好测量, 同时又没有复杂系统误差的物理量来进行. 我们将在后面更加仔细地讨论这个问题.

5.2　微扰展开与 Feynman 规则

¶ 如果耦合参数 λ_0 是小的, 标量场论生成泛函的路径积分表达式 (2.38) 可以进行微扰展开:

$$\mathcal{Z}[J] = \sum_{n=0}^{\infty} \frac{1}{n!} \left(\frac{-\mathrm{i}\lambda_0}{4!} \int \mathrm{d}^4 x \frac{\delta^4}{\mathrm{i}^4 \delta J(x)^4} \right)^n \mathcal{Z}_0[J], \tag{2.49}$$

其中 $\mathcal{Z}_0[J]$ 为自由标量场的生成泛函 (2.42). 当然这个微扰展开式仍然必须理解为一个发散的渐近展开式.

¶ 相应地, 编时格林函数也可以表达成微扰展开的形式. 例如, 对于公式 (2.39) 中的两点编时格林函数, 有

$$\langle T[\phi(x)\phi(y)] \rangle = \frac{1}{\mathcal{Z}[J]} \left\{ \sum_{n=0}^{\infty} \frac{1}{n!} \left(\frac{-\mathrm{i}\lambda_0}{4!} \int \mathrm{d}^4 x \frac{\delta^4}{\mathrm{i}^4 \delta J(x)^4} \right)^n \frac{\delta^2 \mathcal{Z}_0[J]}{\mathrm{i}^2 \delta J(x) \delta J(y)} \right\} \Bigg|_{J=0},$$
$$\tag{2.50}$$

其中的生成泛函 $\mathcal{Z}[J]$ 应当用公式 (2.49) 的微扰展开式代入. 由此产生的微扰展开与连续时空的微扰展开完全一致: 展开式的每一项都对应于一定的 Feynman 图, 在确立了相应的 Feynman 规则后, 我们感兴趣的编时格林函数 (关联函数) 就等于一系列 Feynman 图的贡献之和. 详细的步骤我们这里就不重复了, 不熟悉的读者可以参考相关的量子场论教科书. 由于这个展开是对于裸参数 λ_0 进行的, 因此它称为裸微扰论 (bare perturbation theory).

5.3　欧氏空间场论与闵氏空间场论

¶ 前面我们看到, 通过 Wick 转动, 可以从一个闵氏空间的量子场论的路径积分获得一个欧氏空间的路径积分. 欧氏空间的路径积分有着很多的优点, 它一般具有更良好的收敛性, 特别适合进行数值计算. 本节简单阐述一下欧氏空间的场论与通常的闵氏空间的场论之间的关系.

首先如果在闵氏空间可以良好地定义一个量子体系, 那么经过 Wick 转动一般也可以获得其相应的欧氏空间的表达. 但是, 有些理论直接是在欧氏空间来定义的, 这时是否一定对应于闵氏空间的一个良好定义的量子理论呢? 这个问题并不是平庸的. 令人欣慰的是, 本书中要涉及的一系列欧氏空间中的场论都是满足这些条件的.

欧氏空间的场论的一个优势是它非常接近于一个统计力学系统. 因此, 它们又被称为统计场论. 统计场论与凝聚态物理关系非常密切. 同时, 统计物理中的相变

也为我们了解量子场系统提供了非常鲜活的素材. 事实上, 这就是为什么 Wilson 的重整化群理论能够成功. 我们会在下一节简单讨论这个问题.

对于一个欧氏空间的场论而言, 它的作用量 $S_E[\phi]$ 实际上是物理体系的能量, 而体系的物理性质集中体现在它的配分函数中. 用路径积分的表示写出就是

$$Z = \int \mathcal{D}\phi e^{-S_E[\phi]}. \tag{2.51}$$

在这个统计场论中, 我们关心一系列的关联函数:

$$\langle\phi(x_1)\phi(x_2)\cdots\phi(x_n)\rangle = \frac{1}{Z}\int \mathcal{D}\phi\,[\phi(x_1)\phi(x_2)\cdots\phi(x_n)]\,e^{-S_E[\phi]}$$
$$= \int \mathrm{d}\mu[\phi]\,[\phi(x_1)\phi(x_2)\cdots\phi(x_n)], \tag{2.52}$$

其中积分测度 $\mathrm{d}\mu[\phi] = (1/Z)[\mathcal{D}\phi]\exp(-S_E[\phi])$ 至少在分立的状态下是具有良好定义的. 这样的函数被称为体系的 Schwinger 函数. 这些函数在所谓的构造量子场论中起着极其重要的作用.[1] 事实上, Osterwalder 和 Schrader 在 20 世纪 70 年代证明了一个定理, 即可以首先利用 Schwinger 函数构造出一个欧氏空间的量子场论, 然后如果可以证明该欧氏空间的场论满足所谓的反射正定性 (reflection positivity), 那么可以将这个欧氏空间的统计场论 "转回" 闵氏空间, 获得一个具有良好定义的量子场论. 这个重要定理被称为 Osterwalder–Schrader 定理 (Osterwalder–Schrader theorem), 又称为 Osterwalder–Schrader 重构定理 (reconstruction theorem). 所谓重构, 原本的含义是说如果你已经有了一个闵氏空间的量子场论, 可以将它 Wick 转动到欧氏空间, 那么这个定理允许你从欧氏空间的 Schwinger 函数出发, 通过解析延拓, 重构出闵氏空间的编时格林函数. 事实上, 这个定理的更大的应用不是去重构一个已知的闵氏空间的量子场论, 而是从欧氏空间的场论出发, 试图非微扰地定义一个原本并不存在的闵氏空间场论. 例如, 利用这种方法, 人们证明了在较低的维度 (二维或三维) 的确可以利用这种方法定义闵氏空间中满足 Wightman 公理的 Yukawa 以及 ϕ^4 量子场论系统. 所以, 从构造量子场论的角度来说, 欧氏空间的场论提供了一个更加方便的出发点. 从这里出发, 加上反射正定性的条件, 基本上可以确定我们将拥有一个在闵氏空间的场论系统. 虽然直接写出闵氏空间该系统的作用量或者哈密顿量可能是复杂的, 但至少证明了它的存在性. 关于这个方面这里不再深入, 有兴趣的读者可以参考相关的参考文献.[2] 这里只是希望指出, 本书中涉

---

[1]所谓构造量子场论 (又称为公理化量子场论) 是指在闵氏空间构建出满足一系列公理 (它们称为 Wightman 公理) 的, 具有严格数学基础的量子场论的研究分支. 大家在学习量子场论中听说过的自旋–统计定理、CPT 定理等都来源于构造量子场论. 不幸的是, 目前在 4 维时空, 我们还没有一个成功的例子.

[2]参见 Schlingemann D. From Euclidean field theory to quantum field theory. Rev. Math. Phys., 1999, 11: 1151.

及的理论模型, 具体来说所有的标量场论模型以及 Wilson 格点 QCD 都属于满足 Osterwalder–Schrader 定理条件的欧氏统计场论系统, 因而与它们对应的闵氏空间的量子场论 (即满足 Wightman 公理的) 是存在的. 事实上这可以看成是这些量子场论体系的一个非微扰定义.

上面提到了从欧氏空间可以 Wick 转动回闵氏空间以获得一个量子场论. 如果不进行转动, 我们的 Schwinger 函数事实上也可以解释为某个量子体系在系综下的期望值. 换句话说, 它们实际上对应于量子统计中有限温度下的关联函数

$$\langle \phi(x_1)\phi(x_2)\cdots\phi(x_n)\rangle = \frac{1}{Z}\mathrm{Tr}\left[\mathrm{e}^{-\beta\hat{H}}T[\hat{\phi}(x_1)\hat{\phi}(x_2)\cdots\hat{\phi}(x_n)]\right]. \tag{2.53}$$

等式左边的 $\phi(x_i)$ 表示在路径积分语言下的函数 (它们都是相互对易的普通函数), 而 $\langle\cdots\rangle$ 则表示对某个归一化的非负测度 $\mathrm{d}\mu[\phi]$ 积分, 即公式 (2.52). 这个等式右边的 $\hat{\phi}(x_i)$ 则表示量子化后 Heisenberg 绘景下的场算符, $T[\cdots]$ 表示对它们取编时乘积, $\hat{H}$ 则表示体系的哈密顿量算符.[1]

6 标量场论与临界现象

6.1 格点标量场论的两种表述方法

¶ 前面引入的标量场论可以进行进一步的参数化. 正如前面指出的, 作为多自由度体系的量子理论, 事实上仅有其分立版本的路径积分表示是有良好定义的. 因此, 在欧氏空间看来, 这个理论模型更像是一个统计模型. 具有 Z_2 对称性的单分量 $\lambda\phi^4$ 理论的欧氏空间作用量为 (其中已经使用了格点单位 $a=1$)

$$S_{\mathrm{E}}[\Phi] = \sum_x\left[-\frac{1}{2}\Phi_x(\hat{\partial}_\mu\hat{\partial}_\mu^*)\Phi_x + \frac{m_0^2}{2}\Phi_x^2 + \frac{\lambda_0}{4!}\Phi_x^4\right]. \tag{2.54}$$

它由一对参数 (m_0^2, λ_0) 来描写. 其动力学自由度记为 Φ_x, 其中 x 取遍某个四维欧氏空间的格点. 上式中引入的向前和向后差分算符为

$$\begin{cases} \hat{\partial}_\mu\Phi_x = \Phi_{x+\mu} - \Phi_x, \\ \hat{\partial}_\mu^*\Phi_x = \Phi_x - \Phi_{x-\mu}, \end{cases} \tag{2.55}$$

---

[1]这里以正则系综为例. 对于巨正则系综需要将公式中的哈密顿量 $\hat{H}$ 替换为相应的 $\hat{H}' = \hat{H} - \mu\hat{N}$, 其中 $\hat{N}$ 是粒子数算符而 μ 是相应的化学势.

其中 $\mu = 0,1,2,3$ 标志欧氏空间格点的四个方向, 而重复的指标 μ 隐含着对其求和. 容易验证, 上述定义的格点微分算符满足下列关系:

$$\begin{cases} (\hat{\partial}_\mu \hat{\partial}_\mu^*)\Phi_x = (\hat{\partial}_\mu^* \hat{\partial}_\mu)\Phi_x = \Phi_{x+\mu} + \Phi_{x-\mu} - 2\Phi_x, \\ \sum_x \varphi_x[\hat{\partial}_\mu \Phi_x] = -\sum_x [\hat{\partial}_\mu^* \varphi_x]\Phi_x. \end{cases} \tag{2.56}$$

这里的第一个式子中重复的指标 μ 是不求和的, 第二个式子实际上可以看成是格点上面的分部积分公式.

在路径积分的语言中, 我们感兴趣的只是系统的配分函数所导致的各个物理量 —— 具体来说是各种关联函数, 因此完全可以将系统的自由度 Φ_x 做任何的变换 (比如乘以任何非零的常数因子), 因为反正所有的常数因子都不会影响这些物理量的计算. 利用这一点, 读者不难验证, 经过适当的变换, 可以将它转换为统计物理中更为常见的形式:

$$S_E[\phi] = -\kappa \sum_{x,\mu} \phi_x[\phi_{x+\mu} + \phi_{x-\mu}] + \sum_x \left[\phi_x^2 + \lambda(\phi_x^2 - 1)^2\right]. \tag{2.57}$$

从计算配分函数的角度来看, 这个模型与我们熟悉的 $\lambda\phi^4$ 模型 (2.54) 完全等价, 只不过传统的模型用参数 (m_0^2, λ_0) 以及场 Φ_x 来描写, 而上面的这个统计模型是用 (κ, λ) 和 ϕ_x 来描写.

练习 2.1　验证上述统计物理表述的作用量 (能量) 与传统的表述在下列的变换下可以互相转化:

$$m_0^2 = -8 + \frac{1}{\kappa} - \frac{2\lambda}{\kappa}, \quad \lambda_0 = \frac{6\lambda}{\kappa^2}, \quad \Phi_x = \sqrt{2\kappa}\phi_x. \tag{2.58}$$

统计模型 (2.57) 的好处是, 它更为接近统计物理中熟悉的语言. 举例来说, 在其中取参数 $\lambda = +\infty$, 这意味着真正对欧氏空间路径积分有贡献的场必须满足约束条件 $\phi_x = \pm 1$, 于是作用量中的第二项 (一个常数) 可以忽略而第一项正好是统计物理中 Ising 模型的哈密顿量. 换句话说, $\lambda = +\infty$ 对应于一个 Ising 模型. 下面会看到, 即使是 $\lambda \neq \infty$, 这个模型的临界行为也与 Ising 模型属于相同的普适类 (universality class). 正是由于这种相似性, 统计模型 (2.57) 又被称为自旋模型, 其中的自由度 ϕ_x 又被泛称为自旋变量.[1]

前面的讨论仅仅涉及具有 Z_2 对称性的单分量标量场, 可以将其推广到具有 O(N) 内部对称性的 N 分量标量场的情形. 例如, 用统计物理的模式写出, 模型的

---

[1]用类似的 "统计物理" 语言, 自旋变量的期望值 $\langle\phi_x\rangle$ 又可以称为磁化强度 (magnitization), 或者用 Landau 理论的语言, 称为序参量.

自由度为 ϕ_x^a, 其中 $a = 1, 2, \cdots, N$ 是 N 个独立的标量场, 那么系统的作用量 (能量) 为

$$S_{\mathrm{E}}[\phi] = -\kappa \sum_{x,\mu} \phi_x^a [\phi_{x+\mu}^a + \phi_{x-\mu}^a] + \sum_x \left[\phi_x^a \phi_x^a + \lambda (\phi_x^a \phi_x^a - 1)^2 \right], \qquad (2.59)$$

其中重复的内部指标 a 隐含着求和. 这个模型具有一个整体的 O(N) 对称性, 因此被称为 O(N) 模型, 又称为线性 O(N) 模型或者线性 σ 模型. 如果取 $\lambda = +\infty$, 则必须有 $\phi_x^a \phi_x^a = 1$, 即每个场在 O(N) 的内部空间中必须是单位矢量. 我们可以基本上只考虑 $S_{\mathrm{E}}[\phi]$ 的第一项, 只不过需要加上约束条件 $\phi_x^a \phi_x^a = 1$:

$$S_{\mathrm{E}}[\phi] = -\kappa \sum_{x,\mu} \phi_x^a [\phi_{x+\mu}^a + \phi_{x-\mu}^a], \quad \phi_x^a \phi_x^a = 1, \forall x. \qquad (2.60)$$

这个模型称为非线性 O(N) 模型, 或者非线性 σ 模型. 对非线性 σ 模型, 如果进一步要求 $N = 3$, 就得到了统计物理中的 Heisenberg 模型, 而取 $N = 2$ 是统计物理中的 XY 模型.[1] 当然, 对酷爱粒子物理的同学来说, 更感兴趣的是 $N = 4$ 的情形, 因为它对应于标准模型中的 Higgs 部分.

我们最后希望强调一下, 对于同一个物理模型, 比如上面的标量场论 (2.54) 和 (2.57), 能够用两种等价但又不尽相同的语言 —— 量子场论的语言和统计物理的语言来描述不仅仅是非常奢侈的, 同时也是异常宝贵的. 它使得我们有可能利用两种互补的语言来理解该模型中最为困难的部分. 下面会看到, 这对于理解量子场论中诸如重整化这样的深奥概念是十分有帮助的.

6.2 连续极限与临界现象

¶ 单纯从统计模型的角度来看, 所谓的连续极限并不是必需的. 作为一个凝聚态自旋模型, 例如公式 (2.57), (2.59) 和 (2.60) 中的这些统计自旋模型, 它们本来就生活在自然界真实存在的各种晶格的格点上, 其格距大概是在 Å 或者 nm 的量级.[2] 在格点量子场论中, 我们讨论的往往是四维格点, 而真实的凝聚态系统一般处在三维或小于三维的格点上.[3] 但是从纯粹的粒子物理中相对论性量子场论的角度来看, 时空格点似乎是强加上去的东西, 真实的时空似乎是连续的, 至少从目前实验所能够达到的精度来看时空并没有显示出分立的特性. 因此, 从这个角度来说, 我们有必要研究格点量子场论模型的连续极限.

---

[1] 当然, 统计物理中往往不是在四维格点上讨论这些模型.

[2] 这些统计自旋模型是为了解释铁磁相变而引入的, 因此最初就定义在固体晶格上面.

[3] 我们之所以如此热衷于四维的格点, 还是因为我们头脑中量子场论, 更确切地说是相对论性量子场论的念头在作怪. 如果抛开这个束缚, 我们会发现这里讨论的格点量子场论的方法完全可以运用到凝聚态物理中的各种统计模型中. 在那些模型中, 量子场是真正定义在客观存在的晶格上的.

对于一个有相互作用的量子场论系统来说, 连续极限并不是一个简单的取极限的过程. 如果令格距 $a \to 0$, 那么相当于将动量的截断 $\Lambda \approx \pi/a$ 趋于无穷大. 我们知道, 在这个过程中量子场系统的许多物理量将会出现紫外发散. 量子场论告诉我们, 这时必须进行重整化 (renormalization).[1] 在讨论重整化之前, 让我们从另一个基本点的角度, 也就是从统计物理的角度来考虑一下这个连续极限的问题. 所谓连续极限是指系统中相关的物理长度比起格点之间的格距大很多的情形. 也就是说, 如果统计模型中的关联长度 $\xi \gg a$, 那么系统将体现连续模型的特性. 这在统计物理中恰好对应于统计系统在临界点附近的行为. 因此我们看到, 所谓一个格点量子场论的连续极限就是与它等价的统计系统趋于其临界区域的过程. 一个描写格点量子场论的各个参数满足一定条件时, 系统才会发生连续相变. 这些条件所对应的区域称为该模型的临界区域. 一般来说, 这在参数空间中对应于一个曲面, 我们称之为系统的临界曲面. 在临界曲面上, 系统的关联长度将趋于无穷大. 而在临界曲面附近, 它的关联长度也将是很大的, 远大于格点的格距. 这时系统的微观细节 (也就是格点的效应) 将不再重要. 这就对应于格点模型的连续极限.

统计物理和凝聚态物理的知识告诉我们, 在临界区域, 系统的许多物理量 (热容量、磁化率、关联长度等) 也会出现发散的现象. 用量子场论的语言来说, 这就是我们所说的紫外发散现象. 因此, 连续极限和临界现象只不过是同样的物理过程的不同语言 (前者是格点量子场论和粒子物理的语言而后者是统计物理的语言) 的描述而已. 认清这一点是真正理解量子场论中重整化概念的关键, 这也正是 Wilson 的最大贡献.

¶ 以上面给出的类 Ising 模型 (2.57) 为例, 这个模型的相图显示在图 2.1 中. 我们看到, 在 (κ, λ) 二维平面上, 一条二阶相变的临界曲线 $\kappa_c(\lambda)$ (它就是模型 (2.57) 的临界曲面) 将相图分为上下两个区域: 一个是曲线下方的对称相 (symmetric phase), 这里 $\langle \phi \rangle = 0$; 另一个则是曲线上方的破缺相 (broken phase), 这里 $\langle \phi \rangle \neq 0$. 两个相的区别在于 Z_2 对称性是否自发破缺. 恰好位于相变曲线 $\kappa_c(\lambda)$ 上的点所对应的体系的关联长度 $\xi = \infty$, 或者等价地用粒子物理的语言来说, 就是相应的标量粒子的物理 (即重整化的) 质量 $m_R \approx 1/\xi$ 等于零. 在相变曲线无限接近的邻域内 (上方或者下方), 体系的关联长度都很大, 这就是该统计模型的所谓临界区域. 在这两个临界区域内, $\xi/a \gg 1$, 这时格点的效应在长程物理量的测量中完全显现不出来. 描写系统长程物理的是一个连续时空的单分量、标量量子场论: 在相变曲线的上方和下方, 分别对应于 Z_2 对称性已破缺和未破缺的情形.

临界曲线 $\kappa_c(\lambda)$ 并没有一般的解析形式, 但是在某些极限下, 我们可以获得它的具体的信息. 例如, 考虑该模型的 Ising 极限下的行为, 可以利用 Ising 模型的高温

---

[1]有些书中会用 "重正化" 以及 "重正" 来描写同样的过程. 我们姑且认为 "重正"＝"重整" 吧.

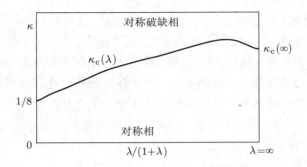

图 2.1　统计模型 (2.57) 的相图 (定性的). 为了方便, 我们将横坐标取为 $\tilde{\lambda} \equiv \lambda/(1+\lambda)$, 这样 $\lambda = \infty$ 的点 (也就是 Ising 模型的情形) 可以在有限的区间内画出. 具体来说它对应于 $\tilde{\lambda} = 1$.

展开 (high temperature expansion), 又称为连通集团展开 (linked cluster expansion) 获得 $\kappa_c(\infty)$ 的数值.[1] 另一方面, 如果 $\lambda \ll 1$, 可以利用微扰论来进行计算. 特别地, 当 $\lambda = 0$ 时, $\kappa_c(0) = 1/8$. 对于一般的 κ 和 λ, 如果需要可以进行 Monte Carlo 数值模拟. 具体的过程我们会在第七章中简要讨论. 前面提到的高温展开方法原则上也可以对任意的 λ 进行, 只不过其中的积分需要进行数值计算. 事实上 Lüscher 和 Weisz 正是利用这一点 "数值地求解" 了 $\lambda\phi^4$ 模型并进而验证了它的平庸性.[2]

　　¶ 重整化是量子场论中的核心概念, 也是最不容易理解的概念. 重整化之所以难于理解, 是因为一开始它给人们的感觉像是一个数学的 "花招" (trick), 或者是一大堆数学技巧的堆积. 如果保持这样一种观念, 我们将永远没法理解它. 这并不是因为我们笨, 即使像 Dirac 这样聪明的 "大牛" 也同样无法理解. 关键在于我们首先需要端正态度. 重整化是一个物理的过程, 而不是纯粹的数学技巧. 这一点恰恰是 Wilson 首先意识到的. 正是由于认识到了这一点, 同时建立了重整化与临界现象之间深刻的关联,Wilson 让我们对于重整化的理解大大地深化了.[3] 在下面两个小节中, 我们将简要描述一下 Wilson 的重整化思想的基本物理内涵.

6.3　Wilson 的重整化群的概念

　　¶ 我们首先要放弃的是量子场论, 特别是有相互作用的量子场论, 可以一直延续到零距离 (无穷高能量) 的幻想. 按照 Wilson 的观点, 任何的量子场论都只是在某个截断能标 Λ 以下才能够成立. 这个截断的存在性实际上是相互作用量子场论不可或缺的组成部分. 截断虽然必须存在, 但其具体形式并不唯一. 为了方便可以将它取为格距为 a 的一个格点, 从而 $\Lambda \approx \pi/a$, 但原则上它也可以是其他稀奇古怪

---

[1]这其实就是假设 κ 为小量的一个展开.

[2]参见 Lüscher M and Weisz P. Nucl. Phys. B, 1987, 290: 25; Nucl. Phys. B, 1988, 245: 65.

[3]当然, Wilson 也因此获得了诺贝尔奖.

的形式. 利用格点来引入截断的最大优势在于, 我们完全可以利用路径积分非微扰地定义量子场论, 而其他形式的截断[1]往往只能够微扰地定义.

我们假定 $x^{(0)}$ 构成了四维欧氏空间中的超立方格点, 它的格距为 a. $\phi^{(0)}_{x^{(0)}}$ 是定义在其上的标量场, 我们假定我们的量子场论的欧氏空间的作用量 (实际上是相应的统计系统的能量) 可以由许多项构成:

$$S^{(0)}[\phi^{(0)}] = \sum_i c_i \left(\frac{1}{a}\right) \mathcal{O}_i[\phi^{(0)}], \tag{2.61}$$

其中 $\mathcal{O}_i[\phi^{(0)}]$ 是由场 $\phi^{(0)}$ 以及它的时空偏微商构成的一系列 "算符" (operators), 耦合参数 $c_i(1/a)$ 为任意的实系数. 我们明显地写出它的宗量 $1/a$ 是希望强调它是在截断的能量标度上定义的耦合参数. 这是一个比前面讨论过的模型普遍得多的模型. 前面给出的 $\lambda\phi^4$ 格点标量场的作用量 (2.54) 相当于只取了三个算符: $\phi\hat{\partial}^2\phi$, ϕ^2 和 ϕ^4. 它们前面的三个系数中有一个可以通过重新定义 ϕ 而取为 $-1/2$, 另外两个系数则分别对应于参数 $m_0^2/2$ 和 $\lambda_0/4!$. 或者等价地用其统计物理的模式 (2.57) 表达, 相当于将 ϕ_x^2 的系数选为 1 后, 将紧邻相互作用系数定为 κ, 四次系数定为 λ.

公式 (2.61) 中出现的算符的唯一限制是系统的作用量 (哈密顿量) 必须具有合适的对称性和量纲. 例如: 如果要求系统具有超立方对称性, 那么只有满足这种对称性的算符 $\mathcal{O}_i$ 前面的系数可以不为零; 如果要求系统具有 $\phi_x \to -\phi_x$ 的分立 Z_2 对称性, 那么只有含有偶数个场变量的算符能够进入; 等等. 另外, 由于系统的作用量应当是无量纲的, 所以随着算符量纲的不同, 它前面的系数也会具有相应的量纲.[2] 普遍作用量 (2.61) 中所有可能的系数 $\{c_i\}$ 构成了这个系统的参数空间, 它一般是一个无穷维的空间. 这个参数空间中的每一个点就对应于一个特定的模型. 不同的点一般对应于不同的统计模型, 它们之间并不一定有什么联系. 系统 (2.61) 虽然足够一般, 但是由于它由太多的参数来描写, 因此用它来描写一般的物理显得不是那么有说服力. 说得明白一些, 它不具备太多的理论预言性.

在很多情形下, 我们并不感兴趣系统在所有尺度上的物理性质, 而只是对于它的长程物理性质感兴趣. 这个时候我们会发现, 真正起主要作用的仅仅是若干个 (而不是无穷多个!) 算符前面的系数. 具体到四维时空的情形, 一般我们只需要选择三个算符, 而这三个算符恰恰就是前面的作用量 (2.54) 和 (2.57) 中的三个算符. 换句话说, 本来定义在很高维的参数空间中的模型 (2.61), 当仅仅关心它的低能性质 (临界性质) 的时候, 那些起重要作用的算符所对应的点实际上会落在一个低维的子空间上.

---

[1] 例如大家在通常的量子场论课程中引入的维数正规化、动量截断等等.
[2] 我们保持粒子物理中的常规, 在 4 维时空中取标量场的量纲为能量的量纲.

用粒子物理的语言来说, 我们只关心系统的低能物理性质. 注意, 这个 "低" 是相对于截断能量 $\Lambda \approx (\pi/a)$ 而言的. 具体地说, 如果我们仅仅感兴趣系统中大于某个长度 L_R 的物理效应, 或者等价地说, 只关心能动量小于 $\mu_R = 1/L_R$ 的物理, 需要做的是, 将系统的作用量 (2.61) 放到路径积分中, 同时将场变量的高频傅里叶分量积掉, 而仅仅保留下那些能动量小于 μ_R 的场变量. 对于格点上的标量场论, 在实空间具体的实施方法是进行所谓的集约自旋变换 (block spin transformation, BST). 具体来说, 我们可以将每两个格距内的所有格点 (或者说一个原胞内) (对于四维超立方晶格有 $2^4 = 16$ 个格点) 看成一个新的格点. 这些新的格点也构成一个超立方晶格, 只不过它的格距是原先晶格的两倍. 我们可以定义新的晶格上的标量场, 或者称为集约自旋 (blocked spin) 变量:

$$\phi^{(1)}_{x^{(1)}} = \frac{1}{16} \sum_{x^{(0)} \in C^{(1)}_x} \phi^{(0)}_{x^{(0)}} \, , \tag{2.62}$$

其中用 $x^{(0)}$ 标记原先晶格的格点, $x^{(1)}$ 则代表进行一次集约变换后的格点, 它的位置可以取在原先的格点的原胞 $C_{x^{(1)}}$ 的中心, $\phi^{(1)}$ 是定义在集约之后的格点上的. 简单地说, 新的场变量被定义为旧的场变量在一个原胞中的代数平均值.

如果我们在原先系统的路径积分中, 将原先场变量的其他线性组合积掉, 而仅仅保留新的场变量对应的线性组合, 那么系统新的作用量将仍然具有公式 (2.61) 的形式, 只是系数 c_i 发生了变化. 具体来说我们有

$$Z = \int \mathcal{D}\phi^{(1)} \mathrm{e}^{-S^{(1)}[\phi^{(1)}]} = \int \mathcal{D}\phi^{(0)} \mathrm{e}^{-S^{(0)}[\phi^{(0)}]}, \tag{2.63}$$

其中新的作用量为

$$S^{(1)}[\phi^{(1)}] = \sum_i c_i \left(\frac{1}{2a} \right) \mathcal{O}_i[\phi^{(1)}]. \tag{2.64}$$

这些新的系数被定义为在尺度 $1/(2a)$ 处的各个算符的系数. 一般来讲, 实空间的 BST 只能够分立地改变尺度 (比如每次改变两倍). 但在傅里叶空间, 类似的变换可以连续地改变尺度. 我们注意到原先的场变量所对应的最大动量标度为 π/a. 可以想象将 $\mu_R < p < \pi/a$ 的傅里叶分量都积掉, 剩下的新的作用量就仅仅包含了原先系统中小于能标 μ_R 的物理, 而高于它的物理效应都被吸收在系数 c_i 的变化之中了. 这样的一个变换被称为重整化群变换 (renormalization group transformation). 系统的耦合系数 c_i 在参数空间的变化称为重整化群流 (RG flow). 因为耦合系数 $c_i(\mu_R)$ 随尺度 μ_R 而变化, 它们又被称为跑动耦合参数 (running coupling). 原先那些处于能标 $1/a$ 处的耦合参数 $c_i(1/a)$ 则被称为裸耦合参数. 随着重整化群变换的进行, 这些裸的耦合参数发生跑动, 我们也称它们被重整化了.

前面我们说明了, 格点场论的连续极限如果用统计物理的语言来描述就是系统在临界区域的性质. 在临界区域, 系统的关联长度趋于无穷大, 整个系统的性质完全由系统的长程物理所主导. 所以, 对于研究临界性质 (或者等价地说连续极限性质) 而言, 我们需要的仅仅是系统的长程物理性质. 这时, 我们无需关心系统在短程的物理性质, 而重整化群变换恰恰实现了这一点. 公式 (2.63) 的重要性在于, 重整化群变换是保持 (长程) 物理不变的变换. 所谓不变, 是指系统的配分函数 (生成泛函) 既可以表达成旧的作用量对于旧的场变量的路径积分, 又可以表达成新的作用量对于新的场变量的路径积分, 唯一的区别是, 原先的系统中的高频自由度被积掉 (integrated out) 了, 它们的效应是重整化了各个算符前面的耦合参数, 造成了耦合参数随能标的跑动.

6.4　重整化群流与固定点

¶ 定性地讨论一下系统的耦合参数在参数空间的跑动是十分有益的. 如果原先场论系统中的物理 (也就是具有长度量纲的) 关联长度为 ξa, 其中 ξ 称为无量纲的关联长度. 经过一次重整化群变换后, 由于格距 $a^{(1)} = e^t a^{(0)}$, 其中 $a^{(0)} = a$ 就是原先晶格的格距, 那么无量纲关联长度的变化为

$$\xi_t = e^{-t}\xi_0, \tag{2.65}$$

其中参数 $t > 0$ 标志了标度变换的大小. 对于实空间的集约自旋变换, $e^{-t} = 1/2$, 但对于一般的重整化群变换, 我们可以想象参数 t 可连续地变化. 我们将称 t 为重整化群变换中的跑动 "时间".

在系统的参数空间中 (一般可以是无穷维的) 有这样一个子空间, 在其上系统的关联长度是无穷大. 我们称这样的子空间为系统的临界曲面 (critical surface),[1] 记为 S_c. 它一般来说是一个比原先的参数空间维数小得多的空间. 具体到前面的统计模型 (2.57), S_c 就是图 2.1 中的临界曲线 $\kappa_c(\lambda)$. 参数空间中还存在一些特殊的点, 它们经过重整化群变换后不变 (不跑动), 这些点称为重整化群变换的固定点 (fixed points), 或不动点. 公式 (2.65) 告诉我们, 固定点要么位于临界曲面上 ($\xi = \infty$), 要么具有零关联长度 $\xi = 0$.

为了简化讨论, 我们将假定参数空间中只有两个固定点, 一个点满足 $\xi = 0$, 记为 P_0, 另一个点具有无穷的关联长度 (从而位于临界曲面上), 记为 $P_\infty \in S_c$. 图 2.2 显示了这种简单的拓扑结构.[2] 其中的临界曲面 S_c 显示为包含 P_∞ 点的曲线. 另外各个曲线上的点在重整化群变换下的跑动方向也用小箭头显示了出来. 公式 (2.65)

[1]这里所谓的 "曲面" 并不一定是二维的, 也可以是其他更低或更高维的.

[2]更为复杂的拓扑结构的讨论可以参考 Wilson 和 Kogut 的经典文章中的第 12.3 节: Wilson K G and Kogut J B. The renormalization group and the epsilon expansion. Phys. Rept., 1974, 12: 75.

还告诉我们对于参数空间中一般的点, 只要它不位于临界曲面上, 最终随着重整化群变换的进行, 它都将跑动到 P_0 点. 因此点 P_0 称为该统计系统的稳定固定点. 对于恰好位于临界曲面上的点, 在重整化群变换下它们仍将位于临界曲面上, 所以它们最终会汇聚到 P_∞. 它实际上是一个不稳定固定点 (鞍点), 因为只有完全位于临界曲面上的点会跑动到这里. 如果一个点无限接近临界曲面, 它的跑动轨迹将是沿着临界曲面很近的地方跑动到 P_∞ 附近, 在那里它的跑动 "速度" 会很慢, 换句话说它会逗留在 P_∞ 附近相当长的 "时间" (如果我们将重整化群参数 t 解释为 "时间" 的话). 但最终它仍然要离开临界曲面, 跑动到稳定固定点 P_0. 从点 P_∞ 到点 P_0 有一条轨迹 (图 2.2 中的浅色的曲线 G), 它称为系统的重整化轨迹 (renormalized trajectory). 它可以看成是无限接近点 P_∞ 的点所给出的重整化群跑动轨迹的极限情形. 这是一条十分特殊的轨迹. 可以证明这条轨迹上的任何一点实际上对应于一个完全没有格距误差的连续场论模型. 正因为如此, 这条轨迹上的模型所对应的作用量被称为完美作用量 (perfect action). 这个 "完美" 是指这些作用量虽然是定义在格点上的, 但是它们反映的却完全是连续时空的物理.

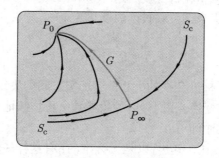

图 2.2　简单的重整化群流的拓扑结构示意图.

现在再回到我们感兴趣的系统的连续极限 (或者说临界性质) 的问题上来. 严格的数学意义上的连续极限应当由临界曲面上的那些点所对应的场论模型给出. 由于重整化群变换不改变物理, 可以等价地研究这些点随重整化群变换后汇聚到 P_∞ 时的模型性质. 我们这里不加证明地给出结果: 一个格点场论的连续极限, 或者说一个统计模型的临界性质完全由其临界曲面上的固定点 (即 P_∞) 附近的行为所决定. 换句话说, 不管出发的模型是什么样子的, 随着不断地进行重整化群变换, 系统等效地都被汇聚到临界曲面上的固定点附近.

为此, 可以将重整化群变换在固定点 P_∞ 附近线性化, 得到

$$\frac{\mathrm{d}}{\mathrm{d}t}\delta c_i(t) = L_{ij}\delta c_j(t), \quad \delta c_i(0) = 0, \tag{2.66}$$

其中 $\delta c_i(t) = c_i(t) - c_i^*$, 这里 c_i^* 代表参数空间中 P_∞ 点所对应的坐标. 可以将不同的耦合参数适当线性组合从而将矩阵 L_{ij} 对角化. 按照其本征值的类型可以将相应的算符组合分为三类:

1. 如果本征值大于 0, 我们称相应的算符是相关算符 (relevant operator);
2. 如果本征值小于 0, 我们称相应的算符是无关算符 (irrelevant operator);
3. 如果本征值正好等于零, 我们称相应的算符为边界算符或边缘算符 (marginal operator).

显然, 随着重整化群变换不断地进行, 无关算符对应的耦合参数会随着 t 的增加而指数地减少. 因此, 无论最初场论模型中无关算符的裸耦合参数是多少, 它们对于连续极限都是没有影响的. 边界算符的地位比较特殊, 它们在重整化群变换下的性质将依赖于更高阶的贡献 (也就是说公式 (2.66) 中还需要加入 δc 的二次或更高次的项) 才能确定. 前面讨论的 $\lambda\phi^4$ 理论的相互作用项就是一个边界算符. 详细的研究表明, 在重整化群变换下, 系统的耦合参数 λ 会对数地趋于零, 比无关算符要慢得多. 因此, 如果我们只是关心 "物理上" 的连续极限, 它们的作用仍然是可以体现的.[1] 对于 $\lambda\phi^4$ 标量场论, 可以证明只存在一个相关算符: ϕ^2 和两个边界算符: $\phi\partial^2\phi$ 和 ϕ^4. 因此, 如果仅仅关心连续极限下的场论, 可以不失一般性地在裸的作用量中只取这三个算符. 其他的算符都是无关算符, 它们对于连续极限下的物理没有影响.

至此我们看到, 场论的连续极限实际上只与那些相关或边界算符有关, 与无关算符无关.[2] 至于说哪些算符是相关的, 哪些是无关的, 则与模型所在空间的维数以及模型所具有的对称性有关. 用统计物理的语言来表述就是: 一个统计系统的临界性质与系统的微观细节无关 (换句话说, 可以加上不同的无关算符), 只与模型的对称性、维数有关. 这个结论在统计物理中称为普适性 (universality). 用量子场论的语言来说, 一个统计模型的临界性质完全由一个连续时空的量子场论描写, 因此与模型的微观细节无关. 我们同时也看到, 在连续极限下系统一定由那些相关或边界算符所对应的作用量描写, 这些算符恰恰就是量子场论中所说的那些按照量纲分析 (power counting) 可重整的算符. 具体到四维时空的标量场论, 就是那些质量量纲小于或等于 4 的算符. 也就是说, 这说明了为什么连续时空的场论注定由一个可重整的量子场论来描写. 用 Wilson 的重整化群的观点来看, 不是说不可以加上不可重整的算符, 而是这些算符都属于无关算符, 因而在连续极限下与它们相应的跑动耦合参数一定趋于零.

¶ 最后需要指出的是, 虽然最终的连续极限下的物理不依赖于无关算符前面的

---

[1]这就是所谓的 $\lambda\phi^4$ 理论的平庸性 (triviality). 按照这里的解释, 平庸性对于长程物理而言不造成任何矛盾. 另外, 平庸性不仅仅是 $\lambda\phi^4$ 理论具有, 目前倾向于认为 QED 也是平庸的.

[2]所以它们才被称为无关算符.

系数, 但是系统趋于连续极限的速度却与这些系数有关. 在格点场论中我们恰恰可以利用这一点, 有意在裸的格点作用量 (2.61) 中加上一些无关算符, 目的是使得模型能够更快地趋于连续极限. 这样的作用量被称为改进作用量. 显然, 这些系数不可能是完全任意的, 而必须进行精心的调节使得它们共同产生的、偏离连续极限的效应刚好相消. 当然, 最为理想的是前面提到的完美作用量. 但是, 要求出一个模型的完美作用量意味着要完全求出它的重整化轨道 (图 2.2 中的曲线 G), 这对于一个有相互作用的模型而言通常是一个很困难的工作 (如果不是不可能完成的话). 目前的格点 QCD 计算广泛采用的是改进作用量的方法, 它能够大大改善格点计算的精度.

本章着重讨论了格点标量场论. 我们首先以量子力学模型为出发点 (0+1 维场论) 讨论了路径积分量子化以及从闵氏空间到欧氏空间的 Wick 转动. 随后, 在简要地回顾了格点标量场论中的微扰展开之后, 我们重点讨论了 Wilson 重整化群思想. 选择在标量场论中讨论这部分内容出于几个方面的考虑: 第一, 这部分内容在格点场论中显得特别自然; 第二, 在标量场论中讨论比在 QCD 中要简化不少; 第三, 这部分内容往往在量子场论的课程中讲授得不够充分.

第三章 格点 QCD

本章提要

- ☞ Grassmann 代数与相干态
- ☞ 格点上的费米子场及其传播子
- ☞ 格点上的规范场
- ☞ Wilson 格点 QCD

前 一章从路径积分表述出发, 讨论了格点上的标量场理论. 本章将引入格点量子色动力学 (格点 QCD), 为此当然首先要介绍格点上的费米子场, 然后再介绍格点上的规范场. 格点上的费米子场有诸多的引入方法, 相应地, 也会产生不同版本的格点 QCD. 本章首先介绍 Wilson 格点 QCD. 其他形式的格点 QCD 将在后续章节中讨论.

7 Grassmann 代数与相干态

¶ 旋量场描写的是费米子, 它们与玻色子最大的区别是遵从 Pauli 不相容原理. 这意味着在正则量子化的理论体系中, 必须要求它的产生湮灭算符满足反对易关系. 如果采用路径积分量子化的方法, 这要求旋量场的场变量必须也能够反映出这个本质的区别. 这里不想严格地去论述如何实现这一点, 而只是指出结论: 需要将描写费米子的旋量场变量在所谓的 Grassmann 数域中取值, 这样用于标量场的路径积分量子化的方法便可以完全移植到旋量场.

所谓 Grassmann 代数, 是指一些反对易的数构成的数域. 它们的任何两个数之间是反对易的. 也就是说, 如果我们有两个 Grassmann 数 ξ_i 和 ξ_j, 那么一定有 $\xi_i \xi_j = -\xi_j \xi_i$. 特别地, 对于任意一个 Grassmann 数 ξ, 一定有 $\xi^2 = \xi\xi = 0$. 由于这个条件, 一个依赖于 Grassmann 数 ξ 的函数只能具有如下简单的形式: $f(\xi) = f_0 + f_1 \xi$.

我们还可以定义函数对于 Grassmann 数的微分和积分:

$$\int \mathrm{d}\xi\,\xi = \partial_\xi \xi = 1, \qquad \int \mathrm{d}\xi = 0. \tag{3.1}$$

这个约定再加上线性的要求就可以完全确定函数对于 Grassmann 数的微分与积分. 量子场论中最为重要的一个 Grassmann 积分 (可能也是唯一一个) 是

$$\int \mathcal{D}\bar{\psi}\mathcal{D}\psi\,\mathrm{e}^{-\bar{\psi}_i M_{ij}\psi_j} = \det M, \tag{3.2}$$

¶ 要建立 Grassmann 代数与费米子物理态之间的关系, 比较方便的是引入所谓的 Grassmann 相干态 (Grassmann coherent states). 假定我们存在一系列费米子的产生湮灭算符 $a_i^\dagger, a_i$, 其中 $i = 1, 2, \cdots, N$, 同时存在费米子系统的基态 $|0\rangle$, 它对于任意的 i 满足 $a_i|0\rangle = 0$. 利用各个产生算符作用于态 $|0\rangle$, 可以构建出费米子系统的 Hilbert 空间. 在这个 Hilbert 空间中, 我们定义一个右矢 (ket) 相干态:

$$|\eta\rangle \equiv |\eta_1, \cdots, \eta_N\rangle = \sum_{J=0}^{\infty} \frac{(-)^{J(J-1)/2}}{J!}(\eta_i a_i^\dagger)^J |0\rangle, \tag{3.3}$$

其中各个 η_i 为 Grassmann 数, 求和号中的因子 $(\eta_i a_i^\dagger)$ 隐含着对于重复指标 i 的求和. 虽然这个定义式中对于 J 的求和延伸到无穷, 但是由于 Pauli 不相容原理, 该求和实际上仅仅涉及有限多项,[1] 从而并不存在收敛性的问题.

公式 (3.3) 所定义的相干态满足一个十分重要的性质, 那就是它是费米子湮灭算符的本征态:

$$a_i|\eta\rangle = |\eta\rangle\eta_i. \tag{3.4}$$

类似地, 我们可以定义一个左矢 (bra) 相干态:

$$\langle\bar{\eta}| \equiv \langle\bar{\eta}_1, \cdots, \bar{\eta}_N| = \langle0| \sum_{J=0}^{\infty} \frac{(-)^{J(J-1)/2}}{J!}(\bar{\eta}_i a_i)^J, \tag{3.5}$$

其中各个 $\bar{\eta}_i$ 为 (另外的, 独立于 η_i 的) 一组 Grassmann 数. 这样定义的左矢是费米子产生算符的左本征矢:

$$\langle\bar{\eta}|a_i^\dagger = \bar{\eta}_i\langle\bar{\eta}|. \tag{3.6}$$

特别提醒大家注意公式 (3.4) 和公式 (3.6) 中本征值的位置. 由于本征值本身是 Grassmann 数, 因此它放在态的左边或右边是不同的.

上述定义的相干态的左矢和右矢之间并不是正交的, 它们的内积满足

$$\langle\bar{\eta}|\eta\rangle = \exp(\bar{\eta}_i\eta_i). \tag{3.7}$$

---

[1]准确地说, 最多 2^N 项.

虽然左右相干态矢量不是正交的, 但是它们却是完备的 (有时又被称为过完备的):

$$1 = \int \left(\prod_i \mathrm{d}\bar{\eta}_i \mathrm{d}\eta_i \right) \mathrm{e}^{-\bar{\eta}\cdot\eta} |\eta\rangle\langle\bar{\eta}|, \tag{3.8}$$

其中 $\bar{\eta}\cdot\eta = \bar{\eta}_i\eta_i$.

另外一个重要的性质是如下的公式:

$$\langle\bar{\eta}| \exp\left(a_i^\dagger A_{ij} a_j \right) |\eta\rangle = \exp\left[\bar{\eta}_i \left(\mathrm{e}^A\right)_{ij} \eta_j \right]. \tag{3.9}$$

这个公式在推导路径积分的转移矩阵表示的时候十分有用.[1]

8 格点费米子场

¶ 在连续的四维欧氏空间, 一个 Dirac 场的作用量可以写成

$$S = \int \mathrm{d}^4x \bar{\psi}(\partial_\mu\gamma_\mu + m_0)\psi, \tag{3.10}$$

其中 γ_μ 是欧氏空间的 γ 矩阵. 关于这些矩阵的表示, 可以参考附录 A. 如果利用朴素的分立化的方法将其中的微分变为差分, 我们可以写出一个四维超立方格点上的格点费米子作用量 (取格点单位 $a = 1$):

$$S = \sum_x \bar{\psi}_x \left[\frac{1}{2}(\hat{\partial}_\mu + \hat{\partial}_\mu^*)\gamma_\mu + m_0 \right] \psi_x, \tag{3.11}$$

其中的 $\hat{\partial}_\mu$ 和 $\hat{\partial}_\mu^*$ 分别是格点上的向前和向后差分算符, 参见标量场一章中的公式 (2.55). 它们的定义为

$$\begin{cases} \hat{\partial}_\mu\psi_x = \psi_{x+\mu} - \psi_x, \\ \hat{\partial}_\mu^*\psi_x = \psi_x - \psi_{x-\mu}. \end{cases} \tag{3.12}$$

我们有时为了书写方便, 也会引入两者的平均值 $\bar{\partial}_\mu = (\hat{\partial}_\mu + \hat{\partial}_\mu^*)/2$, 显然有

$$\bar{\partial}_\mu\psi_x = (\psi_{x+\mu} - \psi_{x-\mu})/2. \tag{3.13}$$

公式 (3.11) 中这样定义的费米子作用量称为 "天真费米子" (naive fermion) 作用量. 要量子化这个系统, 我们将它的作用量放到指数上并且对所有的费米子场 $\bar{\psi}_x$

---

[1]关于这个公式的证明, 可以在公式中取 $A \to tA$, 其中 t 是一个连续参数, 然后证明等式两边满足同样的对于 t 的一阶常微分方程, 再由解的唯一性定理证明两边相等.

和 ψ_x 进行积分 (路径积分). 需要注意的是, 现在这些费米子场的每一个独立分量都取值于 Grassmann 数域, 所以, 费米子系统的配分函数为

$$Z[J, \bar{J}] = \int \left(\prod_x \mathrm{d}\bar{\psi}_x \mathrm{d}\psi_x \right) \mathrm{e}^{-S[\bar{\psi}, \psi] + \sum_x \left(\bar{J}_x \psi_x + \bar{\psi}_x J_x \right)}. \tag{3.14}$$

正如玻色场的情形一样, 为了计算的方便我们引入了在 Grassmann 数域取值的外源 J_x 和 $\bar{J}_x$. 将指数上的项进行配方, 我们最终发现天真费米子所对应的传播子是[1]

$$\langle \psi_x \bar{\psi}_y \rangle \equiv \overrightarrow{\psi_x \bar{\psi}_y} = \frac{1}{V} \sum_p \frac{\mathrm{e}^{\mathrm{i}p \cdot (x-y)}}{\mathrm{i}\gamma_\mu \sin p_\mu + m_0}. \tag{3.15}$$

在连续极限下, 考察小动量 $p_\mu \ll 1$, 就得到连续欧氏空间的传播子. 但是, 这个传播子具有一个致命的问题 —— 它除了希望得到的物理粒子之外, 还包含非物理的粒子. 我们知道费米子传播子的极点是与系统哈密顿量的谱密切联系的. 由于正弦函数的周期性, 公式 (3.15) 中的傅里叶空间传播子有不只一个极点. 这一点对于一个无质量的费米子显得格外清楚. 如果 $m_0 = 0$, 那么公式 (3.15) 所对应的传播子除了在 $p = (0,0,0,0)$ 处有极点 (这对应于通常的零质量费米子的极点) 以外, 在 $p = (\pm\pi, \pm\pi, \pm\pi, \pm\pi)$ 处也有极点. 考虑到第一布里渊区的周期性, 这相当于总共有 $2^4 = 16$ 个极点. 这多余的 15 个极点相应地也会出现在系统哈密顿量的谱中. 因此, 原先只需要将一个 Dirac 费米子放在格点上, 但是得到的却是 16 个. 这些多余的、非物理的费米子被称为加倍子 (doubler). 这个问题通常也被称为费米子加倍问题.[2]

¶ 详细的研究可以证明, 费米子加倍问题实际上与费米子的手征性紧密联系在一起. 这一点我们在后面还会更加细致的阐述, 这里先简要地说明一下. 如果将天真费米子与一个手征的外场 (矢量场和轴矢量场) 相互作用, 就会发现这 16 个费米子有 8 个具有正的手性, 另外 8 个具有负的手性.[3] 这种结构保证了所有的费米子 (包括我们希望的位于 $p = (0,0,0,0)$ 的物理极点, 也包括其他的 15 个非物理的加倍子) 的手性之和是零. 这保证了这个理论没有手征反常. 费米子加倍问题的出现实际上预示着想要将具有确定手性的手征费米子放在格点上是会有困难的. 这一点后来被 Nielsen 和 Ninomiya 的一个定理所证实. 他们证明了在满足一系列条件之下,[4] 不可能将手征费米子放在格点上, 这被称为 no-go 定理. No-go 定理说明, 想要给含有手征费米子的手征规范理论一个非微扰的定义是困难的. 这个困难至今也没有彻底解决, 尽管近年来出现的畴壁费米子 (domain wall fermion) 和

---

[1] 下面的表达式中重复的指标 μ 隐含着求和.

[2] 事实上每一个维度会出现一重费米子加倍现象, 因此在四维时空就是 16 个.

[3] "手性" 也可以称为手征荷.

[4] 具体一些来说, 这些条件是: 厄米性、无加倍子、局域性、手征性 ($\gamma_5 D + D\gamma_5 = 0$).

Ginsparg-Wilson 费米子为这个问题的彻底解决带来了曙光. 我们将在第七章中简要介绍这些费米子.

将手征费米子放在格点上, 或者说对手征费米子提供一个非微扰的定义, 这对于所谓的手征规范理论是必须的. 如果我们没有变态到要在格点上研究手征规范理论,[1] 而仅仅是研究所谓的矢量理论 (例如 QCD), 那么这个问题是可以解决的. 为此, 人们在 20 世纪就提出了所谓的 Wilson 费米子和 Kogut-Susskind 费米子 (又被称为 staggered fermion). 进入 21 世纪 (实际上主要是 20 世纪末), 又兴起了畴壁费米子和重叠费米子 (overlap fermion), 后者是前面提到的 Ginsparg-Wilson 费米子的特例. 本章主要解释一下 Wilson 费米子的引入, 其余的费米子的讨论则放在第七章中.

¶ 为了克服天真费米子中的加倍问题, 首先注意到天真费米子的加倍问题是由于其动量空间的传播子中的正弦函数在第一布里渊区内具有不只一个零点造成的, 所以 Wilson 的建议就是将其他多余的零点去掉. 具体来说, 可以将傅里叶空间的传播子的倒数修改为

$$(\mathrm{i}\sin p_\mu \gamma_\mu + m_0) \to \left(\mathrm{i}\sin p_\mu \gamma_\mu + \frac{r}{2}\hat{p}^2 + m_0\right), \tag{3.16}$$

其中 $\hat{p}^2 = 2\sum_\mu(1-\cos p_\mu)$ 是格点上的动量平方, 参数 r 被称为 Wilson 参数. 显然, 这样一来在第一布里渊区中只有位于原点 $p = (0,0,0,0)$ 处一个零点, 其他的零点都由于 Wilson 项的存在而被抬高了. 在坐标空间中, Wilson 项相当于在原先天真费米子作用量中加入了一项量纲为 5 的无关算符 $(ra/2)\bar{\psi}\hat{p}^2\psi$, 其中 a 是格点的格距. 这样的费米子称为 Wilson 费米子. 虽然 Wilson 参数原则上可以取任何值, 但是通常我们会取 $r = 1$, 于是它的作用量可以写为

$$S = \sum_x \bar{\psi}_x \left[\frac{1}{2}(\hat{\partial}_\mu + \hat{\partial}_\mu^*)\gamma_\mu - \frac{1}{2}\hat{\partial}_\mu\hat{\partial}_\mu^* + m_0\right]\psi_x, \tag{3.17}$$

其中已按照惯例将 Wilson 参数 r 取为 1. Wilson 项的存在使得所有加倍子至少获得了量级为 $1/a$ 的等效质量, 在连续极限下, 这些激发将具有截断的量级, 因此会与低能区的普通费米子脱耦 (decouple). 这样一来, Wilson 费米子的谱在连续极限下将只包含一个 Dirac 费米子, 这正是我们所需要的.

但是, 世上没有免费的午餐. Wilson 费米子的引入是有代价的. 它最大的问题就是加入的 Wilson 项明显破坏手征对称性 (chiral symmetry). 鉴于手征对称性在

---

[1] 从标准模型来说, 电弱统一的 Weinberg-Salam 模型就是一个典型的手征规范理论, 而描写强相互作用的 QCD 则是一个矢量理论, 因为在 QCD 中左手的夸克和右手的夸克与规范场的耦合是相同的.

QCD 中的核心地位与作用, 这个伤害几乎是不可饶恕的. 唯一值得欣慰的是, 可以证明在连续极限下, Wilson 费米子所破坏的手征对称性会得到恢复. 我们将在后面第六章中比较详细地讨论 Wilson 作用量的手征性质.

9　费米子场的传播子

¶ 这一节来介绍费米子场的传播子. 我们首先考虑最为简单的费米子场的作用量, 假设它是费米子场的双线性型:

$$S[\psi, \bar{\psi}] = \bar{\psi}_x \mathcal{M}_{x,y} \psi_y, \tag{3.18}$$

其中重复的指标隐含着求和, 矩阵 $\mathcal{M}_{x,y}$ 称为该理论的费米子矩阵. 后面会看到它的具体形式. 前面看到的基本费米子传播子可以写为

$$\langle \psi_x \bar{\psi}_y \rangle \equiv \overline{\psi_x \bar{\psi}_y} = \frac{1}{Z} \int \left(\prod_x \mathrm{d}\bar{\psi}_x \mathrm{d}\psi_x \right) [\psi_x \bar{\psi}_y] \, \mathrm{e}^{-\bar{\psi}_x \mathcal{M}_{x,y} \psi_y} = \mathcal{M}_{x,y}^{-1}, \tag{3.19}$$

其中配分函数

$$Z = \int \left(\prod_x \mathrm{d}\bar{\psi}_x \mathrm{d}\psi_x \right) \mathrm{e}^{-\bar{\psi}_x \mathcal{M}_{x,y} \psi_y} = \det \mathcal{M}. \tag{3.20}$$

这个表达式基本上源于 Grassmann 积分的定义, 与具体的物理过程没有太大关系. 也就是说, 只要是关于费米子场的双线性型, 我们都可以写出与之类似的式子. 它可以通过引入 Grassmann 属性的外源的配分函数 $Z[J, \bar{J}]$ (见公式 (3.14)), 然后再对 $Z[J, \bar{J}]$ 取适当的微商获得. 由于费米子场的 Grassmann 特性 (以及体系的作用量的非 Grassmann 特性), 几乎总是可以将我们感兴趣的物理体系的作用量写成费米子场的双线性型. 特别值得一提的是, 对于包含四个费米子场相互作用的场论体系, 可以通过引入恰当的玻色型的辅助场 (记为 $\mathcal{A}_x$) 将其有效作用量化为费米子场的双线性型. 于是体系的配分函数可以大致写为

$$Z = \int \left(\prod_x \mathrm{d}\bar{\psi}_x \mathrm{d}\psi_x \right) [\mathcal{D}\mathcal{A}] \, \mathrm{e}^{-\bar{\psi}_x \mathcal{M}_{x,y}[\mathcal{A}]\psi_y} \mathrm{e}^{-S_0[\mathcal{A}]} = \int [\mathcal{D}\mathcal{A}] \, \mathrm{e}^{-S_0[\mathcal{A}]} \det \mathcal{M}[\mathcal{A}],$$

$$\tag{3.21}$$

其中的矩阵 $\mathcal{M}[\mathcal{A}]$ 是一个与辅助场有关的费米子矩阵, $S_0[\mathcal{A}]$ 是一个仅仅与辅助场有关的作用量. 公式 (3.21) 所给出的格点上的理论实际上涵盖了大量我们感兴趣的物理体系. 例如, 本书将着重讨论的 Wilson 格点 QCD 就属于这一类, 只不过其中的辅助场 $\mathcal{A}_x$ 是具有规范对称性的规范场 (见下节的讨论)$U_\mu(x)$. 另外, 很多凝聚态物理中描写电子–电子相互作用的强关联模型 (例如著名的 Hubbard 模型) 在

经过 Hubbard-Stratonovich 变换之后, 也可以化为这个形式. 因此下面关于费米子传播子讨论的适用范围远比简单的自由费米子要广泛.

如果我们感兴趣理论中多个 (超过两个) 费米子场的缩并, 就需要利用所谓的 Wick 定理. 例如, 对于两个费米子场和两个反费米子场的缩并, 有

$$\langle \psi_x \bar{\psi}_y \psi_w \bar{\psi}_z \rangle = \overbrace{\psi_x \bar{\psi}_y} \; \overbrace{\psi_w \bar{\psi}_z} - \overbrace{\psi_x \bar{\psi}_z} \; \overbrace{\psi_w \bar{\psi}_y}. \tag{3.22}$$

对于更一般的有辅助场的理论 (3.21), 这个式子还必须对辅助场进行系综平均:

$$\langle \psi_x \bar{\psi}_y \psi_w \bar{\psi}_z \rangle = \frac{1}{Z} \int [\mathcal{DA}] \, \mathrm{e}^{-S_0[\mathcal{A}]} \det \mathcal{M} \left[\mathcal{M}_{x,y}^{-1} \mathcal{M}_{w,z}^{-1} - \mathcal{M}_{x,z}^{-1} \mathcal{M}_{w,y}^{-1} \right]. \tag{3.23}$$

需要注意的是, 上式中费米子行列式 $\det \mathcal{M}$ 以及费米子传播子 $\mathcal{M}_{x,y}^{-1}$ 等物理量, 一般来说都与辅助场 $\mathcal{A}$ 有关. 因此对于一个既包含费米子场又包含其他玻色型场 (可以是辅助场也可以是基本的玻色型场) 的理论来说, 它的路径积分包含两个步骤: 对费米子场的积分和对其他玻色型场的积分, 或者用统计物理的语言来说, 对费米子场的系综平均和对其他玻色型场的系综平均. 一般来说, 对费米子场的积分 (平均) 往往是可以解析地完成的, 而对剩余的玻色型场的积分 (平均) 则需要利用数值模拟来完成.

10　格点上的规范场

¶ 格点上的规范场与费米子场往往是同时出现的, 特别是在格点 QCD 之中. 它们共同保证了规范对称性的实现. 将规范场放在格点上最先是 Wilson 在他的著名文章中提出的. 规范场作为内部空间的平行移动操作很自然地被放在相邻格点之间的链接 (link) 上. 另外, 在格点规范理论中, 规范场一般是在规范群而不是它的李代数中取值. 具体到 QCD, 规范群是 SU (3) 群. 因此处理格点上的胶子场, 我们引入所谓的链变量 (link variable) $U_\mu(x) \in \mathrm{SU}\,(3)$, 它位于从格点 x 到其相邻的格点 $x + \hat{\mu}$ 的链接上. 链变量是一个有 "方向性" 的变量. 我们约定以从 x 指向 $x + \hat{\mu}$ 的有方向的链接对应于 $U_\mu(x)$, 同时约定相反的方向的链接对应于它的逆 $U_\mu^\dagger(x)$. 格点上的链变量与大家在连续场论中所熟悉的胶子场 $A_\mu(x) \in \mathrm{su}\,(3)$ 之间的关系大致如下. 设想在连续的欧氏时空中存在连续分布的规范场 $A_\mu(y)$, 那么有

$$U_\mu(x) = \exp\left(\mathrm{i} \int_x^{x+a\hat{\mu}} A_\mu(y) \mathrm{d}y \right) \approx \mathrm{e}^{\mathrm{i} a A_\mu(x + a\hat{\mu}/2)}, \tag{3.24}$$

其中第二步假定了 $A_\mu(x)$ 足够光滑并且格距 a 很小. 换句话说, 格点规范中的链变量就是长度只有一个格距的 Wilson 线 (Wilson line).

假定对一个给定格点上的各个链接都给出了一个 $U_\mu(x)$, 其中 $\mu = 0, 1, 2, 3$, x 取遍所有格点, 就称这一组 $\{U_\mu(x)\}$ 为一个规范场组态. 我们知道, 规范场 $U_\mu(x)$ (或者等价地说 $A_\mu(x)$) 并不是完全独立的动力学自由度, 其中包含了多余的自由度, 体现在体系具有规范对称性之中. 对于任意一个给定的规范场组态, 我们可以对其进行规范变换:

$$U_\mu(x) \Rightarrow U'_\mu(x) = g_x U_\mu(x) g^\dagger_{x+\hat\mu}, \tag{3.25}$$

其中 $g_x \in \mathrm{SU}(3)$ 为任意一组 $\mathrm{SU}(3)$ 规范变换矩阵. 我们测量的物理量应当是规范不变的, 也就是说, 所有物理上可以测量 (原则上可以测量的) 的量在规范变换下是不变的. 利用链变量很容易构造规范不变的物理量. 例如, 很容易证明, 格点上任何闭合回路的规范链接的顺序乘积的迹是规范不变的. 在格点上由规范链接构成的闭合回路一般统称为 Wilson 圈 (Wilson loop). Wilson 圈的迹 (trace), 或者更准确地说, 特征标 (character) 一定是规范不变的.

练习 3.1　验证这一点.

关于连续时空中的 Wilson 圈以及 Wilson 线与规范对称性的关系, 读者可以参考 Peskin 的场论教材的 §15.3.

利用链变量构造规范不变的量的一个目的就是试图写出格点规范场的作用量. 这个作用量应当是规范不变的, 并且一般涉及一系列局域算符的求和 (欧氏空间时空积分). 欧氏空间中的超立方晶格上最为简单的闭合回路就是一个小方格 (plaquette). 因此, Wilson 建议用它作为格点规范场的作用量的元素. 具体来说, 他建议用

$$S_{\mathrm g}[U_\mu] = \frac{\beta}{N} \sum_P \mathrm{Re}\,\mathrm{Tr}\,(1 - U_P), \quad U_P = U_\mu(x)U_\nu(x+\mu)U^\dagger_\mu(x+\nu)U^\dagger_\nu(x), \tag{3.26}$$

其中的求和遍及格点上所有独立的小方格 P, β 是一个耦合参数, 它的物理意义我们下面会进一步阐明. 这个作用量就是著名的 Wilson 的小方格作用量 (plaquette action).

¶ 读者也许会问, 其他的 Wilson 圈是否可以加入呢? 回答是当然可以. Wilson 最先仅仅引入小方格主要是出于简单. 其他的 Wilson 圈作为规范不变量当然也可以加入, 但是它们的作用相当于无关算符. 也就是说, 它们有可能会改善格点模型趋于连续极限的速度, 但是不会改变它最终的连续极限. 由于规范对称性严重地限制了能够选择的算符的个数 (事实上, 维数小于等于 4 且规范不变的算符只有 1 个), 因此选择小方格作用量就变得十分自然了. 正如我们前一章指出的, 无关算符虽然不会影响模型的普适类, 但是会影响它趋于连续极限的速度. 我们将在后面讨论改进作用量时再回到这个问题.

要了解小方格作用量 (3.26) 中参数 β 的物理含义, 需要将它取 (形式上的) 连续极限并与连续时空的作用量进行比较. 为此我们考虑公式 (3.24) 中给出的链接与连续时空胶子场之间的关系. 利用 Stokes 定理,

$$U_P = \exp\left[\mathrm{i}\frac{1}{2}\oint \mathrm{d}S_{\mu\nu}F_{\mu\nu}\right] \approx \mathrm{e}^{\mathrm{i}a^2 F_{\mu\nu}} = 1 + \mathrm{i}a^2 F_{\mu\nu} - \frac{a^4}{2}F_{\mu\nu}F_{\mu\nu} + \cdots.$$

与连续时空中的 Yang-Mills 规范理论进行比较, 例如与附录 B 中的公式 (B.8) 比较, 对于 SU(3) 群有

$$\beta = \frac{6}{g_0^2}, \tag{3.27}$$

其中 g_0 是裸的规范耦合常数. 一般来说, 如果规范群为 SU(N), 那么对应关系将为 $\beta = 2N/g_0^2$.

如果将规范场的作用量放入路径积分表示并进行量子化, 需要知道规范场的积分测度. 对于像 SU(N) 这样的总体积有限的群, 我们可以利用群上面的所谓 Haar 测度. 这个测度是群上面不变的测度, 也就是说有 $\mathrm{d}U = \mathrm{d}(UU') = \mathrm{d}(U'U)$, 其中 $U, U' \in$ SU(N). 我们可以将这个测度进行归一化, 通常的归一化是令

$$\int_{\mathrm{SU}(N)} \mathrm{d}U = 1. \tag{3.28}$$

有了对一个群元素的积分, 将它们统统相乘就可以定义路径积分的测度:

$$\mathcal{D}U_\mu = \prod_{x,\mu}[\mathrm{d}U_\mu(x)]. \tag{3.29}$$

于是纯规范场部分的配分函数可以写为

$$Z = \int \mathcal{D}U_\mu \mathrm{e}^{-S[U_\mu]}, \tag{3.30}$$

其中 $S[U_\mu]$ 为相应的 (规范不变的) 规范场作用量, 例如可以取为前面的 Wilson 小方格作用量 (3.26).

10.1 规范变换和规范固定

¶ 前面提及了格点上的规范场在规范变换下的行为 (3.25), 并且说明了所有格点上的闭合圈乘积的迹是一个规范不变量. 下面来讨论一下如何利用规范对称性简化格点计算.

在格点规范中进行物理量的测量需要注意的是, 我们只能够测量那些规范不变的量. 对于纯规范场来说, 由于只有规范链接变量, 因此能够构造出来的规范不变的量就是各种 Wilson 圈. 所以, 能够测量的也就是这些不同形状、不同大小的

Wilson 圈的期望值. 对于一个非规范不变的局域的物理量取期望值, 只要规范对称性没有破缺, 得到的结果一定恒等于零. 这个结论一般被称为 Elitzur 定理.[1] 这个结论具有两方面的应用: 第一, 它说明为什么必须以规范不变的量作为物理量; 第二, 它可以被利用来简化格点计算. 这一点我们在讨论数值模拟问题时会再次提及 (参见第 18.2 小节中关于面源的讨论).

作为一个完全规范不变的理论框架, 格点规范理论中并不是必须进行所谓规范固定 (gauge fixing) 的操作, 完全可以直接在不固定规范的情形下进行计算. 这一点与连续场论中的情形完全不同. 准确地说, 连续场论中需要进行规范固定的操作并不直接源于连续的时空, 而是源于微扰论. 在连续时空的规范场论中, 我们只能够微扰地定义规范理论, 由于规范对称性的存在, 导致自由的胶子场传播子中具有多余的自由度, 因此必须进行规范固定来剔除这些冗余的自由度. 在格点规范中可以不去进行规范固定, 需要做的就是对规范不变的物理量进行测量即可. 当然, 如果我们需要在格点规范理论中讨论微扰论, 会发现又必须进行规范固定了. 这说明规范固定主要来源于微扰论.

当然, 在格点规范理论中也可以进行规范固定. 为了方便, 我们可以将格点上的规范场进行规范变换. 事实上, 我们可以选定某个规范链接, 比如 $U_\mu(x)$, 它从格点 x 指向格点 $(x+\hat{\mu})$, 然后进行一次公式 (3.25) 中所示的规范变换. 我们对所有的 $y \neq (x+\hat{\mu})$ 的格点都选择 $g_y = I$, 而对于 $g_{x+\hat{\mu}}$ 则选择 $g_{x+\hat{\mu}} = U_\mu(x) \in \mathrm{SU}(3)$. 这样一来变换以后的链变量变为

$$U_\mu(x) \Rightarrow U'_\mu(x) = I U_\mu(x) U_\mu^\dagger(x) = I. \tag{3.31}$$

也就是说, 经过这个变换后原先的链变量 $U_\mu(x)$ 变为了相应规范群的单位元 I. 当然从点 $(x+\hat{\mu})$ 出发的那些链接在上述规范变换之后也发生了变化, 比如链接 $U_\nu(x+\hat{\mu})$ 就变为

$$U_\nu(x + \hat{\mu}) \Rightarrow U'_\nu(x + \hat{\mu}) = U_\mu(x) U_\nu(x + \hat{\mu}). \tag{3.32}$$

现在我们可以分别对上述从格点 $x+\hat{\mu}$ 出发的四个链接来重复前面的操作, 逐一将它们利用规范变换变为规范群的单位元. 显然这个操作可以分头进行下去, 除非其中某个链接恰好回到了已经操作过的链接上, 也就是说形成了圈. 只要不形成闭合的圈, 我们可以不停地利用规范变换将格点上一个给定的规范场组态中的链接化为 I. 也就是说, 这些被 "同一化" 了的链接在格点上构成一个非闭合的树图. 整个格点的链接一定分为不相连通的几个树图之和, 连通这些树图的链接是那些还没有被同一化的链接. 这些树被称为格点上规范场的最大树 (maximal tree). 对于一套格点规范场组态来说, 最大树的选择并不是唯一的.

---

[1]参见 Itzykson 和 Drouffe 的书 Statistical Field Theory 的 §6.1.3.

¶ 在格点上可以使用的一种规范固定方法是将所有的 (虚) 时间方向的链接都同一化到单位元:

$$U_0(x) = I, \quad \forall x. \tag{3.33}$$

由于 $U_0(x) \approx \exp(\mathrm{i}aA_0(x))$, 所以这个规范等价于令 $A_0(x) = 0$. 它因此被称为时规范 (temporal gauge). 时规范对于理解哈密顿框架下的格点规范场特别有帮助. 下面在讨论 Wilson 圈的物理含义时就会用到这个规范.

另外一类常用的规范是所谓的 Landau 规范以及 Coulomb 规范. 在连续时空的量子场论中, Coulomb 规范的表述是

$$\partial^\mu A_\mu(x) = 0, \tag{3.34}$$

其中 $A_\mu(x)$ 是李代数中取值的规范场. 我们现在需要的是与其相应的格点规范场的表述形式. 在格点规范中, 规范场是在相应的李群中取值的. 为了得到这种形式, 我们注意到如下的事实: 连续时空中的 Landau 规范也可以通过要求泛函

$$W[A] \equiv \sum_{\mu=0}^{3} \int \mathrm{d}^4 x \mathrm{Tr}\left([A_\mu(x)]^2\right) \tag{3.35}$$

的极值来获得. 如果考虑所有可能的无穷小规范变换: $g(x) = \mathrm{e}^{\mathrm{i}h(x)} = 1 + \mathrm{i}h(x) + \cdots$, 要求 $W[A]$ 在此类规范变换下稳定, 会发现

$$\delta W[A] = 2\sum_{\mu=0}^{3} \int \mathrm{d}^4 x \mathrm{Tr}\left([\partial_\mu A_\mu(x), h(x)]\right) + O(h^2). \tag{3.36}$$

因此 Landau 规范等价于要求 $W[A]$ 取极值.

练习 3.2 验证这一点.

为此我们构造泛函

$$W[U] = -\sum_{x,\mu}\left[U_\mu(x) + U_\mu^\dagger(x)\right]. \tag{3.37}$$

注意, 如果运用形式上的展开式 $U_\mu(x) = 1 + \mathrm{i}A_\mu(x) + \cdots$, 会发现这个表达式的领头阶恰恰与 $W[A]$ 类似. 如果试图在格点规范变换下求上式的极值, 就定义了格点上的 Landau 规范. 在数值上, 要实现这一点需要从下面的函数出发:

$$F[g_x] = -\sum_{x,\mu}\left[g_x U_\mu(x) g_{x+\hat\mu}^\dagger + h.c.\right], \tag{3.38}$$

然后可以利用诸如过弛豫 (over relaxation) 等数值方法求解.

类似的规范固定问题还有所谓的 Coulomb 规范, 它的连续时空的表述形式为 $\partial_i A_i(x) = 0$, 其规范固定的方法非常类似于上面讨论的 Landau 规范, 只不过对于 μ 的求和仅限于空间指标罢了.

10.2　Wilson 圈与 Polyakov 圈

在所有规范不变的物理量中, 最为著名的是沿着时间方向大小为 T, 沿着空间方向间隔为 R 的长方形 的 Wilson 圈. 以沿着 $\hat{1}$ 方向和时间方向为例, 这个 Wilson 圈可以写为

$$W(R,T) = \left[\prod_{i=0}^{R-1} U_1(x+i\hat{1})\right] \cdot \left[\prod_{j=0}^{T-1} U_0(x+j\hat{0}+R\hat{1})\right]$$

$$\cdot \left[\prod_{i=0}^{R-1} U_1^\dagger(x+T\hat{0}+(R-1-i)\hat{1})\right] \cdot \left[\prod_{j=0}^{T-1} U_0^\dagger(x+(T-1-j)\hat{0})\right], (3.39)$$

其中的每个含有 $\prod$ 的因子的含义都是由左向右连乘, 例如

$$\left[\prod_{i=0}^{R-1} U_1(x+i\hat{1})\right] \equiv U_1(x)U_1(x+\hat{1})\cdots U_1(x+(R-1)\hat{1}).$$

Wilson 圈基本上由四部分相间构成: 两条沿时间方向的链接的顺序乘积和两条沿空间方向的链接的顺序乘积. 下面进一步分析一下.

首先看沿空间方向的顺序乘积. 为了方便, 令 $\boldsymbol{y} = \boldsymbol{x} + R\hat{1}$. 如果用 $S[\boldsymbol{x} \Rightarrow \boldsymbol{y}; x_0]$ 代表从 x 所在的格点, 沿着同一时间片上的方向 $\hat{1}$ 走 R 步获得的路径上的所有规范链接的顺序乘积, 即

$$S[\boldsymbol{x} \Rightarrow \boldsymbol{y}, x_0] = U_1(x)U_1(x+\hat{1})\cdots U_1(x+(R-1)\hat{1}), \tag{3.40}$$

则它称为从 $x = (x_0, \boldsymbol{x})$ 到 $y = (x_0, \boldsymbol{y} \equiv x + R\hat{1})$ 的一条 Wilson 线. 由于整个这条 Wilson 线都位于同一个时间片 x_0 上, 因此称为空间 Wilson 线. 一般来说, 一条空间 Wilson 线并不一定要沿着某个固定空间方向的晶轴, 完全可以沿着同一时间片上的任意一条折线行进. 比如, 我们可以定义从点 x 到任意一个空间点 y 的 Wilson 线, 只要 $x_0 = y_0$ 且其中任意一个链接都位于该时间片上即可. 注意, 虽然空间方向的 Wilson 线不一定沿着空间的某个晶轴, 但是当构成 Wilson 圈的时候, 一般总是要求时间相隔 T 的两条空间 Wilson 线取完全相同的空间路径. 如果空间方向的 Wilson 线完全沿着某个晶轴, 就称这样的 Wilson 圈是平面 Wilson 圈, 这时的 Wilson 圈实际上就是时空方向的一个矩形. 反之我们则称其为非平面的 Wilson 圈.

下面再看沿时间方向的顺序乘积. 记

$$T[x_0 \Rightarrow (x_0+T); \boldsymbol{x}] = U_0(x)U_0(x+\hat{0})\cdots U_0(x+(T-1)\hat{0}) = \prod_{j=0}^{T-1} U_0(x+j\hat{0}), \tag{3.41}$$

它称为一条时间 Wilson 线. 由于沿着时间方向, 因此时间 Wilson 线必定是直线, 它完全由起始终止点的空间坐标 $\boldsymbol{x}$ 以及起始时间 x_0 和终止时间 $x_0 + T$ 所确定.

于是, 前面定义的 Wilson 圈可以写为

$$W(R,T) = \text{Tr}\ \left[S[\boldsymbol{x} \Rightarrow \boldsymbol{y}, x_0] \cdot T[x_0 \Rightarrow (x_0 + T); \boldsymbol{x} + R\hat{1}]\right.$$
$$\left. \cdot S[\boldsymbol{x} \Rightarrow \boldsymbol{y}, x_0 + T]^{\dagger} \cdot T[x_0 \Rightarrow (x_0 + T); \boldsymbol{x}]^{\dagger}\right]. \tag{3.42}$$

¶ Wilson 圈之所以重要是因为它其实反映了两个无限重的夸克之间的势能 $V(R)$, 这被称为静态夸克–反夸克势 (static quark-anti-quark potential). 要看清这种联系, 我们采用前面讨论过的时规范. 在时规范下, 所有的虚时方向的规范链接都是单位元, 而上面定义的 Wilson 圈可以写为

$$W(R,T) = \text{Tr}\ \left[S[\boldsymbol{x} \Rightarrow \boldsymbol{y}, x_0] \cdot S[\boldsymbol{x} \Rightarrow \boldsymbol{y}, x_0 + T]^{\dagger}\right]. \tag{3.43}$$

物理上感兴趣的是 Wilson 圈在一定规范场组态的下的期望值:

$$\langle W(R,T)\rangle = \left\langle \text{Tr}\ \left[S[\boldsymbol{x} \Rightarrow \boldsymbol{y}, x_0] \cdot S[\boldsymbol{x} \Rightarrow \boldsymbol{y}, x_0 + T]^{\dagger}\right]\right\rangle,$$
$$= \left\langle S[\boldsymbol{x} \Rightarrow \boldsymbol{y}, 0]_{ab} S[\boldsymbol{x} \Rightarrow \boldsymbol{y}, T]^{\dagger}_{ba}\right\rangle,$$
$$\approx \sum_k \sum_{a,b} |\langle \Omega|\hat{S}[\boldsymbol{x} \Rightarrow \boldsymbol{y}, 0]_{ab}|k\rangle|^2 \mathrm{e}^{-E_k T}, \tag{3.44}$$

其中第二个等号运用了期望值在时间上的平移不变性, 第二行到第三行将期望值写成了相应的 Schrödinger 绘景的算符 $\hat{S}[\boldsymbol{x} \Rightarrow \boldsymbol{y}, 0]$ 并插入了哈密顿量 $\hat{H}$ 的一组完备的本征态 $|k\rangle$. 这些本征态中的基态记为 $|\Omega\rangle$, 它的能量取为零: $\hat{H}|\Omega\rangle = 0$. 其他的态记为 $|k\rangle$, 能量为 $E_k > 0$. 在 $T \to \infty$ 时, 有

$$\langle W(R,T)\rangle \approx Z(R)\mathrm{e}^{-V(R)T}, \tag{3.45}$$

其中 $V(R)$ 是使得 $\langle \Omega|\hat{S}[\boldsymbol{x} \Rightarrow \boldsymbol{y}, 0]_{ab}|k\rangle \neq 0$ 的最低能量态的能量. 更高的能量态的贡献在大 T 下是更加指数压低的, 因而可以忽略. 可以证明, 这个最低的能量态实际上就是处在静止状态的、无穷重的一对夸克和反夸克之间的势能.[1]

如果能够通过数值方法计算出 $\langle W(R,T)\rangle$, 我们就可以分析它在大的 T 下的行为从而确定出 $V(R)$ 作为 R 的函数. 一般认为, 如果对于大的 R 来说, $V(R) \approx \sigma R$, 其中 $\sigma > 0$ 称为弦张力 (string tension), 也就是说夸克–反夸克之间的相互作用在大的距离上呈现出线性势, 那么将这两个无穷重的夸克和反夸克彼此分开到无穷远

---

[1]这里至少可以容易地说明, 量子态 $\hat{S}[\boldsymbol{x} \Rightarrow \boldsymbol{y}, 0]_{ab}|\Omega\rangle$ 与一对分别位于点 $\boldsymbol{x}$ 和点 $\boldsymbol{y}$ 的夸克和反夸克对的状态具有完全相同的规范变换规则. 后面我们将利用跳跃参数展开 (κ expansion) 证明, 这就是一对无穷重的夸克–反夸克对的势能.

原则上就需要无穷大的能量, 从而是不可能的. 这被认为是从一个侧面解释了色禁闭 (color confinement) 效应. 在大的 T 的极限下, Wilson 圈的近似表达式可以写为

$$\langle W(R,T)\rangle \approx Z(R)\mathrm{e}^{-\sigma RT}. \tag{3.46}$$

由于 $RT = A$ 恰好是该 Wilson 圈的面积, 因此这个行为又被称为面积法则 (area law). 换句话说, 如果系统中大的 Wilson 圈的期望值按照 $\mathrm{e}^{-\sigma A}$ 的行为随面积衰减, 基本上就意味着禁闭的出现. 在格点 QCD 的早期, 正是由于这种联系的存在,Wilson 圈被相当广泛地研究和计算, 其中既包括一些早期的数值模拟计算, 也包括解析的计算, 而在解析方面的计算主要依赖于所谓的强耦合展开 (strong coupling expansion).

¶ 前面提及规范场作用量中的耦合参数 β 基本上反比于裸的耦合参数的平方. 如果裸的耦合常数很大, β 则很小, 这时可以进行所谓的强耦合展开. 事实上, 利用强耦合展开可以获得格点规范理论中许多物理量的期望值的一个近似估计. 一个典型的例子就是上面说到的 Wilson 圈. 在强耦合展开下, 可以将 Wilson 圈的期望值表达为

$$\langle W(R,T)\rangle = \frac{1}{Z}\int \mathcal{D}U_\mu W(R,T)\mathrm{e}^{-\beta\sum_P \mathrm{Tr}\, U_P}. \tag{3.47}$$

由于 β 是小量, 因此可以将其中的指数因子展开. 然后利用群积分的性质可以论证, 对 Wilson 圈有非零贡献的领头阶一定按照 β^{RT} 变化, 这恰恰发生在指数函数的展开中一共 RT 个小方格刚好铺满 Wilson 圈 $W(R,T)$ 的情形. 于是我们发现在强耦合展开中的确验证了面积法则并且其中的弦张力大约为 $\sigma \approx -\ln\beta$. 这个结果基本上不依赖于规范群. 换句话说, 所有的格点规范理论, 无论其规范群如何, 基本上在强耦合展开中都体现出面积法则.

细心的读者也许要问, 既然面积法则不依赖于规范群, 而面积法则又意味着禁闭, 那么如何从格点场论的角度来理解 QED 这样的不禁闭的规范理论呢? 答案是, 如果我们将 QED 放在格点上, 同时也进行强耦合展开, 的确会发现该理论仍然满足面积法则. 所以, 即使是像 QED 这样的阿贝尔规范理论, 在其强耦合区域仍然是禁闭的. 但是, 当减小它的裸耦合常数 $e_0^2 \equiv \beta$ 时, 则会在某个数值 $e_c^2 = \beta_c$ 附近发生相变, 以至于当 $e_0^2 < e_c^2$ 时, 系统会解禁闭, 进入一个新的相, 我们称之为 Coulomb 相, 恰恰在这个相中是我们所熟悉的、没有禁闭的 QED 理论, 一对正反费米子 (我们称之为正负电子) 之间的势能也是我们熟悉的 Coulomb 势.[1] 上述情况在 QCD 中则完全不同. 一般认为, QCD 中并不存在 QED 中那样的相变, 因此由 QCD 描写的体系将一直处于禁闭相中.

---

[1]这当然是在忽略了真空极化等高阶效应之后的结论. 不过这正是此相称为 Coulomb 相的原因.

¶ 另一个与 Wilson 圈类似的物理量是所谓的 Polyakov 圈. 如果在 Wilson 圈的定义中将两条空间 Wilson 线的时间方向的间距尽可能地拉大, 以至于 $T = T_0$, 其中 T_0 是整个格点在时间方向的长度, 并且假定对规范场加上了周期边条件, 这时两条空间 Wilson 线实际上是完全落在一起的, 只不过走向恰好相反. 这种情况下可以证明, 由于对规范场的周期边条件, 实际上不能将所有的时间方向的链接通过规范变换变为单位元, 但是我们可以将空间方向的链接变换为单位元. 这样做的结果是获得了两条时间方向的 Wilson 线, 但由于周期边条件, 它们实际上是两个走向相反的圈. 为此定义

$$P(\boldsymbol{x}) = \mathrm{Tr}\left(\prod_{j=0}^{T_0-1} U_0(j\hat{0}, \boldsymbol{x})\right). \tag{3.48}$$

这个定义使得 Polyakov 圈完全规范不变. 也就是说, 我们完全可以不使用前面提及的将空间 Wilson 线都规范到 I 的这个特殊规范, 而在任意规范下进行计算. 如果计算位于空间位置 $\boldsymbol{x}$ 和 $\boldsymbol{y}$ 的两个 Polyakov 圈的关联函数, 有,

$$\langle P(\boldsymbol{x})P(\boldsymbol{y})^\dagger\rangle \approx \mathrm{e}^{-T_0 V(r)}\left(1 + O(\mathrm{e}^{-T_0\Delta E})\right), \tag{3.49}$$

其中 $r = |\boldsymbol{x} - \boldsymbol{y}|$ 为两点的空间间距, $V(r)$ 则是静态夸克–反夸克势能. 因此, 也可以从 Polyakov 圈的关联函数来抽取静态夸克–反夸克势能.[1] Polyakov 圈本身也可以作为 QCD 禁闭 – 解禁闭相变的一个重要序参量, 它在有限温度、有限密度的 QCD 中有十分重要的应用.

11　Wilson 格点 QCD

¶ 前面两节已经介绍了格点 QCD 中的两个分量: 费米子 (夸克) 场和规范场, 本节就将它们放在一起, 写出具有完全规范对称性的格点 QCD 理论 —— Wilson 格点 QCD.

首先引入格点上的协变差分算符:

$$\begin{cases} \nabla_\mu \psi_x = U_\mu(x)\psi_{x+\mu} - \psi_x, \\ \nabla_\mu^* \psi_x = \psi_x - U_\mu^\dagger(x-\mu)\psi_{x-\mu}. \end{cases} \tag{3.50}$$

---

[1]一般来讲, 利用 Wilson 圈和 Polyakov 圈抽取出来的势能并不一定相等. 参见 Borg C and Seiler E. Lattice Yang-Mills theory at nonzero temperature and the confinement problem. commun. Math. Phys., 1983, 91: 329.

同样可以引入两者的平均值 $\bar{\nabla}_\mu = (\nabla_\mu + \nabla_\mu^*)/2$, 显然有

$$\bar{\nabla}_\mu \psi_x = \frac{1}{2} \left[U_\mu(x)\psi_{x+\mu} - U_\mu^\dagger(x-\mu)\psi_{x-\mu} \right]. \tag{3.51}$$

类似地, 格点上在某个方向 μ 上的二阶协变导数为 (对 μ 不求和)

$$(\nabla_\mu \nabla_\mu^*)\psi_x = U_\mu(x)\psi_{x+\mu} + U_\mu^\dagger(x-\mu)\psi_{x-\mu} - 2\psi_x. \tag{3.52}$$

用这些定义来替代自由的 Wilson 费米子作用量 (3.17) 中的普通格点差分, 就得到了 Wilson 格点 QCD 中的费米子的部分, 可以写为

$$S_{\mathrm{f}}[\bar{\psi}, \psi, U_\mu] = \sum_x \bar{\psi}_x \left[\frac{1}{2}\gamma_\mu(\nabla_\mu + \nabla_\mu^*) - \frac{1}{2}(\nabla_\mu \nabla_\mu^*) + m_0 \right] \psi_x, \tag{3.53}$$

其中重复的指标 μ 隐含着求和. Wilson 格点 QCD 的规范场作用量可以取为小方格作用量 (3.26), 这样一来就获得了 Wilson 格点 QCD 完整的作用量:

$$S_{\mathrm{LQCD}}[\bar{\psi}, \psi, U_\mu] = S_{\mathrm{f}}[\bar{\psi}, \psi, U_\mu] + S_{\mathrm{g}}[U_\mu]. \tag{3.54}$$

这就是当年 Wilson 引入的关于格点 QCD 的作用量. 要完成对这个系统的 "量子化", 我们需要做的只是将其放在指数上并对所有场变量积分,

$$Z = \int [\mathcal{D}\bar{\psi}\mathcal{D}\psi\mathcal{D}U_\mu]\mathrm{e}^{-S_{\mathrm{LQCD}}[\bar{\psi},\psi,U_\mu]}. \tag{3.55}$$

¶ 上面引入的 Wilson 格点 QCD 作用量具有明显的规范不变性. 也就是说, 在如下的规范变换下 $S_{\mathrm{LQCD}}[\bar{\psi}, \psi, U_\mu]$ 是不变的:

$$\forall g_x \in \mathrm{SU}(3), \begin{cases} \psi_x \Rightarrow \psi_x' = g_x \psi_x, \\ \bar{\psi}_x \Rightarrow \bar{\psi}_x' = \bar{\psi}_x g_x^\dagger, \\ U_\mu(x) \Rightarrow U_\mu'(x) = g_x U_\mu(x) g_{x+\mu}^\dagger. \end{cases} \tag{3.56}$$

在这个变换中, 我们拓展了前面讨论过的纯规范场的规范变换 (3.25). 基本上在一个规范变换下, 费米子场在其基础表示中变换而规范场则在其伴随表示中变换. 在这种规范变换下, 形如 $\bar{\psi}_x U_\mu(x)\psi_{x+\mu}$ 的组合都是规范不变的. 这也就是为什么我们引入格点上的协变差分时用的都是这类组合. 事实上, 任意的 $\bar{\psi}_y L(y,x)\psi_x$ 类的组合 (其中 $L(y,x)$ 表示从 y 到 x 的一条 Wilson 线) 都是规范不变的. 格点上只不过用相应的链变量的乘积替代了连续时空中的 Wilson 线而已.

Wilson 格点 QCD 的作用量的费米子部分还有其他几种写法, 这里也简要介绍一下. 一个写法是

$$S_{\mathrm{f}}[\bar{\psi}, \psi, U_\mu] = \sum_x \bar{\psi}_x \left[D_{\mathrm{W}} + m_0 \right] \psi_x, \tag{3.57}$$

式中的 Wilson-Dirac 算符 D_W 为

$$D_W = \frac{1}{2}\gamma_\mu(\nabla_\mu + \nabla_\mu^*) - \frac{1}{2}(\nabla_\mu\nabla_\mu^*), \tag{3.58}$$

其中隐含对 μ 的求和. 有时候又将 Wilson 格点 QCD 的费米子作用量写为

$$S_f[\bar\psi, \psi, U_\mu] = \sum_{x,y} \bar\psi_x \mathcal{M}[U_\mu]_{x,y}\psi_y, \tag{3.59}$$

其中的 $\mathcal{M}[U_\mu] = D_W[U_\mu] + m_0$ 称为 Wilson 格点 QCD 的费米子矩阵. 费米子矩阵一般来说依赖于规范场 $U_\mu(x)$. 利用费米子矩阵, 可以形式上将费米子场积掉, 这样就得到费米子矩阵的行列式

$$Z = \int \mathcal{D}U_\mu e^{-S_g[U_\mu]} \det \mathcal{M}[U_\mu], \tag{3.60}$$

这就是 Wilson 格点 QCD 的配分函数.

前一章曾经提到,Wilson 建议加入的 Wilson 项是一个量纲为 5 的算符 (一个无关算符), 它的作用是将理论中的加倍子脱耦, 使得在低能区仅仅获得一个物理的费米子. 但是这一项是破坏手征对称性的. 这就使得 Wilson 费米子仅仅在连续极限下才能够恢复手征对称性. 如果在有限格距下手征对称性不严格成立, 那么费米子的质量 m_0 的重整化也不再是相乘重整化, 而可以有一个相加重整化的常数, 即

$$m_R = Z_m(m_0 - m_{cr}), \tag{3.61}$$

其中 m_{cr} 是所谓的临界质量,Z_m 是一个相乘的常数. 在弱耦合区域, 利用格点微扰论, 常数 m_{cr} 和 Z_m 都可以逐阶地进行计算. 这里暂时不去讨论这个问题. 另一方面, 它们也可以通过非微扰的数值方法确定.

¶ 上面引入的 Wilson 格点 QCD 作用量也可以表达为更类似于 "统计模型" 的形式. 我们可以将 $\bar\psi_x\psi_x$ 项的系数约定为 1. 这样一来 Wilson 格点 QCD 作用量也可以写为

$$\begin{cases} S = \sum_{x,y} \bar\psi_x \mathcal{M}[U_\mu]_{x,y}\psi_y, \quad \frac{1}{2\kappa} = m_0 + 4, \\ \mathcal{M}[U_\mu]_{xy} = \delta_{xy} - \kappa\sum_\mu \left[U_\mu(x)(1-\gamma_\mu)\delta_{x+\mu,y} + U_\mu^\dagger(x-\mu)(1+\gamma_\mu)\delta_{x-\mu,y}\right]. \end{cases} \tag{3.62}$$

从这个形式中可以看出选取 Wilson 参数 $r=1$ 的优势, 中间的 $(1\pm\gamma_\mu)$ 恰好具有投影算符的形式.

¶ 真实的 QCD 中费米子场对应于夸克和反夸克. 我们知道它们除了时空坐标 (指标) 之外, 还有许多内部指标, 这里稍微详细地分析一下. 前面的公式都是利用

"紧凑的" 形式写出的. 比如公式 (3.53) 中仅仅写出了场的时空指标. 它的 Dirac、色等指标都没有写出. 下面我们就这些指标做如下说明.

一般来说, 夸克场 ψ 可以包含时空指标 x, 它可以跑遍所有的格点; 色指标 $a = 1, 2, 3$ 标记 SU(3)$_c$ 的三种颜色; Dirac 指标 $\alpha = 1, 2, 3, 4$ (又称为旋量指标) 标记了一个 Dirac 旋量场的四个分量; 味道指标 $A = u, d, s, c, \cdots$ 则标志不同味道 (flavor) 的夸克. 因此, 完整写出来的夸克场应当是

$$\psi = \psi_{xa\alpha A}. \tag{3.63}$$

协变差分算符 ∇_μ 和 ∇_μ^* 可以视为欧氏时空和色空间的矩阵. 例如我们可以将 ∇_μ 记为 $(\nabla_\mu)_{x,a;y,b}$, 其中 x, y 为时空指标, a, b 是色指标. 它们在 Dirac 空间是平庸的, 即正比于单位矩阵, 因此一般不写出.

$$\begin{cases} \nabla_\mu \psi_{xa} \equiv (\nabla_\mu)_{x,a;y,b} \psi_{y,b}, \\ (\nabla_\mu)_{x,a;y,b} = [U_\mu(x)]_{ab} \delta_{x+\mu,y} - \delta_{ab}\delta_{xy}. \end{cases} \tag{3.64}$$

注意, 在这个表达式中 ψ 的其他指标 (旋量、味道) 并没有标出.

γ 矩阵 γ_μ 仅仅包含 Dirac (旋量) 指标, 不包含时空指标、色指标等. 但是 Wilson-Dirac 算符 D_W 则包含了时空、色、Dirac 指标.

质量项 m_0 仅包括味道指标且在该空间是对角的, $m_0 = \text{Diag}(m_0^u, m_0^d, \cdots)$, 相应的对角元 m_0^A 就是相应味道 A 的夸克的裸的流夸克质量. m_0 在其他的空间都是平庸的. 注意由于这一项是费米子矩阵 $\mathcal{M}[U_\mu]$ 中唯一依赖于味道的项 (并且是对角的), 因此 QCD 的配分函数表达式 (3.60) 中的费米子行列式 $\det \mathcal{M}[U_\mu]$ 实际上是各个味道的费米子行列式之乘积:

$$\det \mathcal{M}[U_\mu] = \prod_A \det(D_W[U_\mu] + m_0^A). \tag{3.65}$$

利用这个性质, 人们可以证明简并的两味的 QCD 的配分函数的被积函数一定是正定的, 从而可以运用 Monte Carlo 数值模拟.

在本书的后面部分, 除非特别需要, 我们一般都会采用 "紧凑的" 形式来写出这些矩阵的表达式. 在这种形式下, 没有明确写出的部分一般意味着平庸 (也就是在该空间是单位矩阵) 的依赖关系.

¶ 我们这里再简单讨论一下 Wilson 格点 QCD 下的分立对称性.

1. γ_5 厄米性.

容易证明 Wilson 费米子的费米子矩阵满足如下的关系:

$$\gamma_5 \mathcal{M} \gamma_5 = \mathcal{M}^\dagger, \tag{3.66}$$

这个性质被称为 γ_5 厄米性.

2. 电荷共轭.

在闵氏时空中, 作为 Hilbert 空间算符的 Dirac 场在电荷共轭变换下的行为是

$$\psi \Rightarrow \mathcal{C}\psi\mathcal{C}^{-1} = \left[\bar{\psi}(-\mathrm{i}\gamma^0\gamma^2)\right]^{\mathrm{T}}, \tag{3.67}$$

其中 $\mathcal{C}$ 是 Hilbert 空间的幺正算符, 一般我们会令[1]

$$C = (-\mathrm{i}\gamma^0\gamma^2). \tag{3.68}$$

作为旋量空间的矩阵, C 满足 $C^{\mathrm{T}} = -C = C^{-1}$, 因此 (3.67) 式又可以写为

$$\psi \Rightarrow \mathcal{C}\psi\mathcal{C}^{-1} = C^{-1}\left[\bar{\psi}\right]^{\mathrm{T}}. \tag{3.69}$$

在欧氏空间中上述变换规则得以保留下来, 所不同的是由于 γ 矩阵的定义的改变, C 由下式给出:

$$C = \gamma_0^{(\mathrm{E})}\gamma_2^{(\mathrm{E})}. \tag{3.70}$$

容易证明 C 仍然满足最重要的关系

$$C\gamma_\mu^{(\mathrm{E})}C^{-1} = -\left[\gamma_\mu^{(\mathrm{E})}\right]^{\mathrm{T}}. \tag{3.71}$$

对于规范场, 考虑到 $U_\mu \approx \exp(\mathrm{i}aA_\mu)$, 我们要求

$$U_\mu(x) \Rightarrow U_\mu'(x) = U_\mu(x)^* = \left[U_\mu^\dagger(x)\right]^{\mathrm{T}}. \tag{3.72}$$

有了费米场和规范场的变换规则之后, 剩下的就是验证 Wilson 格点 QCD 的作用量在电荷共轭变换下不变. 我们将这个留作练习.

练习 3.3 利用上面给出的夸克场、反夸克场以及规范场在电荷共轭变换下的性质, 验证前面给出的 Wilson 格点 QCD 的作用量 (3.62) 在电荷共轭下不变.

3. 宇称变换与时间反演.

在欧氏空间的场论中, 时间与空间没有什么分别, 因此宇称变换和时间反演变换都可以从单一坐标轴的反射获得. 因此, 可以定义一个操作 $\mathcal{P}_\mu$, 其中 $\mu = 0, 1, 2, 3$ 表示将除了第 μ 个坐标之外的所有其他坐标轴反向:

$$\mathcal{P}_\mu \circ x_\nu = (-1 + 2\delta_{\mu\nu})x_\nu, \tag{3.73}$$

其中等式右边的指标 ν 不求和. 显然不同的 μ 所对应的操作 $\mathcal{P}_\mu$ 是可交换的, 而联合操作 $\mathcal{P}_0\mathcal{P}_1\mathcal{P}_2\mathcal{P}_3$ 等价于将所有坐标都反号. 类似地, 仅将 x_0 反号的就是 $\mathcal{P}_1\mathcal{P}_2\mathcal{P}_3$,

---

[1] "C" 的定义并不统一.

仅将 x_1 反号的是 $\mathcal{P}_0\mathcal{P}_2\mathcal{P}_3$, 等等. 我们将经过这样操作的坐标四矢量记为 $\mathcal{P}_\mu \circ x$, 其中 x 是一个坐标四矢量. 可以定义如下的场的变换:

$$\psi_x \Rightarrow (\psi_x)^{\mathcal{P}_\mu} = \gamma_\mu \cdot (\psi_{\mathcal{P}_\mu \circ x}), \tag{3.74}$$

$$\bar{\psi}_x \Rightarrow (\bar{\psi}_x)^{\mathcal{P}_\mu} = (\bar{\psi}_{\mathcal{P}_\mu \circ x}) \cdot \gamma_\mu, \tag{3.75}$$

$$U_\nu(x) \Rightarrow U_\nu(x)^{\mathcal{P}_\mu} = U_\nu^\dagger((\mathcal{P}_\mu \circ x) - \hat{\nu}), \nu \neq \mu, \tag{3.76}$$

$$U_\mu(x) \Rightarrow U_\mu(x)^{\mathcal{P}_\mu} = U_\mu(\mathcal{P}_\mu \circ x), \nu = \mu. \tag{3.77}$$

读者可以自行验证, 在这个变换下 Wilson 格点 QCD 的作用量不变. 这说明每一个变换 $\mathcal{P}_\mu$ 都是 Wilson 格点 QCD 的对称性. 当然, 它们的任意联合变换也是不变的. 因此, Wilson 格点 QCD 保持了所有我们希望保持的分立对称性, 它对于 $\mathcal{C}, \mathcal{P}$, $\mathcal{T}$ 以及它们的任意组合都是不变的. Wilson 格点 QCD 唯一破坏的是手征对称性, 但是这一点可以在连续极限下获得恢复.

练习 3.4 验证这一点.

¶ 下面简单讨论一下 Wilson 格点 QCD 中物理量的期望值, 特别是含有费米子场的算符的期望值. 最为简单的构建元素是所谓的夸克传播子. 在格点 QCD 中提及的夸克传播子一般是指在一定的规范场背景下的夸克传播子, 而不是自由的夸克传播子:

$$\langle \psi_x \bar{\psi}_y \rangle = \frac{1}{Z} \int \mathcal{D}\bar{\psi}\mathcal{D}\psi\mathcal{D}U_\mu \left[\psi_x\bar{\psi}_y\right] \mathrm{e}^{-S_{\mathrm{LQCD}}[\bar{\psi},\psi,U_\mu]}, \tag{3.78}$$

其中的 Z 就是 Wilson 格点 QCD 的配分函数 (3.60). 这个式子里面的费米子可以形式地积分出来, 将夸克传播子表达为费米子矩阵的逆矩阵的相应矩阵元,

$$\langle \psi_x \bar{\psi}_y \rangle \equiv \overrightarrow{\psi_x \bar{\psi}_y} = \frac{1}{Z} \int \mathcal{D}U_\mu \mathcal{M}_{x,y}^{-1}[U_\mu]\mathrm{e}^{-S_{\mathrm{g}}[U_\mu]} \det \mathcal{M}[U_\mu]. \tag{3.79}$$

更为复杂的包含夸克反夸克场的复合算符的期望值也可以类似得到, 基本上所有的 $\psi_x\bar{\psi}_y$ 都将被代以相应的费米子矩阵的逆矩阵的矩阵元. 这其实就是大家在量子场论中熟悉的关于费米子场的 Wick 定理. 更为复杂的由费米子场构成的物理量的期望值可以仿照第 9 节中的讨论获得, 例如参见公式 (3.23). 更多具体的例子我们将在后面讨论强子谱的计算中涉及.

需要指出的是, 单纯的夸克传播子 (3.79) 并不是规范不变的, 它的数值依赖于规范的选取. 从这个意义上说, 夸克传播子本身并不是可以直接测量的物理量. 当然如果需要, 我们完全可以选取特定的规范 (例如 Landau 规范或 Coulomb 规范等) 并在其中计算相应的夸克传播子.

12 无穷重夸克极限

¶ 本节将简要讨论 Wilson 格点 QCD 的无穷重夸克极限. 我们将看到, 这对应于跳跃参数展开.

前面引入的 Wilson 格点 QCD 的费米子矩阵 (3.62) 可以等价地写为

$$\mathcal{M}[U_\mu] = I - \kappa H[U_\mu], \tag{3.80}$$

其中的矩阵 $H[U_\mu]$ 包含了四维格点上近邻的相互作用, 称为跳跃矩阵 (hopping matrix), 参数 κ 称为跳跃参数 (hopping parameter). κ 与裸夸克质量之间的关系为

$$\kappa = \frac{1}{2m_0 + 8}. \tag{3.81}$$

因此当裸夸克质量趋于无穷时, 参数 κ 是很小的.

前面还看到, 各种夸克的传播子相当于费米子矩阵的逆矩阵 $\mathcal{M}^{-1}$ 的矩阵元. 当需要计算它时, 如果跳跃参数足够小, 可以进行如下的跳跃参数展开 (hopping parameter expansion):

$$\mathcal{M}^{-1} = (I - \kappa H)^{-1} = \sum_{n=0}^{\infty} \kappa^n H^n. \tag{3.82}$$

这个展开是否收敛依赖于矩阵 $H[U_\mu]$ 的模 $||H||$.[1] 不难证明,$||H|| \leqslant 8$, 因此上面的级数对于 $\kappa < 1/8$ 必定是收敛的.

跳跃参数展开 (3.82) 中的各项还有一个直观的几何解释. 跳跃矩阵 H 的表达式中的每一项可以分为三个部分: 实空间部分、旋量空间部分和色空间部分. 从实空间部分来看, 跳跃矩阵可以沿着格点的任意一个晶轴的方向前进或后退一个格距. 前进的部分与旋量结构 $(1 - \gamma_\mu)$ 绑定, 后退的部分则与 $(1 + \gamma_\mu)$ 绑定. 因此, 在计算矩阵 H^n 时, 不可能出现在同一个链接上向前然后又向后的情况, 因为 $(1 - \gamma_\mu)(1 + \gamma_\mu) = 0$. 相应的色空间的部分则按照所选择路径的顺序将相应的规范场相乘即可. 这样一来, 费米矩阵的逆矩阵就与格点上一系列的路径对应起来了. 由于旋量空间的投影算子的这个特性, 这些路径必须是不走回头路的, 即对于同一个链接, 不允许刚刚向前马上下一步就向后. 这样大大减少了路径的数目. 这就是我们将 Wilson 参数 r 取为 1 的一个好处.

因此, 当给定两个固定的时空点 x, y 时, 在跳跃展开中, 传播子 $\mathcal{M}_{x,y}^{-1}$ 由下列贡献构成: 首先是从点 x 到点 y 由格点上链接构成的最短路径 (往往不止一条), 它

---

[1]关于矩阵的模及其性质, 参见相关的书籍.

们的长度 (以格距为单位) 都是 $L = \sum_{\mu=0}^{3} |x_\mu - y_\mu|$. 这样的路径的贡献都正比于 κ^L.

当然, 还存在比最小路径长度更长的路径, 对应于格点上 "多绕路" 的路径. 这些路径的贡献比最短路径的贡献要更加压低至少 κ^2.

类似地, 我们也可以获得费米子行列式的跳跃参数展开:

$$\ln \det(\mathcal{M}) = \mathrm{Tr}\left[\ln(1 - \kappa H)\right] = -\sum_{n=1}^{\infty} \frac{\kappa^n}{n} \mathrm{Tr}\,(H^n), \tag{3.83}$$

其中的 Tr 必须对空间、旋量、色空间进行. 这意味着我们必须将格点上所有闭合的、不同尺寸的、不走回头路的圈进行求和. 对于长度为 n 的圈, 需要计算沿着它各个规范链接的顺序乘积并求迹, 这样的圈需要配以因子 κ^n/n. 当然, 旋量空间和实空间点也需要求迹. 就色空间而言, 这实际上就是一系列的 Wilson 圈. 在统计物理中, 这样的求和被称为连通集团展开 (linked cluster expansion), 因为可以证明, 它实际上包括了格点上所有的连接、不走回头路的闭合圈.[1]

这一章首先简要介绍了旋量场的路径积分表述, 之后讨论了如何利用相干态的方法计算包含费米子场的路径积分. 随后我们介绍了格点上的规范场的表述. 然后本书的主角 —— Wilson 格点 QCD 隆重登场. 最后我们讨论了 Wilson 格点 QCD 的基本对称性.

---

[1] 回忆著名的 Ising 模型的高温展开.

第四章 格点 QCD 的数值模拟

本章提要

☞ 重点抽样与 Monte Carlo 数值模拟
☞ 玻色型场论的基本 Monte Carlo 算法
☞ 格点 QCD 的 Monte Carlo 算法
☞ Monte Carlo 数据的处理

前 几章简要介绍了 Wilson 格点 QCD 的理论框架, 它提供了一种非微扰的量子色动力学的定义方法. 但是如果这种方法仅仅停留在定义的层面, 那么格点量子色动力学, 或者更广义地说, 格点场论, 并不能像它现在这般有具体而实际的应用价值. 事实上, 格点场论的方法不仅可以非微扰地定义一个量子场论, 在大多数的情形下, 它还可以被用来进行非微扰的计算, 而这一点就离不开本章要着重介绍的 Monte Carlo 数值模拟方法. 也正是由于这一点, 我们常说格点场论不仅仅提供了世界观 (定义), 而且也是一种方法论 (具体计算).

13 重点抽样与 Monte Carlo 模拟

¶ 本节将首先讨论不包含费米子场的量子场论系统的模拟. 关于包含费米子自由度的数值模拟我们会在第 15 节中介绍. 无论是格点上的标量场还是格点上的规范场, 在一个有限大小的格点上面, 它们的路径积分都是具有良好定义的, 可以统一地将其写为

$$
\begin{cases}
Z = \int \mathcal{D}\phi\, e^{-S_E[\phi]}, \\
\langle \mathcal{O}[\phi] \rangle = \dfrac{1}{Z} \int \mathcal{D}\phi\, \mathcal{O}[\phi] e^{-S_E[\phi]},
\end{cases}
\tag{4.1}
$$

其中 ϕ 是理论中所有场的一个概括的 (或者说抽象的) 写法, $\mathcal{D}\phi$ 代表我们提及的具有良好定义的积分测度, 而 $S_E[\phi]$ 则是所研究的量子场论体系欧氏空间的作用量

(能量). 一般来说, $S_{\mathrm{E}}[\phi]$ 总是一个有下界的实数, 因此不失一般性可以假定它是正定的, 于是

$$P[\phi] = \frac{1}{Z} \mathrm{e}^{-S_{\mathrm{E}}[\phi]}, \tag{4.2}$$

可以解释为 ϕ 空间 (称为场的位形空间 (configuration space)) 中的概率密度. 由于形式上的类似, 这个分布常常被称为 Boltzmann 分布 (Boltzmann distribution). 很容易验证, 这个概率密度在位形空间是归一的, 即

$$\int \mathcal{D}\phi P[\phi] = 1. \tag{4.3}$$

我们感兴趣的物理体系的任何一个由基本场构造的物理量 $\mathcal{O}[\phi]$, 无论局域的或非局域的, 都可以表达为在上述概率密度下的期望值 (或者用统计物理的语言来说的系综平均值):

$$\langle \mathcal{O}[\phi] \rangle \equiv E\left[\mathcal{O}[\phi]\right] = \int \mathcal{D}\phi \mathcal{O}[\phi] P[\phi]. \tag{4.4}$$

虽然上述积分都是具有良好定义的定积分, 但是由于其维数太大, 简单的估计就会告诉我们, 它们并不能运用通常的数值积分方法来处理, 而必须利用 Monte Carlo 方法或者说重点抽样的方法来估计. 以我们第二章第 6.1 小节中引入的 Ising 模型 (2.57) 为例, 假定在 Ising 极限下, 对每一个自由度 ϕ_x, 为了计算配分函数需要将两项相加. 假定我们选取一个 10^4 大小的格点, 那么需要相加的项数为 $2^{10^4} \sim 10^{3 \times 10^3}$ 项. 这个计算量远不是目前地球人的计算机所能够承受的.

所谓重点抽样是注意到系统在位形空间中出现的概率并不是均等的, 那些使得 $S_{\mathrm{E}}[\phi]$ 取极小值的点 (其实就是系统经典运动方程所给出的 "点") 对配分函数的贡献较大, 其余具有比较大的 $S_{\mathrm{E}}[\phi]$ 的那些点对配分函数的贡献则是指数压低的. 因此重点抽样应当主要将那些以大概率出现的点筛选出来. 实现这个目的最为简单的方法就是在位形空间中构造一个随机过程, 它能够不断地更新系统在位形空间中的位置, 使得最终形成的一系列 ϕ 在位形空间中按照正确的概率密度 (4.2) 分布.

¶ 我们将系统在位形空间中的位置用 $\{\phi_x\}$ 来标记, 并称其为场的一个组态 (configuration). 系统取某个特定组态的概率密度记为 $P[\phi] \equiv P[\{\phi_x\}]$. 例如, 对于取某个特定数值的组态来说, 可以认为其概率密度就是一系列 δ 函数的乘积. 我们构建的随机过程一般是一个 Markov 过程, 又称为 Markov 链 (Markov chain). 它由一个跃迁概率密度 $W[\{\phi_x\} \to \{\phi_x'\}]$ 给出. 经过一步的 Markov 过程的更新, 体系的概率密度的演化为

$$P^{(1)}[\{\phi_x'\}] = \int \mathcal{D}\phi W[\{\phi_x\} \to \{\phi_x'\}] P^{(0)}[\{\phi_x\}], \tag{4.5}$$

其中 $P^{(0)}[\{\phi_x\}]$ 是体系初始的概率分布. 这样的一步改变又被称为系统组态概率分布的一个更新 (update). 这样的更新步骤可以重复地进行. 于是从某个概率密度

$P^{(0)}[\{\phi'_x\}]$ 出发, 不停地更新就可以产生一系列概率密度:

$$P^{(0)}[\{\phi_x\}] \xrightarrow{W} P^{(1)}[\{\phi_x\}] \xrightarrow{W} P^{(2)}[\{\phi_x\}]\cdots, \tag{4.6}$$

这就构成了一个 Markov 链 $P^{(n)}[\{\phi_x\}]$, 其中 $n = 0, 1, 2, \cdots$. 显然, 我们必须恰当地选择跃迁概率 W 以保证

$$\lim_{n\to\infty} P^{(n)}[\{\phi_x\}] = \frac{1}{Z}\mathrm{e}^{-S_{\mathrm{E}}[\phi]}. \tag{4.7}$$

如果这一点成立, 就称该 Markov 链收敛于 Boltzmann 分布. 要保证这一点的一个必要条件是所谓的稳定性条件 (stability condition), 即我们所希望达到的 Boltzmann 分布 (4.2) 在跃迁概率 W 的作用下是稳定的:

$$\mathrm{e}^{-S_{\mathrm{E}}[\phi']} = \int \mathcal{D}\phi\, W[\{\phi_x\} \to \{\phi'_x\}]\mathrm{e}^{-S_{\mathrm{E}}[\phi]}. \tag{4.8}$$

另一个相关的条件是所谓的细致平衡条件 (detailed balance condition):

$$\mathrm{e}^{-S_{\mathrm{E}}[\phi']}W[\{\phi'_x\} \to \{\phi_x\}] = W[\{\phi_x\} \to \{\phi'_x\}]\mathrm{e}^{-S_{\mathrm{E}}[\phi]}. \tag{4.9}$$

将上式两边对 $\mathcal{D}\phi$ 积分并利用 $\int \mathcal{D}\phi\, W[\{\phi'_x\} \to \{\phi_x\}] = 1$, 就得到前面的稳定性条件. 因此, 细致平衡条件隐含了稳定性条件, 但倒过来不一定成立. 可以证明的是, 如果跃迁概率满足稳定性条件 (或者比它更强的细致平衡条件) 以及所谓的各态历经条件, 那么它所定义的 Markov 链一定会收敛到我们需要的 Boltzmann 分布. 满足上述这些条件的一个跃迁概率 $W[\{\phi_x\} \to \{\phi'_x\}]$ 就定义了一个严格算法 (exact algorithm).

一个严格的算法仅仅保证了它相应的 Markov 链最终将收敛于我们所希望的 Boltzmann 分布, 但是不意味着它一定是最有效的. 多个完全不同的算法可以都是严格的算法. 要比较这些算法之间的有效性需要看它们每产生一个统计独立的组态所需的计算量. 最少计算量的算法才是最为有效的. 一般来说, 一个算法的严格性只是它是有效算法的必要条件. 对于一个给定的算法, 它的每一步的计算量是确定的, 因此这个计算量基本上就正比于该算法的自关联时间 (autocorrelation time). 我们在后面讨论 Monte Carlo 数值模拟中数据的分析和处理时 (参见第 16 节) 会再次回到这个问题上来.

另一个重要的问题是格点 QCD 研究所需的计算规模. 大家都知道格点 QCD 的数值模拟研究是一项非常费时的工作, 往往需要大规模的数值计算设施. 一般来说, 它对计算资源的消耗还与我们希望研究的物理参数有关. 利用格点 QCD 研究强相互作用有一个优点 (或者说缺点): 往往当模拟接近真实的物理参数时, 计算会

格外地费时间. 当然, 它的优点一面就是可以研究不同于自然界的参数, 更进一步
展示自然界的精巧! 有些甚至给我们人择原理的启示.

　　¶ 通过上面的介绍我们看到,Monte Carlo 算法依赖于概率论中的 Markov 过
程. 一般来说, 如果我们研究的场论系统仅仅包含玻色型的自由度, 那么它的欧氏
空间的作用量 $S_E[\phi]$ 总是实数并且有下界. 这时重点抽样的 Monte Carlo 方法一
般总是可以应用的. 但是如果场论体系中包含费米子自由度, 比如第 11 节引入的
Wilson 格点 QCD, 它的配分函数中包括一个费米子行列式 (见公式 (3.60)), 用我
们现在的符号它可以写为

$$Z = \int \mathcal{D}\phi e^{-S_g[\phi]} \det \mathcal{M}[\phi], \tag{4.10}$$

此时由于费米子行列式并不一定是一个正数 (事实上, 它甚至不一定是实数), 那么
就有可能出现 $\det \mathcal{M}[\phi]$ 不是正实数的情形, 这时上式中的被积函数将不能解释为
概率密度从而从根本上破坏 Monte Carlo 算法. 这个问题在人们早期研究凝聚态
和统计物理中的包含费米子的统计模型时就出现了, 那里它被称为符号问题 (sign
problem).[1] 在格点 QCD 的模拟中, 符号问题一般只有当研究有限密度格点 QCD
时会无法摆脱地出现. 这个问题到目前为止并没有完全的解决方案. 有观点认为,
在通常计算机的框架下这个问题甚至可能是无法解决的.[2] 本书中将几乎不会涉及
有限密度格点 QCD 的模拟问题, 因此这里仅仅是提及它而已. 下面的一节中, 我
们将首先介绍玻色型场论系统的一些基本算法, 为后面讨论含费米子场论系统的算
法奠定一个基础. 随后我们将更着重介绍 Wilson 格点 QCD 的 Monte Carlo 算法.

14　玻色型场论的基本算法简介

　　¶ 我们将首先讨论仅仅包含玻色型场的量子场论的数值模拟问题. 包含费米子
场 (由于它们在路径积分的语言中属于目前计算机不能直接处理的 Grassman 变
量) 的量子场论系统的数值模拟问题将在随后的第 15 节中讨论.

---

　　[1] 在统计模型中的费米子矩阵 $\mathcal{M}[\phi]$ 一般来说总是实的, 因此那里的确只是一个符号问题, 也
就是说被积函数不一定是正数, 可以出现有负数的情况. 但在格点 QCD 中, 原则上可以出现
$\det \mathcal{M}$ 是复数的情况. 因此不仅仅是一个符号问题而已.

　　[2] 例如有观点认为, 如果可能解决符号问题, 那么就可以将一些著名的所谓 NP 问题化为 P
问题, 这在通常的计算机领域被认为是不可能的. 参见 Troyer M and Wiese U J. Computational
complexity and fundamental limitations to fermionic quantum Monte Carlo simulations. Phys. Rev.
Lett., 2005, 94: 170201.

14.1 Metropolis 算法

¶ 最为古老的 Monte Carlo 算法, 同时也是 20 世纪最为流行的十大算法之一, 就是著名的 Metropolis 算法. 它的基本思想如下: 我们的目的是生成正比于 $e^{-S[\phi]}$ 的概率密度, 为此我们首先选择一个跃迁概率 $W_0[\{\phi_x\} \to \{\phi'_x\}]$ 并且将组态 $\{\phi_x\}$ 更新为组态 $\{\phi'_x\}$. 理论上讲, 这需要进行积分

$$P^{(k)}[\phi'] = \int \mathcal{D}\phi W_0[\{\phi\} \to \{\phi'\}] P^{(k-1)}[\phi]. \tag{4.11}$$

但在实际的操作中, 每一步的分布其实就是尚未更新时组态的一个 δ 函数. 因此, 这一步其实并不需要进行真正的积分, 只要将旧的组态按照一定规则更新为新的组态即可. Metropolis 算法的第二步, 就是在以一个恰当的概率来接受或者拒绝这个新的组态. 下面就是这个算法的具体实现.

Algorithm 1 Metropolis 算法

Require:初始的组态记为 $\phi^{(0)}$, 选择一个适当的跃迁概率函数 $W_0[\{\phi\} \to \{\phi'\}]$.

1: **for** $k = 1, 2, \cdots$ **do**

2:   将 $\phi^{(k-1)}$ 更新为 $\phi^{(k)}$, 即

$$\{\phi^{(k-1)}\} \xRightarrow{W_0} \{\phi^{(k)}\}. \tag{4.12}$$

  其中更新的规则就定义了 $W_0[\{\phi\} \to \{\phi'\}]$.

3:   以下述概率接受上面的更新:

$$P_A[\{\phi\}, \{\phi'\}] = \min\left(1, \frac{W_0[\{\phi'\} \to \{\phi\}]e^{-S[\phi']}}{W_0[\{\phi\} \to \{\phi'\}]e^{-S[\phi]}}\right). \tag{4.13}$$

  特别地, 如果我们选择的 W_0 是对称的, 即 $W_0[\{\phi'\} \to \{\phi\}] = W_0[\{\phi\} \to \{\phi'\}]$, 这时的接受率可以表达为

$$P_A[\{\phi\}, \{\phi'\}] = \min\left(1, e^{-\Delta S}\right), \tag{4.14}$$

  其中 $\Delta S = S[\phi'] - S[\phi]$ 是更新后作用量的变化.

4: **end for**

可以证明上述 Metropolis 算法中两步联合的概率跃迁密度

$$P_M[\{\phi\} \to \{\phi'\}] = P_A[\{\phi\}, \{\phi'\}] W_0[\{\phi\} \to \{\phi'\}] \tag{4.15}$$

满足前面提及的细致平衡条件. 因此 Metropolis 算法是一个严格的算法.

练习 4.1 请验证这一点.

我们看到, Metropolis 算法的关键就是找到一个适当的跃迁概率 W_0, 它基本上决定了算法的有效性 (或者无效性). 虽然理论上讲任何的 W_0 都可以给出严格的算法, 但是经验告诉我们, 应当尽可能将由 W_0 产生的 P_A 控制在合理的范围内. 例如, 如果选择过于极端的 W_0 将很可能导致极低的接受率, 其净效果并不会好. 一般认为, 将 P_A 控制在 50% 附近是比较理想的.

对于前面讨论的标量场论来说, 往往其更新就是在旧的场变量附近的某个范围 Δ 内做一个均匀的改变:

$$\phi'_x = \phi_x + \Delta \cdot r, \quad \forall x, \tag{4.16}$$

其中 r 是一个在 $[-1, +1]$ 上均匀分布的随机数. 对于规范场来说, 其更新则往往是对其乘以某个单位元附近的群元素. 这类选择的好处是跃迁概率 W_0 都是对称的, 因此接受率可以按照表达式 (4.14) 更为简单地进行计算. 它的具体含义是: 如果更新降低了作用量 (即 $\Delta S < 0$) 就一定接受; 反之如果更新提高了作用量 (即 $\Delta S > 0$), 则以概率 $\mathrm{e}^{-\Delta S}$ 接受.

一般来说, Metropolis 算法并不是一个十分有效的算法, 但好处是适应性极强. 在人们还没有找到更好的算法之前, 它总是可以处理各种复杂的问题.

14.2 Ising 模型的热浴算法

¶ 我们将首先以标量场的模拟为例说明热浴 (Heatbath) 算法, 然后再阐述如何在 SU(2) 和 SU(3) 规范场中使用这种算法.

为了简化讨论, 首先考虑在 6.1 小节中讨论的单分量标量场论的 Ising 极限下的情形. 这个理论的作用量由下式给出:

$$S_{\mathrm{E}}[\phi] = -\kappa \sum_{x,\mu} \phi_x [\phi_{x+\mu} + \phi_{x-\mu}]. \tag{4.17}$$

我们看到, 如果希望更新某个特定的 ϕ_x, 作用量中与其相关的项包括

$$S(\phi_x) = -(2\kappa) \sum_\mu \phi_x (\phi_{x+\mu} + \phi_{x-\mu}).$$

之所以是 (2κ) 而不是 κ, 是由于对 x 的求和跑遍所有格点时, 会依次跑到点 x 的所有近邻格点, 因此诸如 $\phi_x \phi_{x+\mu}$ 这样的项实际上会出现两次. 如果一次仅更新一个固定的 ϕ_x, 暂时保持其他的 $\phi_{y \neq x}$ 固定不变, 那么上式实际上意味着对于这个特定的 ϕ_x 而言, 我们希望产生的概率分布为

$$P(\phi_x) \propto \mathrm{e}^{-\phi_x \cdot J_x}, \tag{4.18}$$

其中 $J_x = (2\kappa)\sum_\mu(\phi_{x+\mu} + \phi_{x-\mu})$. 这个指数分布的概率分布是可以直接产生的,[1] 只要知道 J_x 的数值, 而这依赖于 x 点近邻点的场. 于是就有了如下的热浴算法.

Algorithm 2 热浴算法

Require: 初始的组态记为 $\{\phi_x\}$.

1: **for** $k = 1, 2, \cdots$ **do**
2: 　**for** 对每个格点 x, **do**
3: 　　计算
$$J_x = (2\kappa)\sum_\mu(\phi_{x+\mu} + \phi_{x-\mu}), \tag{4.19}$$
4: 　　从下面的概率分布中产生新的场 ϕ_x:
$$P(\phi_x) \propto e^{-J_x\phi_x}. \tag{4.20}$$
5: 　**end for**
6: **end for**

上述算法中的第 2 到第 5 步的完成通常被形象地称为一 "扫" (sweep), 也就是说将格点上的每一个场变量都扫了一遍. 经过一扫, 所有格点上的场变量都被更新了一遍. 剩下的就是不断地进行第二扫、第三扫, 这样不断地扫下去就产生了相应的 Markov 链. 可以证明的是, 这个算法也是满足细致平衡的严格算法.

练习 4.2 请验证这一点.

14.3 SU(2) 规范理论的热浴算法

¶下面来介绍 Creutz 关于 SU(2) 的热浴算法. 为此我们考虑一个 SU(2) 格点规范理论, 其作用量就是标准的 Wilson 小方格作用量. 这时与其中一个给定的链变量 $U_\mu(x)$ 有关的部分可以写为

$$S[U_\mu(x)] = -\frac{\beta}{N}\mathrm{Re\,Tr}\,[U_\mu(x)S_\mu(x)], \tag{4.21}$$

其中 $S_\mu(x)$ 称为相应链变量 $U_\mu(x)$ 所对应的订书钉 (staples) 变量. 这个名称完全是象形的原因, 如果考察原先的小方格作用量中包含某个特定链变量 $U_\mu(x)$ 的贡献, 会发现它就是一些订书钉形状的东西钉在所考虑的那个变量上, 而 $S_\mu(x)$ 就是这些订书钉的链变量乘积然后再求和. 因此, 我们希望产生的概率分布, 对于特定

---

[1]如果你不记得如何产生指数分布, 可以首先产生 $(0,1)$ 之间的一个均匀分布的随机数 $r \sim U(0,1)$, 然后令 $y = -\ln(r)$, 那么 y 就遵从指数分布: $y \sim e^{-y}$.

的 $U_\mu(x)$ 而言应当是

$$\mathrm{d}P[U_\mu(x)] \sim \mathrm{d}U_\mu(x) \exp\left(\frac{\beta}{N} \mathrm{Re}\,\mathrm{Tr}\,[U_\mu(x)S_\mu(x)]\right), \tag{4.22}$$

其中 $\mathrm{d}U_\mu(x)$ 是相应规范群上的不变测度 (Haar measure). 现在我们可以运用 SU(2) 群的一个特点. 一个 SU(2) 群的元素总可以写为

$$g = g_0 I + \mathrm{i}\boldsymbol{g} \cdot \boldsymbol{\sigma}, \tag{4.23}$$

其中 $g_0^2 + \boldsymbol{g}^2 = 1$. 这个表达式意味着, 任意多个 SU(2) 群元素的和将仍然正比于一个 SU(2) 群元素. 也就是说, 对 SU(2) 规范理论来说, 上面讨论的订书钉变量将正比于一个 SU(2) 群元, $S_\mu(x) = ag$, 其中 $g \in \mathrm{SU}(2)$, 而数值 $a = \sqrt{\det(S_\mu(x))}$. 注意到 SU(2) 矩阵的迹自动就是实数, 同时利用 Haar 测度的不变性, 令 $X = U_\mu(x)g \in \mathrm{SU}(2)$, 我们只需要产生

$$\mathrm{d}P(X) \sim \mathrm{d}X \exp\left(\frac{a\beta}{2} \mathrm{Tr}\,(X)\right) = \mathrm{d}X \mathrm{e}^{a\beta X_0}. \tag{4.24}$$

一旦产生了这样分布的 X, 就可以获得更新的 $U'_\mu(x)$ 如下:

$$U'_\mu(x) = Xg^\dagger = XS^\dagger \frac{1}{a}. \tag{4.25}$$

所以关键就是产生如 (4.24) 分布的 SU(2) 变量 X.

一个标准的 Haar 测度表达式可以从 SU(2) 群的表达式 (4.23) 中获得. 这实际上是四维空间中的一个三维单位球面. 因此, 一个不变的测度可以写为

$$\mathrm{d}X = \frac{1}{\pi^2} \mathrm{d}^4 x \delta(x_0^2 + \boldsymbol{x}^2 - 1). \tag{4.26}$$

其中四维的体积元 $\mathrm{d}^4 x = \mathrm{d}x_0 \mathrm{d}^3\boldsymbol{x}$. 利用 $\mathrm{d}^4 x = \mathrm{d}^3\boldsymbol{x} \mathrm{d}x_0 = |\boldsymbol{x}|^2 \mathrm{d}|\boldsymbol{x}| \mathrm{d}\Omega_{\boldsymbol{x}} \mathrm{d}x_0$ 并且利用上式中的 δ 函数, 得到

$$\mathrm{d}P(X) \sim \frac{1}{2\pi^2} \left(\mathrm{d}\cos\theta \mathrm{d}\varphi\right) \left(\mathrm{d}x_0 \sqrt{1 - x_0^2} \mathrm{e}^{a\beta x_0}\right), \tag{4.27}$$

其中定义了 $\mathrm{d}\Omega_{\boldsymbol{x}} = \mathrm{d}\cos\theta \mathrm{d}\varphi$. 我们看到, 对于四维 X 的产生分解为完全独立的三个随机变量的产生: $x_0 \in [-1, +1]$, $\theta \in [0, \pi)$ 和 $\varphi \in [0, 2\pi)$.

首先来看产生 x_0 的问题. 我们可以引入一个辅助变量 $\xi \in [0,1]$,

$$x_0 = 1 - 2\xi^2, \tag{4.28}$$

那么有

$$\mathrm{d}x_0 \sqrt{1-x_0^2}\,\mathrm{e}^{a\beta x_0} \propto \mathrm{d}\xi\,\xi^2 \sqrt{1-\xi^2}\,\mathrm{e}^{-2a\beta\xi^2}.$$

这个关于 ξ 的分布可以首先产生分布

$$p_1(\xi) \sim \xi^2 \mathrm{e}^{-2a\beta\xi^2}, \tag{4.29}$$

然后再附加一个接受/拒绝的调制

$$p_2(\xi) \sim \sqrt{1-\xi^2}. \tag{4.30}$$

这样的联合步骤就可以产生正确分布的变量 $x_0 = 1 - 2\xi^2$. 于是, 所有问题转化为如何产生分布 (4.29). 完成这个任务的标准算法如下: 首先产生三个独立的、在 $(0,1]$ 之间均匀分布的随机数 r_i, $i = 1, 2, 3$,[1] 然后令

$$\xi^2 = -\frac{1}{2a\beta}\left[\ln(r_1) + \cos^2(2\pi r_2)\ln(r_3)\right]. \tag{4.31}$$

可以证明这个公式给出的 ξ 恰好满足我们需要的分布 (4.29).

练习 4.3 请验证这一点.[2]

当正确产生了 x_0 的分布之后, 最后一步是产生三维的随机矢量 $\boldsymbol{x}$. 由于 δ 函数的限制, 这个矢量的长度实际上已经定出: $|\boldsymbol{x}| = \sqrt{1-x_0^2}$, 所以只需要产生它的方向. 一般的做法是产生三个均匀分布在 $[-1, +1)$ 中的随机数 r_i, $i = 1, 2, 3$, 它们构成了空间中包含原点的一个立方体. 我们可以利用一个接受/拒绝步骤要求 $r_1^2 + r_2^2 + r_3^2 \leqslant 1$, 这样就将这些点限制在三维空间的单位球体内. 最后我们将满足要求的矢量的长度通过乘以一个标量因子调整到 $|\boldsymbol{x}| = \sqrt{1-x_0^2}$, 这就完成了矢量 $\boldsymbol{x}$ 的产生. 其步骤总结如下:

---

[1]注意, 在通常的均匀随机数产生的算法中, 随机数一般是分布在 $[0,1)$ 区间上的. 但是对于本算法, $r_i = 0$ 是需要避免的, 否则下面的公式 (4.31) 会产生计算的 overflow. 通常做法是令 $r_i = 1 - r_i'$, 其中 r_i' 就是通常算法产生的分布在 $[0,1)$ 中均匀分布的随机数.

[2]如果有困难, 可以参考文献 Kennedy AD and Pendleton B J. Phys. Lett. B, 1985, 156: 393.

Algorithm 3 SU(2) 规范场的热浴算法

Require: 初始的组态记为 $\{U_\mu(x)\}$.

1: **for** $k = 1, 2, \cdots$ **do**
2:    **for** 对每个格点 x 和每个方向 $\mu = 0, 1, 2, 3$, **do**
3:       计算与 $U_\mu(x)$ 相对应的订书钉变量 $S_\mu(x)$.
4:       计算 $a = \sqrt{\det(S_\mu(x))}$ 并且令 $g = S_\mu(x)/a \in$ SU(2).
5:       按照前面讨论的方法产生如公式 (4.24) 或 (4.27) 分布的四矢量随机变量 $X = (x_0, \boldsymbol{x})$. 具体来说, 首先按照 (4.31) 产生 ξ^2 并以概率 $\sqrt{1-\xi^2}$ 接受该值. 一旦接受了则令 $x_0 = 1 - 2\xi^2$; 否则重新产生 ξ^2 并进行接受/拒绝检测, 直到最终接受. 这样一来, 最终接受的值 x_0 将满足分布 $\sim \mathrm{d}x_0\sqrt{1-x_0^2}\mathrm{e}^{a\beta x_0}$.
6:       第二步是产生均匀分布在单位球内的三维矢量 (r_1, r_2, r_3), 将这个矢量放大或缩小一个因子使其长度为 $|\boldsymbol{x}| = \sqrt{1-x_0^2}$, 其中 x_0 就是上一步中产生的 x_0. 这就完成了 $X = (x_0, \boldsymbol{x}) \sim (x_0 I + \mathrm{i}\boldsymbol{x} \cdot \boldsymbol{\sigma}) \in$ SU(2) 的产生.
7:       更新 $U'_\mu(x) = Xg^\dagger$.
8:    **end for**
9: **end for**

14.4　SU(3) 规范理论的赝热浴算法

    ¶ 热浴方法可以对 SU(2) 规范理论产生正确分布的规范场组态. 这个算法中用到的一个关键步骤是, 任意的 SU(2) 矩阵的线性组合仍将正比于某个 SU(2) 的矩阵. 这个特性可以从 SU(2) 矩阵的表达式 (4.23) 明确看出来. 但是, 如果我们感兴趣的是 SU(3) 规范理论, 这一点一般就不成立了. 正因为如此, 并不存在相应的 SU(3) 规范理论的热浴算法. 但是人们经过摸索还是发现了将 SU(2) 内嵌到 SU(3) 内的赝热浴算法 (pseudo-heatbath algorithm). 在讲述如何实现这个算法之前, 让我们首先介绍一下如何在计算机中实现一个 SU(3) 的复矩阵.

    对于 SU(2) 矩阵来说, 最为方便的实现方式就是利用其四元数表达式 (4.23). 但是对于 SU(3) 规范场来说, 并没有类似的表达式. 因此在具体的计算机实现上也存在多种的可能. 严格来说, 任何一个 SU(3) 矩阵包含 8 个实参数 ξ^a, $a = 1, 2, \cdots, 8$. 例如在其标准的表达式中, 有 $g = \exp(\mathrm{i}\xi^a T^a)$, 其中 T^a 是相应的 8 个群生成元. 但是这样的表达式其实并不很实用. 因为在数值模拟的过程中, 最为常见的计算是两个 SU(3) 矩阵的乘积. 所以, 更为实用的方法是直接将 g 存储在计算机之中, 它是一个 3×3 的复矩阵, 包含 18 个实数. 这 18 个实数当然并不都是独立的, 它们满足一系列约束关系 —— 基本上就是要求这个矩阵的的确确是一个 SU(3) 矩阵而不是一个任意的复矩阵.

另外一种常用的 SU (3) 矩阵的表达方式是利用两个正交归一的复矢量 $\boldsymbol{u}, \boldsymbol{v} \in \mathbb{C}^3$, 它们满足

$$\boldsymbol{u}^\dagger \cdot \boldsymbol{u} = \boldsymbol{v}^\dagger \cdot \boldsymbol{v} = 1, \quad \boldsymbol{u}^\dagger \cdot \boldsymbol{v} = \boldsymbol{v}^\dagger \cdot \boldsymbol{u} = 0. \tag{4.32}$$

然后我们以这两个复矢量为一个 SU (3) 矩阵的第一和第二行, 矩阵的第三行则可以利用正交归一性获得,

$$g \in \mathrm{SU}\,(3) = \begin{pmatrix} \boldsymbol{u}^{\mathrm{T}} \\ \boldsymbol{v}^{\mathrm{T}} \\ (\boldsymbol{u}^* \times \boldsymbol{v}^*)^{\mathrm{T}} \end{pmatrix}. \tag{4.33}$$

读者可以验证, 这个矩阵一定是一个 SU (3) 矩阵. 这个方法在内存需求上也要更为节省一些. 具体来说, 每个矩阵只需要存储 12 个实数 (或 6 个复数) 即可.

练习 4.4　请验证这一点, 即证明公式 (4.33) 的确给出一个 SU (3) 矩阵.

这个表达式实际上也提供了将一个任意的 3×3 复矩阵 $A \in \mathbb{C}^{3 \times 3}$ 投影到 SU (3) 的一种方法. 这种操作在数值计算中是需要的, 因为虽然理论上任何 SU (3) 矩阵的乘积仍然是 SU (3) 矩阵, 但是由于计算机数值计算中舍入误差的存在, 最终的结果往往会稍稍偏离 SU (3). 这一点偏离如果不能够及时纠正, 随着舍入误差的累计最终会导致完全错误的数值结果. 利用上述表达式 (4.33), 对于任意的一个 $A \in \mathbb{C}^{3 \times 3}$, 可以从其第一行的复矢量出发, 将其归一化后令为 $\boldsymbol{u}$; 然后从 $\boldsymbol{u}$ 和 A 的第二行出发, 利用线性代数中常规的 Gram-Schmidt 正交归一化方法, 可以求出第二个与 $\boldsymbol{u}$ 正交且归一化的矢量 $\boldsymbol{v}$; 将 $\boldsymbol{u}, \boldsymbol{v}$ 代入公式 (4.33) 我们就获得了一个 SU (3) 的矩阵.

¶ 前面提到, 对于 SU (3) 并不存在直接的热浴算法, 但是人们可以将适当的 SU (2) 子群内嵌到 SU (3) 之中, 并利用 SU (2) 的热浴算法来实现 SU (3) 矩阵的更新. 这个算法 (一般称为赝热浴算法) 首先由 Cabibbo 和 Marinari 在 1982 年提出, 因此又被称为 Cabibbo-Marinari 算法.[1] 具体的算法步骤有兴趣的读者可以参考该文献.

¶ 赝热浴算法虽然可以产生 SU (3) 规范场论的正确概率分布, 但是它有一个弱点, 当 β 比较大的时候 (这恰恰对应于连续极限的情形) 算法并不十分有效. 也就是说, 每次赝热浴更新实际上并没有在规范场的位形空间中使得规范场产生足够多的改变, 两次相邻的组态之间关联极强. 为了克服这个困难, 人们又提出了过弛豫算法 (over relaxation algorithm).[2] 过弛豫算法从当前的规范场组态 $\{U_\mu(x)\}$ 出发, 试图寻找位形空间中的另一个组态 $\{U'_\mu(x)\}$, 它保持系统的作用量不变, 即 $S_{\mathrm{g}}[U'_\mu] = S[U_\mu]$. 因此这类算法又被称为微正则算法 (micro-canonical algorithm), 取

---

[1]参见 Cabibbo N and Marinari E. Phys. Lett. B, 1982, 119: 387.
[2]对 SU (3) 的过弛豫算法可以参见 Petronzio R and Vicari E. Phys. Lett. B, 1990, 248: 159.

自统计物理中的微正则系综. 跃迁 $\{U_\mu(x)\} \to \{U'_\mu(x)\}$ 必须在位形空间中 "尽可能地远", 这样可以有效消除两者之间的统计关联. 由于不改变作用量, 因此微正则特性的过弛豫算法本身并不是各态历经的. 但是我们可以将其与赝热浴算法结合, 组合出一个对 SU (3) 纯规范理论非常有效的算法. 例如, 可以采用若干次赝热浴算法加上一次过弛豫算法构成一个组合的 sweep. 实践证明这样的 sweep 可以有效地克服单纯的赝热浴算法中关联过强的问题. 这实际上也是目前研究 SU (3) 或者其他纯规范理论中广泛采用的方法.

14.5　杂化 Monte Carlo 算法

　　¶ 一种普遍的产生 Boltzmann 分布的方法是从所谓的杂化算法 (hybrid algorithm) 或着又称为分子动力学算法 (molecular dynamics algorithm) 所衍生出来的杂化 Monte Carlo 方法 (hybrid Monte Carlo, HMC). 本小节就来介绍这种方法.

　　假定我们需要产生的概率分布为

$$P[\phi] \propto e^{-S[\phi]}, \tag{4.34}$$

其中 $S[\phi]$ 代表体系的作用量, 而 ϕ 则标记了体系所有的 (玻色型的) 自由度. 我们知道自然界中空气分子数密度的分布就是 Boltzmann 分布, 只不过其中的 $S[\phi]$ 表示的是分子的势能. 自然界中天然实现这种 Boltzmann 分布的机制就是靠分子的运动和碰撞. 分子的运动基本上可以按照经典力学来描写, 而碰撞可以看成是不断更新的动能. 为了模拟这个过程, 我们将 ϕ_x 视为所研究体系的广义坐标, 这样一来 $S[\phi]$ 可以视为仅依赖于坐标的势能, 同时引入与 ϕ_x 共轭的广义动量 π_x, 并且引入体系的动能. 于是, 我们定义体系的哈密顿量为

$$\mathcal{H}[\pi, \phi] = \sum_x \frac{\pi_x^2}{2} + S[\phi]. \tag{4.35}$$

我们要求体系在一个虚拟的时间 τ 中做经典的演化, 即按照经典的哈密顿正则方程演化:

$$\begin{cases} \dot{\pi}_x \equiv \dfrac{\mathrm{d}\pi_x}{\mathrm{d}\tau} = -\dfrac{\partial \mathcal{H}[\pi, \phi]}{\partial \phi_x} = -\dfrac{\partial S[\phi]}{\partial \phi_x}, \\[3mm] \dot{\phi}_x \equiv \dfrac{\mathrm{d}\phi_x}{\mathrm{d}\tau} = \dfrac{\partial \mathcal{H}[\pi, \phi]}{\partial \pi_x} = \pi_x. \end{cases} \tag{4.36}$$

这个虚拟时间 τ 一般称为 Monte Carlo 时间. 注意, 它不代表真实的时间, 也不是与温度对应的虚时间, 而是人为加入的一个额外的虚拟时间. 由于上述运动方程是哈密顿正则形式, 因此随着时间的演化, 体系的坐标 ϕ_x 也会在位形空间中形成一条轨迹, 但是这条轨迹上的每一个点对应的总哈密顿量 $\mathcal{H}$ 是守恒的.

注意到哈密顿量实际上是动能部分和势能部分之和, 因此体系关于动量和坐标的概率分布完全是独立的, 也就是说, 只需要产生正则分布

$$\mathrm{e}^{-\mathcal{H}} = \exp\left(-\sum_x \frac{\pi_x^2}{2}\right)\exp(-S[\phi]), \tag{4.37}$$

它的势能部分自动就是我们需要的 Boltzmann 分布, 它的动能部分由于是标准的 Gauss 分布 (又称正态分布), 因此可以直接产生.

在实际的计算中, 往往需要将无穷长的分子的轨迹分为若干段独立的径迹. 也就是说, 将上述运动方程从 $\tau = 0$ 积分到 $\tau = \tau_0$, 然后可以重新产生 Gauss 分布的动量 π_x, 再从 $\tau = \tau_0$ 积分到 $\tau = 2\tau_0$, 然后再次重新产生 Gauss 分布的动量再继续. 每过一段虚拟时间 τ_0 就重新从 Gauss 分布中产生新的动量实际上是模拟了分子之间的碰撞过程. 经过这个 "碰撞", 分子完全忘掉原先的速度, 重新获得了新的速度, 然后再在相应的力场中按照牛顿方程运动. 如果将运动方程积分到 $\tau = N\tau_0$, 就获得了 N 个系统的组态 $\{\phi_x^{(i)} : i = 1, 2, \cdots, N\}$. 如果一切顺利, 这些组态应当满足我们所期望的 Boltzmann 分布: $P[\phi] \propto \exp(-S[\phi])$. 事实上, 任何 τ_0 数值都会使得系统趋于我们希望得到的分布, 只不过合适的选择可以使得系统 "更快地" 趋于 Boltzmann 分布.[1] 这个合适的 τ_0 的选择依赖于所模拟系统的具体物理性质.

上面的描述理论上很诱人, 但是忽略了一个重要的因素, 即我们感兴趣的体系的哈密顿方程 (4.36) 往往非常复杂, 几乎不可能获得它的解析解. 我们能做的就是试图获得它的数值近似解. 常用的方法无非是将连续的 Monte Carlo 虚拟时间 τ 分立化, 引入一个积分的步长 $\delta\tau$. 换句话说, 我们解的实际上是严格的哈密顿方程 (4.36) 的一个分立化的版本. 前面提及的能量守恒的规则仅仅对于 $\delta\tau \to 0$ 时才是成立的. 对于有限大的步长, 体系的哈密顿量 $\mathcal{H}$ 并不是严格的常数, 而是会出现一个误差 $\Delta\mathcal{H} = \mathcal{H}(\tau = \tau_0) - \mathcal{H}(\tau = 0) \neq 0$. 一个比较好的、常用的方法是所谓的蛙跳积分 (leapfrog integration) 法, 它会造成 $O(\delta\tau^2)$ 阶的误差, 即

$$\Delta\mathcal{H} \propto (\delta\tau)^2. \tag{4.38}$$

目前所描写的这个算法传统上被称为杂化算法 (hybrid algroithm), 又称为分子动力学算法 (molecular dynamics algorithm). 上面提及的正比于 $(\delta\tau)^2$ 的误差实际上会导致最终的概率分布也有一个误差. 也就是说, 我们希望得到的是正比于 $\mathrm{e}^{-S[\phi]}$ 的分布, 但是最终获得的实际上是正比于 $\mathrm{e}^{-S[\phi]-\Delta S[\phi]}$ 的分布, 其中 $\Delta S[\phi] \propto (\delta\tau)^2$. 这进一步导致相应的物理量的测量中也会出现类似的系统误差. 好在我们知道它

---

[1] 所谓 "更快" 是指经过更少的数值计算量. 当然对于一台给定计算能力的计算机来说, 这对应于更少的真实计算时间.

是如何依赖于步长 $\delta\tau$ 的. 在格点场论的早期人们曾经广泛地应用这种方法来处理各种类型的场论模型, 但进行数值模拟时需要对若干个不同的 $\delta\tau$ 的数值进行计算, 最后利用已知的对 $\delta\tau$ 的依赖关系, 将结果外推到 $\delta\tau = 0$ 以获得最终结果. 这当然是可以的. 但是这种方法无疑大大增加了原已很大的数值计算量.

在 1987 年出现了一个更为聪明的算法, 称为杂化 Monte Carlo 算法. 它实际上只是在每个长度为 τ_0 的径迹结束后, 加上一个 Monte Carlo 判据, 利用类似于 Metropolis 中的接受判据, 根据 $\Delta\mathcal{H}$ 的大小来接受或拒绝新的更新.[1] 在叙述整个算法之前, 让我们首先介绍在这个算法中常用的所谓蛙跳积分方法.

为了更有效地将哈密顿方程积分, 我们给定一个步长 $\delta\tau$, 在每一步中, 对场 ϕ_x 及其共轭动量的更新包含下列三个子步骤: 首先利用初始的场变量 $\phi(0)$ 将动量积分半步, 然后可以利用刚刚更新到半步的动量 $\pi(\delta\tau/2)$ 将场变量 ϕ 更新一步, 最后再利用已经更新的场变量将动量 π 更新半步. 具体写出来就是:

$$\begin{cases} \pi_x\left(\dfrac{\delta\tau}{2}\right) = \pi_x(0) - \dfrac{\partial S[\phi(0)]}{\partial \phi_x} \cdot \dfrac{\delta\tau}{2}, \\[3mm] \phi_x(\delta\tau) = \phi_x(0) + \pi_x\left(\dfrac{\delta\tau}{2}\right) \cdot \delta\tau, \\[3mm] \pi_x(\delta\tau) = \pi_x\left(\dfrac{\delta\tau}{2}\right) - \dfrac{\partial S[\phi(\delta\tau)]}{\partial \phi_x} \cdot \dfrac{\delta\tau}{2}. \end{cases} \tag{4.39}$$

在实际的计算中我们将上述步骤重复 N_{step} 次, 这就形成一个杂化 Monte Carlo 的径迹, 径迹的长度为 $\tau_0 = N_{\text{step}}\delta\tau$. 注意到下面的事实: 前后两个衔接的步长的更新中, 前一步中动量的后半步更新可以与下一步中动量的前半步更新合并成为动量的一整步更新. 也就是说更新的步骤是: 半步 π, 一步 ϕ, 一步 π, 一步 ϕ, 等等, 直到最后再补上半步 π. 上述更新中的每一次都要利用最新的 π 或 ϕ 的信息. 这就是所谓的蛙跳积分法. 它实际上是对应于正则系统的 Runge-Kutta 积分方法. 可以证明它产生的哈密顿量的改变的确是按照公式 (4.38) 给出的. 现在我们具备了所有的元素, 让我们给出著名的杂化 Monte Carlo 算法:

---

[1] 参见 Duane S, Kennedy A D, Pendleton B J, Roweth D. Hybrid Monto Carlo. Phys. Lett. B, 1987, 195: 216.

Algorithm 4 杂化 Monte Carlo 算法

Require: 初始的组态记为 $\{\phi_x(0)\}$. 每个径迹长度为 $\tau_0 = N_{\text{step}}\delta\tau$, 其中 $\delta\tau$ 为步长.

1: **for** $k = 1, 2, \cdots$ **do**

2: 　对每一个场自由度 ϕ_x, 从 Gauss 分布中产生与它共轭的动量 π_x:

$$P\left[\pi_x\right] \propto \exp\left(-\frac{\pi_x^2}{2}\right). \tag{4.40}$$

3: 　利用蛙跳积分法 (4.39) 将运动方程积分 N_{step} 步.

4: 　计算径迹初态和末态哈密顿量的改变 $\Delta\mathcal{H} = \mathcal{H}(\tau_0) - \mathcal{H}(0)$.

5: 　**if** $\Delta\mathcal{H} < 0$,**then**

6: 　　接受新的组态.

7: 　**else**

8: 　　产生一个在 $(0, 1)$ 区间均匀分布的随机数 r.

9: 　　**if** $r < e^{-\Delta\mathcal{H}}$, **then**

10: 　　　接受新的组态.

11: 　　**else**

12: 　　　恢复本径迹初的组态.

13: 　　**end if**

14: 　**end if**

15: 　回到第 1 步开始新的一条径迹.

16: **end for**

在 HMC 的原始参考文献中, 作者们证明了上述杂化 Monte Carlo 算法是一个严格算法. 也就是说, 对于任意 $\delta\tau$, 该算法都满足细致平衡条件. 因此, 原则上只要迭代足够多次, 这个算法总会收敛到我们所期望得到的 Boltzmann 分布. 这一点是杂化 Monte Carlo 区别于之前的杂化算法的最主要一点. 因此, 有了 HMC 算法, 我们完全规避了对不同的 $\delta\tau$ 进行模拟然后再外推的繁琐过程, 只要选择一个合适的 $\delta\tau$ 即可. 由于蛙跳积分造成的 $\Delta\mathcal{H} \propto (\delta\tau)^2$, 因此过大的 $\delta\tau$ 会使得接受率急剧下降. 虽然任何不为零的接受率都不会影响算法的严格性, 但是重要的是在有限的计算时间内, 过低的接受率会使获得的等效的统计独立的组态数目大幅减少从而放大计算的统计误差. 这个算法的一个优点是其接受率几乎仅仅依赖于 $\delta\tau$, 与 τ_0 的依赖并不敏感. 经验告诉我们, 选择 $\delta\tau$ 的大小使得接受率大致在 $0.5 \sim 0.9$ 的区间中最为理想.

15 含费米子场理论的数值模拟

¶ 本章的前面各节介绍的理论都仅包含玻色型的自由度 (标量场、规范场等). 但是我们希望重点研究的理论 —— 格点 QCD 还包含费米型的自由度. 因此, 我们必须能够在数值上处理这类理论, 这就是本节中的内容. 我们知道, 费米型的自由度由 Grassmann 变量描述, 而目前我们的计算机是无法直接处理 Grassmann 变量的.[1]

一般的做法是利用第 9 节中提及的所谓的辅助场将体系的有效作用量化为关于费米子场的双线性型, 然后从解析上形式地完成对费米子场的积分, 见公式 (3.21):

$$Z = \int \left(\prod_x \mathrm{d}\bar{\psi}_x \mathrm{d}\psi_x \right) [\mathcal{D}\mathcal{A}] \, \mathrm{e}^{-\bar{\psi}_x \mathcal{M}_{x,y}[\mathcal{A}]\psi_y} \mathrm{e}^{-S_0[\mathcal{A}]} = \int [\mathcal{D}\mathcal{A}] \, \mathrm{e}^{-S_0[\mathcal{A}]} \det \mathcal{M}[\mathcal{A}]. \tag{4.41}$$

这时如果假定对于任意的辅助场 $\mathcal{A}_x$, 费米子行列式 $\det \mathcal{M}[\mathcal{A}]$ 都是正的, 即

$$\det \mathcal{M}[\mathcal{A}] \geqslant 0, \quad \forall \mathcal{A}_x, \tag{4.42}$$

那么可以将上式中对于 $\mathcal{A}$ 的被积函数理解为概率密度,

$$P[\mathcal{A}] = \frac{1}{Z} \mathrm{e}^{-S_0[\mathcal{A}]} \det \mathcal{M}[\mathcal{A}]. \tag{4.43}$$

显然这个概率密度是正定、归一的. 下面将以简并的两味 Wilson 格点 QCD 为例说明如何处理这类理论的数值模拟.

15.1 赝费米子与杂化 Monte Carlo 算法

¶ 正如在介绍 Wilson 格点 QCD 时提及的, 该理论的费米子矩阵对于味道是对角的. 因此, 如果仅仅考虑两个味道的 QCD (不失一般性, 我们称之为 u 和 d 夸克), 它的配分函数可以写为

$$Z = \int \mathcal{D}U_\mu \mathrm{e}^{-S_g[U_\mu]} \prod_{A=u,d} \det \left(\mathrm{D_W}[U_\mu] + m_0^A \right). \tag{4.44}$$

当两个味道简并 (即 $m_0^u = m_0^d$) 时, 系统具有严格的同位旋对称性. 两味夸克的费米子矩阵实际上是完全相同的. 再次利用 Wilson 格点费米子矩阵的 γ_5 厄米性, 容易发现上述配分函数可以等价地写为

$$Z = \int \mathcal{D}U_\mu \mathrm{e}^{-S_g[U_\mu]} |\det \left(\mathrm{D_W}[U_\mu] + m_0 \right)|^2, \tag{4.45}$$

---

[1] 人们曾经开玩笑地宣称要开发出所谓的 Grassmann 芯片 (Grassmannian chip). 但就作者所知, 这仅仅是一个 "空想", 并没有技术上的支持.

其中 $m_0 = m_0^u = m_0^d$. 同样的配分函数也可以用跳跃参数的形式写出, 这时与两味夸克对应的跳跃参数也是相同的, 即 $\kappa^u = \kappa^d = \kappa$. 所以我们可以将简并两味 Wilson 格点 QCD 的配分函数表达为

$$Z = \int \mathcal{D}U_\mu \mathrm{e}^{-S_\mathrm{g}[U_\mu]} \left| \det \mathcal{M}[U_\mu] \right|^2. \tag{4.46}$$

这个被积函数明显是正定的, 可以按照概率密度来解释.

处理上述概率分布的一般方法是引进所谓的赝费米子 (pseudo-fermion) 场 ϕ 和 $\phi^\dagger$. 它们和原先的费米子场具有完全相同的指标, 这包括时空指标、色指标、Dirac 旋量指标等, 但它们是复的标量场, 而不是 Grassmann 场. 于是我们利用标准的数学公式

$$\left| \det \mathcal{M} \right|^2 = \int \mathcal{D}\phi \mathcal{D}\phi^* \mathrm{e}^{-\phi^\dagger \cdot (\mathcal{M}\mathcal{M}^\dagger)^{-1} \cdot \phi}, \tag{4.47}$$

可以将简并两味 Wilson 格点 QCD 的配分函数写为

$$Z = \int \mathcal{D}U_\mu \mathcal{D}\phi \mathcal{D}\phi^* \mathrm{e}^{-S_\mathrm{g}[U_\mu]} \mathrm{e}^{-\phi^\dagger \cdot (\mathcal{M}\mathcal{M}^\dagger)^{-1}[U_\mu] \cdot \phi}. \tag{4.48}$$

我们看到这个配分函数的路径积分中仅仅包含玻色类型的自由度 —— 规范场 U_μ, 赝费米子场 ϕ 和 $\phi^\dagger$, 而不再包含 Grassmann 变量. 当然作为代价, 我们必须处理费米子矩阵的逆矩阵. 于是该理论的配分函数可以写为

$$\begin{cases} Z = \int \mathcal{D}U_\mu \mathcal{D}\phi \mathcal{D}\phi^* \mathrm{e}^{-S_\mathrm{eff}[U_\mu, \phi, \phi^*]}, \\ S_\mathrm{eff}[U_\mu, \phi, \phi^*] = S_\mathrm{g}[U_\mu] + \phi^\dagger \cdot (\mathcal{M}\mathcal{M}^\dagger)^{-1}[U_\mu] \cdot \phi. \end{cases} \tag{4.49}$$

上述概率分布可以利用前面介绍过的杂化 Monte Carlo 算法来实现, 参见第 14.5 小节. 注意到我们希望产生的分布 (仅仅就关于 ϕ 和 $\phi^\dagger$ 的依赖而言) 其实就是标准的 Gauss 分布. 因此没有必要引进与赝费米子场共轭的动量, 需要做的只是在每一个 HMC 的径迹之前, 直接从 Gauss 分布产生即可. 具体来说, 如果从标准的 Gauss 分布 $\mathrm{e}^{-\xi^\dagger \cdot \xi}$ 中产生了场 ξ, 可以令

$$\phi = \mathcal{M}[U_\mu] \cdot \xi, \tag{4.50}$$

那么 ϕ 必定就按照 $\exp(-\phi^\dagger \cdot (\mathcal{M}\mathcal{M}^\dagger)^{-1}[U_\mu] \cdot \phi)$ 分布了. 但对于规范场则没有这么简单. 我们需要引进与规范场 $U_\mu(x)$ 共轭的正则动量 $\Pi_\mu(x)$. 由于 $U_\mu(x) \in \mathrm{SU}(3)$ 是一个群元, 因此与它共轭的动量实际上生活在相应的李代数中: $\Pi_\mu(x) \in \mathrm{su}(3)$. 所以, 体系的哈密顿量可以写为

$$\mathcal{H} = \sum_{x,\mu} \mathrm{Tr}\left(\Pi_\mu(x)\Pi_\mu(x)\right) + S_\mathrm{g}[U_\mu] + \phi^\dagger \cdot (\mathcal{M}\mathcal{M}^\dagger)^{-1}[U_\mu] \cdot \phi, \tag{4.51}$$

其中的 Tr 是针对色指标的. 与其对应的哈密顿正则方程为

$$
\begin{cases}
\dot{U}_\mu(x) = \mathrm{i}\Pi_\mu(x)U_\mu(x), \\
\dot{\Pi}_\mu(x) = -\dfrac{\delta S_{\mathrm{g}}[U_\mu]}{\delta U_\mu(x)} - \phi^\dagger \cdot \left[\dfrac{\delta(\mathcal{M}\mathcal{M}^\dagger)^{-1}[U_\mu]}{\delta U_\mu(x)}\right] \cdot \phi.
\end{cases}
\tag{4.52}
$$

这组公式中的第一个对应于下列事实: 如果 $U \in \mathrm{SU}(3)$, 那么 $\mathrm{d}U \cdot U^{-1} \in \mathfrak{su}(3)$.[1] 第二个公式仅仅是记号上的简写而已, 它的具体含义下面会进一步阐述.

    下面阐释一下哈密顿方程的第二个公式中的微商的含义. 当任何一个 $U_\mu(x)$ 发生一个无穷小的变动 $\delta U_\mu(x)$ 时, 体系的纯规范作用量 $S_{\mathrm{g}}[U_\mu]$ 的变化可以表达为

$$
\delta S_{\mathrm{g}}[U_\mu] = \frac{1}{2}\sum_{x,\mu} \mathrm{Tr}\left[S_\mu(x)\delta U_\mu(x) + S_\mu^\dagger(x)\delta U_\mu^\dagger(x)\right],
\tag{4.53}
$$

其中的 $S_\mu(x)$ 就是我们在第 14.3 小节所引入的与 $U_\mu(x)$ 相对应的订书钉变量, 或者简称为订书钉. 它的具体表达式依赖于 $S_{\mathrm{g}}[U_\mu]$ 的具体形式. 类似地, 由赝费米子贡献的变化也可以写成

$$
\delta S_{\mathrm{F}}[\phi,\phi^*,U_\mu] = \frac{1}{2}\sum_{x,\mu} \mathrm{Tr}\left[F_\mu(x)\delta U_\mu(x) + F_\mu^\dagger(x)\delta U_\mu^\dagger(x)\right],
\tag{4.54}
$$

其中的 $F_\mu(x)$ 称为相应的费米力, 因此总体上来说, 体系的有效作用量的改变为

$$
\delta S_{\mathrm{eff}}[U_\mu] = \frac{1}{2}\sum_{x,\mu} \mathrm{Tr}\left[T_\mu(x)\delta U_\mu(x) + h.c.\right],
\tag{4.55}
$$

其中 $T_\mu(x) = S_\mu(x) + F_\mu(x)$. 我们的目的是对应于一个无穷小的 $\delta U_\mu(x)$, 寻找符合哈密顿方程的相应的 $\delta\Pi_\mu(x)$ 形式, 使得体系的总的哈密顿量 $\mathcal{H}$ 不变.

    将哈密顿量取无穷小的改变后可以得到,

$$
\delta\mathcal{H} = \sum_{x,\mu} \mathrm{Tr}\left[2\Pi_\mu\delta\Pi_\mu(x)\right] + \frac{1}{2}\sum_{x,\mu}\mathrm{Tr}\left[T_\mu(x)\delta U_\mu(x) + h.c.\right].
\tag{4.56}
$$

由于 $\delta U_\mu(x) = \mathrm{i}\Pi_\mu(x)U_\mu(x)\delta\tau$, 有

$$
\delta\mathcal{H} = \sum_{x,\mu} \mathrm{Tr}\left[2\Pi_\mu\delta\Pi_\mu(x)\right] + \frac{1}{2}\sum_{x,\mu}\mathrm{Tr}\left[\mathrm{i}\Pi_\mu(x)U_\mu(x)\delta\tau T_\mu(x) + h.c.\right].
$$

因此, 如果令

$$
2\delta\Pi_\mu(x) = -\frac{1}{2}[\mathrm{i}U_\mu(x)T_\mu(x) + h.c.]\delta\tau + CI,
$$

---

[1]由于动力学自由度 $U_\mu(x)$ 所生活的位形空间 (准确地说应当称为位形流形) 不是一个平直的空间, 因此它的共轭动量也并不在原先的空间中. 广义速度 $\dot{U}_\mu(x)$ 应当生活在 $\mathrm{SU}(3)$ 的切空间中而正则动量 $\Pi_\mu(x)$ 则在所谓的余切空间中.

其中 I 表示色空间的单位矩阵, 那么由于 $\Pi_\mu(x)$ 是无迹的, 因此一定有 $\delta\mathcal{H}=0$. 这给出

$$\delta\Pi_\mu(x) = -\frac{\mathrm{i}}{4}[U_\mu(x)T_\mu(x) - T_\mu^\dagger(x)U_\mu^\dagger(x)] + C'I, \tag{4.57}$$

C' 的数值可以要求 $\Pi_\mu(x)$ 必须始终保持无迹特性来确定. 由此可以得到

$$\mathrm{i}\dot{\Pi}_\mu(x) = \frac{1}{4}\left[U_\mu(x)T_\mu(x)\right]_{\text{TA}}, \tag{4.58}$$

其中 $[\cdot]_{\text{TA}}$ 表示对括号中色空间的 3×3 复矩阵取其无迹反厄米 (traceless anti-hermitian) 部分, 即

$$[O]_{\text{TA}} \equiv (O - O^\dagger) - \frac{1}{3}\operatorname{Tr}(O - O^\dagger)\cdot I. \tag{4.59}$$

于是可以更为明确地写出哈密顿运动方程如下:

$$\begin{cases} \dot{U}_\mu(x) = \mathrm{i}\Pi_\mu(x)U_\mu(x), \\ \mathrm{i}\dot{\Pi}_\mu(x) = \frac{1}{4}\left[U_\mu(x)(S_\mu(x) + F_\mu(x))\right]_{\text{TA}}, \end{cases} \tag{4.60}$$

其中纯规范订书钉 $S_\mu(x)$ 和费米力 $F_\mu(x)$ 就是前面形式地给出的:

$$S_\mu(x) = -\frac{\delta S_{\mathrm{g}}[U_\mu]}{\delta U_\mu(x)}, \tag{4.61}$$

$$F_\mu(x) = -\phi^\dagger \cdot \left[\frac{\delta(\mathcal{M}\mathcal{M}^\dagger)^{-1}[U_\mu]}{\delta U_\mu(x)}\right] \cdot \phi. \tag{4.62}$$

¶ 在实际的数值计算中, 真正有用的实际上是对于一个指定的链变量 $U_\mu(x)$ 的订书钉 $S_\mu(x)$ 以及相应的费米力变量 $F_\mu(x)$. 它们的定义式由公式 (4.53) 和公式 (4.54) 给出. 只要计算出 $S_\mu(x)$ 和 $F_\mu(x)$, 就可以利用运动方程 (4.60) 进行更新了.

15.2 Wilson 格点 QCD 中的费米力

¶ 上一小节给出了杂化 Monte Carlo 算法中更新链变量的法则 (4.60), 因此对于 Wilson 格点 QCD 来说, 要对它进行数值模拟, 关键就是求出指定链变量 $U_\mu(x)$ 所对应的纯规范订书钉 $S_\mu(x)$ 和费米力 $F_\mu(x)$. 纯规范的订书钉比较简单, 它就是连接在链变量 $U_\mu(x)$ 两端的所有作用量中出现的其他链变量顺序乘积的线性组合. 比较复杂的是费米力, 它依赖于费米矩阵的逆矩阵. 本小节将以简并两味 Wilson 格点 QCD 为例, 说明如何计算 $F_\mu(x)$.

当每个链变量发生无穷小的改变 $\delta U_\mu(x)$ 时, 由费米子行列式产生的额外的作用量 $S_{\mathrm{F}}[\phi, \phi^\dagger, U_\mu] = \phi^\dagger(\mathcal{M}\mathcal{M}^\dagger)^{-1}[U_\mu]\phi$ 的改变为

$$\delta S_{\mathrm{F}}[\phi, \phi^*, U_\mu] = \frac{1}{2}\sum_{x,\mu}\operatorname{Tr}\left[F_\mu(x)\delta U_\mu(x) + F_\mu^\dagger(x)\delta U_\mu^\dagger(x)\right].$$

这可以视为费米力 $F_\mu(x)$ 的定义. 需要注意的是, 当在一个 HMC 径迹中更新规范场时, 赝费米子场 ϕ 和 ϕ^* 是保持不变的, 它们只在每个 HMC 径迹的一开始被更新, 在一条径迹之中保持常数. 因此对 δS_F 的贡献仅仅来源于规范场的改变, 即由费米子矩阵 $\mathcal{M}[U_\mu]$ 对于规范场的依赖 (从而矩阵 $(\mathcal{M}\mathcal{M}^\dagger)^{-1}[U_\mu]$ 也相应带有这种依赖) 而带来的改变. 为了后面讨论的方便, 我们定义

$$\begin{cases} X = (\mathcal{M}\mathcal{M}^\dagger)^{-1} \cdot \phi = (\mathcal{M}^\dagger)^{-1}\mathcal{M}^{-1} \cdot \phi, \\ Y = (\mathcal{M}^\dagger) \cdot X = \mathcal{M}^{-1} \cdot \phi. \end{cases} \tag{4.63}$$

对应一组给定的规范场和给定的赝费米子场, X 和 Y 可以通过数值地求解适当的线性方程组获得. 利用它们可以将费米子行列式所对应的作用量贡献表达为

$$S_F[\phi, \phi^*, U_\mu] = \phi^\dagger \cdot (\mathcal{M}\mathcal{M}^\dagger)^{-1} \cdot \phi = Y^\dagger \cdot Y. \tag{4.64}$$

将上式取变分, 得到

$$\delta S_F = (\delta Y)^\dagger \cdot Y + h.c.,$$

利用前面引入的场 X 和 Y, 可以得到

$$\delta S_F = -(X^\dagger \cdot \delta\mathcal{M} \cdot Y + h.c.). \tag{4.65}$$

现在可以利用第 11 节中给出的 Wilson 格点 QCD 用跳跃参数表达的费米子矩阵的明确表达式 (3.62) 得到

$$\delta S_F = \kappa \sum_{x,\mu} \left[X_x^\dagger (1-\gamma_\mu)\delta U_\mu(x) Y_{x+\mu} + X_x^\dagger (1+\gamma_\mu)\delta U_\mu^\dagger(x-\mu) Y_{x-\mu} + h.c. \right]. \tag{4.66}$$

我们现在要做的是将上式与费米力的定义式 (4.54) 比较, 最终就得到如下的费米力表达式:

$$F_\mu(x) = (2\kappa)\mathrm{Tr}_D \left[Y_{x+\mu} \otimes X_x^\dagger (1-\gamma_\mu) + X_{x+\mu} \otimes Y_x^\dagger (1+\gamma_\mu) \right], \tag{4.67}$$

其中的 $\otimes$ 表示 Dirac、颜色矢量的直积 (其结果是 Dirac 空间和色空间的矩阵), 而 Tr_D 表示对 Dirac 空间的指标求迹. 在完成对 Dirac 指标的求迹之后, $F_\mu(x)$ 仍然是色空间中的 3×3 的复矩阵. 由此我们看到, 求出费米力 $F_\mu(x)$ 的方式需要计算辅助场 X 和 Y, 按照定义它们满足 (4.63). 对于一个给定的赝费米子场 ϕ 而言, 这等价于数值上求解线性方程

$$(\mathcal{M}\mathcal{M}^\dagger)[U_\mu] \cdot X = \phi. \tag{4.68}$$

一旦获得了解矢量 X, 另一个矢量 Y 也可以轻易获得: $Y = \mathcal{M}^\dagger \cdot X$. 由于矩阵 $(\mathcal{M}\mathcal{M}^\dagger)[U_\mu]$ 是一个正定稀疏厄米矩阵, 我们可以利用标准的迭代解法 (例如共轭

梯度法等) 来处理这个数值问题. 当然, 由于在 HMC 的每个径迹之中规范场是不断变化的, 因此在 HMC 径迹的每一步中都需要数值求解线性方程 (4.68). 这就是为什么对于包含费米子的场论系统的模拟比较困难而费时.

这里给出的是标准的 Wilson 格点 QCD 的费米力的表达式. 其他格点 QCD 模型中的费米子矩阵可能具有更为复杂的形式, 它的费米力也需要重新进行推导. 例如对于一种常用的改进 Wilson 费米子作用量 (所谓的 Clover 改进的 Wilson 格点 QCD) 的费米力, 其形式就比上面的公式 (4.67) 要复杂, 有兴趣的读者可以参考相关的文献.[1]

15.3 Wilson 格点 QCD 的 HMC 算法的具体实现

¶ 前面讨论了 Wilson 格点 QCD 算法的一些理论上的问题, 本小节将具体地列出标准 Wilson 格点 QCD 的杂化 Monte Carlo(HMC) 算法的步骤. 这些步骤与第 14.5 小节中讨论的一般 HMC 算法 4 的步骤十分接近, 所不同的是由于我们需要更新的规范场生活在一个群流形上, 因此需要额外做出相应的调整.

Algorithm 5 Wilson 格点 QCD 的 HMC 算法 (简并两味情形)

Require: 初始的组态记为 $\{U_\mu^{(0)}(x)\}$, 理论的费米子矩阵为 $\mathcal{M}[U_\mu]$. 每个径迹长度为 $\tau_0 = N_{\text{step}}\delta\tau$, 其中 $\delta\tau$ 为步长.

1: **for** $k = 1, 2, \cdots$ **do**

2:     按照分布 $\exp(-\xi^\dagger \cdot \xi)$ 产生场 ξ 并且令赝费米子场为

$$\phi = \mathcal{M}[U_\mu] \cdot \xi. \tag{4.69}$$

3:     对于每个链变量 $U_\mu(x)$, 按下述 Gauss 分布产生与它共轭的动量 $\Pi_\mu(x) \in \mathrm{su}(3)$:

$$\Pi_\mu(x) \sim \exp\left[-\mathrm{Tr}\left(\Pi_\mu(x)\Pi_\mu(x)\right)\right]. \tag{4.70}$$

4:     体系的哈密顿量由 (4.51) 给出. 计算这时的哈密顿量并记为 $\mathcal{H}(0)$.

5:     **最初的半步:** 对于每个链变量 $U_\mu(x)$, 计算相应的订书钉变量 $S_\mu(x)$ 和公式 (4.67) 给出的费米力 $F_\mu(x)$ (这里需要求解线性方程 (4.68) 以获得 X 和 Y), 记 $T_\mu(x) = S_\mu(x)+$. $F_\mu(x)$ 利用公式 (4.60) 中的第二个式将共轭动量 Π_μ 更新半步 (即步长取为 $\delta\tau/2$).

6:     **蛙跳积分法的** $(N_{\text{step}} - 1)$ **步:**

$$\begin{cases} U'_\mu(x) = \exp\left[\mathrm{i}\delta\tau\Pi_\mu(x)\right] \cdot U_\mu(x), \\ \mathrm{i}\Pi'_\mu(x) = \mathrm{i}\Pi_\mu(x) + \dfrac{\delta\tau}{4}[U_\mu(x) \cdot T_\mu(x)], \end{cases} \tag{4.71}$$

---

[1]参见 Jansen K and Liu C. Implementation of Symanzik's improvement program for simulations of dynamical Wilson fermions in lattice QCD. Comput. Phys. Commun., 1997, 99: 221.

其中每次的更新都利用已有的最新信息. 注意, 每次更新 $\Pi_\mu(x)$ 的时候, 都需要费米力 $F_\mu(x)$ 的信息, 而这来自于求解线性方程 (4.68) 以获得 X, Y.

7: **最后的半步:** $U_\mu(x)$ 更新同上 (即步长仍为 $\delta\tau$) 但 $\Pi_\mu(x)$ 的更新使用减半的步长. 至此就完成了一条 HMC 径迹. 计算这时的哈密顿量并记为 $\mathcal{H}(\tau_0)$, 同时计算它的改变
$$\Delta\mathcal{H} = \mathcal{H}(\tau_0) - \mathcal{H}(0).$$

8: **if** $\Delta\mathcal{H} < 0$, **then**

9:　　接受新的组态.

10:　**else**

11:　　产生一个在 $(0, 1)$ 区间均匀分布的随机数 r.

12:　　**if** $r < \mathrm{e}^{-\Delta\mathcal{H}}$, **then**

13:　　　接受新的组态.

14:　　**else**

15:　　　恢复本径迹初的组态.

16:　　**end if**

17:　**end if**

18:　回到第 1 步重新产生 ϕ, Π_μ 等并开始新的一条径迹.

19: **end for**

这个算法就是在 Wilson 格点 QCD 中广泛使用的 HMC 算法. 它的最主要的计算量集中在每条 HMC 径迹中对线性方程 (4.68) 的求解. 这个过程基本上占据了计算时间的 80% 左右.

16　Monte Carlo 数据的分析与处理

¶ 本节讨论如何科学地处理 Monte Carlo 数值模拟产生的数据. 下面的内容主要取材于本人关于计算物理的讲义. 读者也可以参考其他相关的参考书.

16.1　随机变量的基本知识

¶ 从数学上讲, 我们物理上所称的数据可以看成是某个随机变量 (random variable, 或 stochastic variable) 所取的值. 一个随机变量 X 可以看成是从某个概率空间 $(\Omega, \mathcal{F}, P)$ 到某个值域 (一般是实数域 $\mathbb{R}$, 但也可以更为复杂) 的一个可测函数.[1]

---

[1]可测函数的数学定义如下: 它是两个可测空间之间的一个映射, $f : (\Omega_1, \Sigma_1) \to (\Omega_2, \Sigma_2)$, 使得对每个 $E \in \Sigma_2$, 它的原像一定也属于 Σ_1. 即 $f^{-1}(E) := \{x \in \Omega_1 | f(x) \in E\} \in \Sigma_1, \forall E \in \Sigma_2$. 注意, 函数的可测性不仅仅依赖于其定义域和值域, 还依赖于其上定义的 σ 代数. 如果我们不强调这点的时候, 也可以直接写为 $f : \Omega_1 \to \Omega_2$. 特别是当值域是实数域的时候, 我们默认 $(\Omega_2, \Sigma_2) = (\mathbb{R}, \mathcal{B}) := \mathbb{R}$, 其中 $\mathcal{B}$ 是实数域上的 Borel 代数.

说得通俗一点, 就是一个以一定的概率取各个可能值的函数.

之所以这样来描写获得的实验数据是因为实验数据并不总是一样的, 即使是测量同一个经典的物理量, 一般都会得到不太一样的结果. 这时我们大致可以区分两类物理量, 一类称为经典的物理量, 另一类就是量子的物理量. 对经典的物理量, 我们相信它具有完全确定的数值, 至少在测量它的那个时间附近, 它的 "固有值" 是完全确定的. 但是由于测量总是具有各种不可控的因素, 这就造成了每次测量出来的结果稍有不同. 但是, 经验告诉我们, 所有的这些结果都会集中分布在其固有值附近. 换句话说, 这时的随机性并不是待测客体所天生具有的, 而是由于我们主观的测量所引入的. 但是如果我们测量的是一个量子的客体, 那么它本质上就是随机的, 测量只是按照其量子的概率分布, 使得待测的客体按照量子力学所预言的概率塌缩到一系列固定的本征态而已.

一个取值在实数域的随机变量 X 可以由其 (非负的) 概率分布函数 (probability distribution function, PDF) $f(x)$ 来描写. 该随机变量处于区间 $[a, b]$ 的概率由

$$\text{Prob}[a \leqslant X \leqslant b] = \int_a^b f(x)\mathrm{d}x \tag{4.72}$$

给出, 其中的积分应当在 Lebesgue 意义下理解. 分立的情形也可以用这种语言来描写, 只要允许其中的概率分布函数可以取像 δ 函数这样的广义函数即可. 累计概率分布函数 (cumulative distribution function) 实际上是 PDF 的积分:

$$F(x) = \text{Prob}[-\infty < X \leqslant x] = \int_{-\infty}^x f(t)\mathrm{d}t. \tag{4.73}$$

由于 PDF 是非负的, 因此 $F(x)$ 必定是单调不减的, 并且它自然地满足归一化条件: $F(+\infty) = 1$.

一个随机变量 X 的期望值 (expectation value) 的定义是

$$\langle X \rangle := E[X] = \int_{-\infty}^\infty x f(x)\mathrm{d}x, \tag{4.74}$$

其中 $E[\cdot]$ 表示取期望值的运算. 期望值的另一个名称是平均值 (mean), 它实际上是 X 的一阶矩. 与期望值相对应的还有一个称为随机变量的中位数 (median) 的概念. 中位数 m 的定义是

$$F(m) = 1/2, \tag{4.75}$$

其中 $F(x)$ 是随机变量 X 的累计概率分布函数. 也就是说, 小于 m 和大于 m 的概率各占 $1/2$. 一个随机变量的标准偏差 (standard deviation) 的平方被称为方差 (variance), 记为 σ^2, 它被定义为

$$\sigma^2[X] = Var(X) = E\left[(X - \langle X \rangle)^2\right] = E[X^2] - (E[X])^2. \tag{4.76}$$

也就是说, 方差是该随机变量的二阶矩再减去其一阶矩的平方. 类似地, 我们还可以定义更高阶矩. 例如, 对于三阶矩, 我们一般称之为偏斜度 (skewness), 其定义为

$$\gamma_1 = E\left[\left(\frac{X - \langle X \rangle}{\sigma}\right)^3\right], \tag{4.77}$$

其中 σ 是 X 的标准偏差. 四阶矩被称为峰起度 (kurtosis):

$$\gamma_2 = \frac{1}{\sigma^4}E[(X - \langle X \rangle)^4] - 3. \tag{4.78}$$

显然, 当一个分布函数给定后, 它的任意阶矩也就给定了, 但是反过来不一定. 要确定一个分布函数原则上需要所有阶矩的数值, 然后可以利用所谓的 Mellin 变换获得分布函数.

　　前面的讨论仅仅涉及一个随机变量. 事实上很多物理问题会涉及多个随机变量, 而不同的随机变量之间有可能并不是完全不相关的. 描写两个随机变量 X, Y 之间统计相关性的特征函数是两者的协方差 (covariance):

$$Cov(X, Y) := E\left[(X - \langle X \rangle)(Y - \langle Y \rangle)\right]. \tag{4.79}$$

如果 $Cov(X, Y) = 0$, 我们就称随机变量 X, Y 统计非相关 (uncorrelated), 反之则称两者统计相关. 这里需要澄清的是, 统计独立性与统计相关性是两个不完全相同的概念. 两个随机变量的相关性依赖于它们的协方差, 而统计独立性, 如果用分布函数来描写, 意味着总的分布函数是两个随机变量各自分布函数的乘积. 事实上, 统计独立性一定导致统计非相关性,[1] 但反之未必成立.

16.2　样本性质的描述

　　¶ 物理学中测量的那些数据并不是随机变量本身, 而是随机变量的一个 "实现". 测量出来的这些数据一般被称为一个样本 (sample), 而测量可以看成是从随机变量所对应的概率分布中取样 (sample) 的过程. 我们的目的就是希望通过这些测量 (或者等价地说, 取样) 来了解我们希望了解的随机变量 X 的概率分布.

　　物理测量的结果其实在多数情况下并不是那么 "随机" 的, 至少对经典物理量的测量是如此. 例如, 用经典的天平来测量某个经典的宏观物体 (比如一个苹果) 的质量, 尽管测量的数据有可能有些变化, 但大体上总是在某个数值附近, 例如 0.288kg. 如果我们立刻再测一次, 它可能会变为 0.282kg, 但是不太会变成 0.145kg, 除非某人在测量之前咬了一口. 因此, 如果我们将苹果的质量 X 考虑为一个随机变量的话, 它的概率分布函数一定是在 0.288kg 附近的概率比较大. 离开这个数值

---

[1]因为若 X, Y 统计独立, 则 $Cov(X, Y) = E\left[(X - \langle X \rangle)\right]E[(Y - \langle Y \rangle)] = 0$, 因此一定非相关.

越远, 其概率分布函数就越小 (尽管可能并不严格为零). 对于这种情形, 经验告诉我们, 要获得关于这个苹果的质量更加准确的信息, 需要的是多次进行测量并平均.

假定我们进行了 n 次独立的测量, 分别获得了数据 $\{x_1, x_2, \cdots, x_N\}$, 这就是一组样本 (sample), 它可以看成是每次测量的随机变量 X_i 的结果.

$$\bar{x} = \frac{1}{N} \sum_{i=1}^{n} x_i \tag{4.80}$$

被称为这一组数据的样本平均值. 类似地, 样本方差 (sample variance) 的定义为

$$s^2 := \frac{1}{N-1} \sum_{i}^{N} (x_i - \bar{x})^2. \tag{4.81}$$

请特别注意其中的 $1/(N-1)$ 因子, 我们下面会解释这是为什么.

样本平均有什么用? 答案是, 它提供了原先随机变量期望值的一个无偏的估计. 要看清这点并不复杂. 我们定义如下的随机变量:

$$\bar{X} := \frac{1}{N} \sum_{i=1}^{N} X_i. \tag{4.82}$$

于是, 样本平均值 $\bar{x}$ 可以看成是随机变量 $\bar{X}$ 的一个 "实现". 假定我们每次测量时的随机变量 X_i 的期望值是相同的, 即 $E[X_i] = \mu, \forall i$, 那么我们立刻得知 $E[\bar{X}] = \mu$. 读者也许要问, 既然对每个 i 都有 $E[X_i] = \mu$, 那么测量一次不就行了吗? 经验告诉你, 多测量可以减小你的测量误差. 我们来看看是否如此. 为此我们假定在测量的过程中每个随机变量 X_i 的期望值和方差都是不变的:

$$E[X_i] = \mu, \quad E[(X_i - \mu)^2] = \sigma^2, \quad \forall i. \tag{4.83}$$

那么对于公式 (4.82) 中定义的随机变量 $\bar{X}$ 来说, 可以计算它的方差

$$Var(\bar{X}) = \frac{1}{N^2} \left(\sum_{i=1}^{N} Var(X_i) + \sum_{i \neq j} Cov(X_i, X_j) \right) = \frac{\sigma^2}{N}, \tag{4.84}$$

其中利用了各个 X_i 不相关的事实. 我们看到, 虽然 $\bar{X}$ 的实现, 也就是 $\bar{x}$, 与任何一次测量的结果给出同样的期望值, 但是它对应的方差却比原先一次测量的小了 N 倍. 所以, 经过多次测量我们就可以获得待测物理量更加精确的信息.

那么我们可以构建如下的随机变量

$$S^2 = \frac{1}{N-1} \sum_{i=1}^{N} (X_i - \bar{X})^2, \tag{4.85}$$

其中 $\bar{X} = (1/N)\sum_{i=1}^{N} X_i$ 是公式 (4.82) 中定义的随机变量. 那么前面定义的样本方差 (4.81) 可以看成是这个随机变量 S^2 的一个实现. 现在来计算 $E[S^2]$.

$$
\begin{aligned}
E[S^2] &= E\left[\frac{1}{N-1}\sum_{i=1}^{N} X_i^2 - \frac{N}{N-1}\bar{X}^2\right], \\
&= \frac{1}{N-1}\left(NE[X_i^2] - NE[\bar{X}^2]\right), \\
&= \frac{N}{N-1}\left(Var(X_i) + E[X_i]^2 - Var(\bar{X}) - E[\bar{X}]^2\right) \\
&= \frac{N}{N-1}\left(\frac{N-1}{N}Var(X_i)\right) = Var(X_i).
\end{aligned} \tag{4.86}
$$

因此 S^2 的方差与原先待测物理量的方差相同, 从而 s^2 给出了待测物理量方差的一个无偏估计. 如果我们的定义中不是用 $1/(N-1)$ 而是简单地用 $1/N$, 那么相应的估计是有偏的. 这一点在历史上是 Bessel 首先意识到的.[1] 这就揭示了为什么我们总是在实验中利用

$$
\Delta x = \sqrt{\frac{1}{N(N-1)}\sum_{i=1}^{N}(x_i - \bar{x})^2} \tag{4.87}
$$

来标记待测物理量的误差.

16.3　样本统计参数的数值计算问题

¶ 一般来说样本平均值的计算没有什么特别需要注意的. 对于样本方差的计算, 则可能需要注意舍入误差带来的影响. 按照样本方差的表达式, 有

$$
\begin{aligned}
s^2 &= \frac{1}{N-1}\sum_{i=1}^{N}(x_i - \bar{x})^2 \\
&= \frac{1}{N-1}\sum_{i=1}^{N} x_i^2 - \frac{N}{N-1}\bar{x}^2.
\end{aligned} \tag{4.88}
$$

虽然上式中的两行在代数上是完全相同的, 但是一般来说第二行更容易受到舍入误差的影响. 因此更加安全的计算方法是按照第一行来进行数值计算. 当然, 所有这些一般都仅仅会在样本数目很大的情况下出现. 如果样本的数目 N 仅仅是几十或者几百, 怎么做都不会有太大影响. 但是如果 $N = O(10^7)$ 或更多, 那么求和就需要有些额外的考虑了.

---

[1]这里假定随机变量 X 的严格的期望值 $\mu = \langle X \rangle$ 并不已知. 在现实应用中一般总是如此.

在一个求和中如何控制舍入误差的影响? 一般来说有以下几种方法: 最直接的方法就是提高浮点数的精度. 一般的求和是利用单精度进行的, 如果觉得可能有问题, 可以将其换成双精度进行. 第二种方法是利用所谓的补偿求和的方法.

例如我们需要计算和式

$$S_n = \sum_{i=1}^{n} x_i, \tag{4.89}$$

其中 $n \gg 1$, 如 $n = O(10^7)$ 或更大, 一般来说, 每一次加法计算机都会进行舍入. 舍入过程一定造成误差 ε. 舍入误差对于单精度来说大概是 10^{-7}, 而对双精度来说则大约为 10^{-16}. 对于一个一般的 n 项求和, 如果每次加法造成的舍入误差为 ε, 那么通常 S_n 的舍入误差最大可能大约是 $O(n\varepsilon)$. 也就是说, 对于单精度数的求和, 当 n 约 $10^6 \sim 10^7$ 时, 通常的求和造成的舍入误差已经相当可观. 当然, 如果我们运用双精度求和, 那么可以允许的项数 $n \sim 10^{16}$.[1] 一个通常的加法的累加程序大体上如下:

1. 初始设置, $s = 0$;

2. 从 $i = 1$ 开始累加: $s = s + x_i$;

3. 回到上一步, 直到所有数据累加完毕, 输出 s.

当 n 很大时, 这种通常的加法往往会造成明显的误差. 其主要原因是, 通常求和的中间项 s 会随着求和项数的增加而慢慢变大, 而需要加上的 x_i 的低位信息很有可能会被舍入 (roundoff). 这就是典型的一个大数加一个小数时造成的对小数的误差. 也就是说, 如果在求和的中间过程中承载数据的变量 s 没有足够多的位数, 那么机器自然就会舍弃那些它认为 "不重要" 的位数. 因此, 一个最为直接的解决方法就是让变量 s 的位数足够多. 比如原先是单精度的, 现在用双精度, 如果原先已经是双精度, 现在可以改用四精度 (当然这时可能需要重新定义加法), 等等. 当然, 有的时候我们必须采用某种固定的位数. 例如, 如果由于某种原因必须使得 s 是单精度的, 可是又需要进行大量的数的求和, 怎么办呢? 这时可以利用所谓补偿求和 (又称为 Kahan 求和) 的方法, 仅仅稍微修改了一下上述程序, 试图在求和中间的每一步都保留待加入的数 x_i 的低位信息. 因此, 一个版本的算法如下:

1. 初始设置, $s = 0$, $c = 0$.

2. 从 $i = 1$ 开始累加:

(a) $ss = x_i - c$; 初始时 $c = 0$, 因此最初 $ss = x_1$. 在下一轮求和中, $(-c)$ 实际上包含了前一轮待求和的数据的低位信息.

---

[1]需要注意的是, 由于通常的计算机都会采用类型的递归, 实际上仅需要被累加的数采用双精度即可. 也就是说, 下面通常的求和程序中, 仅需要让 s 取为双精度即可, x_i 可以仍然是单精度. 当机器执行 $s = s + x_i$ 的语句时, x_i 的低位信息自动会按照双精度的标准, 而不是单精度的标准加到 s 中去.

(b) $t = s + ss$; 在一个漫长的求和过程中, s 会较大而 ss 较小. 因此, 直接的相加会造成 ss 的低位信息被 roundoff 而丢失.

(c) $c = (t - s) - ss$; 在求和过程中, $(t - s)$ 包含了 s 的高位; $(-c)$ 则保留了 ss 的低位信息.

(d) $s = t$; 回到步骤 (a). 这时补偿 $(-c)$ 会被加入到求和之中. 直到所有数据累加完毕, 输出 s.

可以证明的是, 这种补偿求和方法基本上可以使得 S_n 的误差达到 ε 的量级, 也就是说, 它完全不依赖于求和的项数, 舍入误差基本上就是每个待加数的原始精度. 这当然是非常理想的. 如果还希望进一步提高精度, 则只能够通过提高每个数据 x_i 的精度来实现了.

16.4 统计相关数据的误差分析

¶ 前面的讨论中各个测量都被假定是互不相关的. 事实上, 不同的测量之间往往有一些相关性. 这时就需要考虑统计相关数据的分析问题了. 样本中不同次的测量可以用不同的 "时间" t 来标记, 也就是说, 前一节中的随机变量现在将它记为 X_t, 其中 t 可以取一系列等间隔的分立值. 为了简单起见, 我们取 $t = 0, 1, 2, \cdots$. 当然, t 也可以取连续的实数值, 这时它真的可以代表时间. 一个依赖于时间 t 的随机变量称为一个随机过程 X_t. 我们将假定随机过程是所谓二阶平稳的, 即 $\mu = E[X_t]$ 和 $\sigma^2 = Var(X_t)$ 都不依赖于时间. 对二阶平稳的过程, 我们定义它的自关联函数 (autocorrelation function)

$$A(\tau) = \frac{1}{\sigma^2} E[(X_t - \mu)(X_{t+\tau} - \mu)]. \tag{4.90}$$

如果 $A(\tau) = \delta_{\tau, 0}$, 我们就说 X_t 不存在自相关, 否则就称其存在自相关. 自相关又称为序列相关 (serial correlation). 按照定义, 自关联函数满足 $A(0) = 1$, $A(\tau) = A(-\tau)$.

自相关实际上反映了不同时间的测量之间的某种 "记忆". 一般来说, 自关联函数是随着时间间隔指数衰减的:

$$A(\tau) \sim e^{-|\tau|/\tau_a}, \tag{4.91}$$

其中参数 τ_a 称为该随机过程的自关联时间. 另外一种标度自相关的量是所谓的积分自关联时间, 它的定义是

$$\tau_{\text{int}} = 1 + 2 \sum_{t=1}^{\infty} A(\tau). \tag{4.92}$$

下面会看到, 这个数会影响误差分析.

　　自关联在实验中实际上是普遍存在的. 尽管我们认为已经尽可能地做到了每次测量都是 "独立的", 没有受到前面测量的影响, 但那只是理想的情况. 在另一种情形下这种自关联变得更为普遍, 那就是利用 Markov 过程产生的数据, 这广泛地出现在格点场论以及统计物理的 Monte Carlo 计算中.

　　¶ 如果我们的测量具有统计相关性, 那么样本的平均值仍然是该物理量期望值的一个无偏估计:

$$E[\bar{X}] := E\left[\frac{1}{N}\sum_{t=0}^{N-1} X_t\right] = \mu, \tag{4.93}$$

但是 $\bar{X}$ 的方差的计算则因为关联而有所不同. 按照公式 (4.84), 有

$$Var(\bar{X}) = \frac{1}{N^2}\left(\sum_{t=0}^{N-1} Var(X_i) + \sum_{t\neq t'} Cov(X_t, X_{t'})\right).$$

但是 $Cov(X_t, X_{t'}) = \sigma^2 A(|t - t'|) \neq 0$, 因此可以得到

$$Var(\bar{X}) = \frac{\sigma^2}{N}\left[1 + 2\sum_{t=1}^{N-1}\left(1 - \frac{t}{N}\right) A(t)\right]. \tag{4.94}$$

注意到在 $N \to \infty$ 的情形下, 上式中方括号内的量正是前面定义的积分自关联时间 τ_{int}, 因此有

$$Var(\bar{X}) = \frac{\sigma^2}{N} \cdot \tau_{\text{int}}. \tag{4.95}$$

也就是说, 实际的等效的独立测量数目并不是 N, 而是 N/τ_{int}. 粗略地说, 在有相关的测量过程中, 大约每 τ_{int} 次测量才是一次统计独立的测量.

　　注意, 一般来说积分自关联函数的计算依赖于所有的测量结果, 因此要估计出它的方差是相当困难的. 事实上按照定义 (4.92), 如果将它作为 τ_{int} 的一个估计, 可以证明它的方差趋于无穷大: $Var(\tau_{\text{int}}) \to \infty$. 因此, 真正计算 τ_{int} 一般采用

$$\bar{\tau}_{\text{int}}(t) = 1 + 2\sum_{t'=1}^{t} A(t'), \tag{4.96}$$

然后在 $\bar{\tau}_{\text{int}}(t)$-$t$ 图中寻找一个平台区间.

　　¶ 对于已经确定具有自相关的测量结果, 一般需要进行 blocking 的处理, 这样才能够更加准确地估计其误差. 为此, 我们将原先的随机变量 X_t 记为 $X_t^{(0)}$, 随后构建如下的一系列随机变量:

$$X_t^{(n+1)} = \frac{1}{B}\sum_{j=1}^{B} X_{B(t-1)+j}^{n}. \tag{4.97}$$

说得通俗一点, 就是将原先的测量变量中相邻的 B 个进行一个代数平均, 称为第 $n+1$ 次 blocking 的变量. 对应于原先的 N 次测量有 N 个随机变量, 经过一次 blocking 之后, 就只有 N/B 个随机变量了. 如果再 block 一次, 就只有 N/B^2 个. 这个过程可以迭代地进行, 直到最后只有一个变量 (不失一般性, 我们假定 N 恰好 是 B 的幂次).

容易证明, 对一个二阶平稳的随机过程而言, blocking 过程并不改变期望值, 因 为总是有

$$\bar{X}^{(1)} \equiv \frac{1}{N/B} \sum_{t=1}^{N/B} X_t^{(1)} = \frac{1}{N} \sum_{t'=1}^{N} X_{t'}^{(0)}, \tag{4.98}$$

而每一个 $E[X_t^{(0)}] = \mu$, 因此必定有 $E[\bar{X}^{(0)}] = E[\bar{X}^{(0)}] = \mu$.

虽然任何的 blocking 的大小 B 都是可以接受的, 但是最为常用的是取 $B = 2$. 下面来考察对于一个有自关联的随机过程, 各次测量中的方差如何变化. 为此我们 必须对过程的自关联函数做一定的假设. 为了简单起见, 假定相邻的两次测量之间 的关联满足

$$Cov\left(X_t^{(0)}, X_{t+1}^{(0)}\right) = \sigma^2 e^{-1/\tau_a}, \tag{4.99}$$

也就是说, 由指数自关联时间 τ_a (一个常数) 控制. 于是, 在一次 blocking 之后, $X_t^{(1)}$ 的方差为

$$Var(X_1^{(1)}) = Var\left(\frac{1}{2}(X_1^{(0)} + X_2^{(0)})\right) = \sigma^2\left(\frac{1 + e^{-1/\tau_a}}{2}\right). \tag{4.100}$$

由于 $0 < e^{-1/\tau_a} < 1$, 因此 blocking 之后的变量的方差比原先没有 blocking 的要减 小了一个因子. 类似地, 可以考虑在一次 blocking 之后, 相邻的两次测量之间的协 方差:

$$Cov\left(X_1^{(1)}, X_2^{(1)}\right) = \sigma^2 e^{-1/\tau_a}\left(\frac{1 + e^{-1/\tau_a}}{2}\right)^2. \tag{4.101}$$

因此, 无论是协方差还是每一个变量的方差, 每次 blocking 之后都会下降一个因子. 但是这个因子并不显著, 特别是在 $\tau_a \gg 1$ 的极限下. 例如, 一次 blocking 仅仅使得 X_t 的方差稍微下降了一点点:

$$Var(X_1^{(1)}) \approx \sigma^2\left(1 - \frac{1}{2\tau_a}\right). \tag{4.102}$$

但要记住, 经过一次 blocking, 总的测量次数减少了一半: $N \Rightarrow N/2$. 因此, 在 $N \gg \tau_a \gg 1$ 的极限下, 每次 blocking 大致会使得误差上升一个 $\sqrt{2}$ 因子. 当然这 种上升不会永远持续下去. 一般来说, 经过 n 次 blocking 之后, 误差的上升会大致 饱和, 这个 n 满足 $2^n \approx \tau_a$. 这时再进一步的 blocking 不会对最终的误差产生任何

影响, 因为这个时候 (以该时刻的间隔而不是最初的间隔为单位) 有 $\tau_a \approx 0$, 因此每次 blocking 使得新的变量的方差正好下降一个因子 2, 与测量次数的减少的因子 2 相消. 这个时候给出的误差大约是 $\sqrt{2\tau_a\sigma^2/N}$, 比所谓的天真误差 $\sqrt{\sigma^2/N}$ 大一个 $\sqrt{2\tau_a}$ 的因子. 利用这个结果, 可以给出 τ_a 的一个近似的估计.

16.5 重抽样方法: Jackknife 与 Bootstrap

¶ 前面讨论了具体测量一个感兴趣的物理量时的一系列问题: 如何估计其平均值; 如果估计其误差, 包括在测量中没有自相关和有自相关时分别应当如何处理. 但是我们还没有考虑过同时测量两个 (或者多个) 物理量时的情形. 比如我们同时感兴趣 X 和 Y 这两个物理量, 情况又会如何呢? 这里面一个重要的关系是这两个随机变量是否统计相关, 也就是说两者的协方差

$$Cov(X,Y) = E[(X - \langle X \rangle)(Y - \langle Y \rangle)] \tag{4.103}$$

是否为零. 如何利用测量数据来估计两者之间的统计相关性呢? 这节就来探讨这个问题. 显然, 我们需要同时测量这两个物理量 X 和 Y. 若一共测量了 N 次, 分别得到数据 $(x_1, y_1), \cdots, (x_N, y_N)$, 那么前面的讨论告诉我们, 它们各自的样本平均值

$$\bar{x} = \frac{1}{N}\sum_{i=1}^{N} x_i, \quad \bar{y} = \frac{1}{N}\sum_{i=1}^{N} y_i, \tag{4.104}$$

分别构成了 X 和 Y 的期望值的无偏估计. 如何来估计两者之间的协方差呢? 我们尝试如下的定义:

$$\rho(X,Y) = corr(X,Y) = \frac{Cov(X,Y)}{\sigma_X \sigma_Y}, \tag{4.105}$$

它称为两个随机变量的关联系数 (correlation coefficient). 可以证明它的绝对值一定不大于 1. 对于多次的测量, 可以用

$$\rho(X,Y) = \frac{\sum_{i=1}^{N}(x_i - \bar{x})(y_i - \bar{y})}{\sqrt{\sum_{i=1}^{N}(x_i - \bar{x})^2 \sum_{j=1}^{N}(y_j - \bar{y})^2}} \tag{4.106}$$

来对 $\rho(X,Y)$ 进行估计, 这当然没有问题. 我们的问题是, $\rho(X,Y)$ 的误差又该如何估计呢? 显然这不是一个简单的问题, 因为 $\rho(X,Y)$ 的计算依赖于所有的测量. 虽然可以利用所有的测量值来给出它的估计值, 但是并不能直接给出这个估计值的误差. 这时我们就需要所谓的重抽样方法了 (resampling methods).

上面提到的仅仅是重抽样方法的一方面的应用. 另外一类常见的应用是针对虽然可以直接测量某个物理量 X, 但是我们真正感兴趣的是它的期望值 $\langle X \rangle$ 的 (一般是非线性的) 函数 $f(\langle X \rangle)$ 的情况. 当然, 对于 X 的每次测量的值 x_i, 总是可以计算 $f(x_i) \equiv f_i$, 但是我们知道

$$f(\langle X \rangle) \neq \langle f(X) \rangle \approx \frac{1}{N} \sum_{i=1}^{N} f_i. \tag{4.107}$$

最关键的是如果我们还希望估计 f 的误差, 那么问题就比较复杂了. 特别是如果函数 f 在所考虑的区间内正好剧烈变化的时候, 通常的误差传递公式 $\delta f \approx f'(\langle X \rangle)\delta X$ 是无法直接运用的. 事实上, 当你正确地估计了 X 的误差 δX 之后, 往往会发现 $f(\langle X \rangle \pm \delta X)$ 的数值关于其中心值 $f(\langle X \rangle)$ 并不对称.

下面要讨论的两种重抽样方法可以帮助我们处理上面提到的困难. 下面将假定所有的测量都是统计无关的. 这纯粹是为了讨论方便而已. 如果数据本身并非如此, 总可以在估计了其自关联时间之后, 对初级的数据进行适当的 blocking 操作, 使得新的一组数据等价于统计无关的测量.

¶ 所谓的 Jackknife 方法就是将 N 次测量的值中的某一部分, 例如相邻的 m 个剔除, 并将其余的 $(N - m)$ 个测量进行平均来获得 "新的测量". 剔除的测量的个数依赖于原先测量的统计相关度, 或者说它的自关联时间. 如果近似认为所有的测量是统计无关的, 那么原则上可以仅仅剔除一个, 即取 $m = 1$. 如果不是, 那么一般应当首先对所有的原始测量进行 blocking, 粗略来说可以取 $m \approx \tau_a$.

下面就是一般 Jackknife 方法的步骤:

1. 利用所有的 N 个数据计算感兴趣的物理量的平均值 $\bar{\rho}$.

2. 将所有数据 (x_i, y_i) 按照时间的顺序, 等分为大小为 m 的块 (blocks), 因此总的块数为 $M = N/m$. 我们必须使得 $m \gg \tau_a$, 其中 τ_a 是该测量序列的自相关时间. 如果确认数据几乎没有自关联, 可以取 $m = 1$.

3. 可以利用分别剔除第 i 块的剩余的 $M - 1$ 个块中的数据计算任何感兴趣的物理量. 这个结果记为 $\bar{\rho}_{(i)}$.

4. 物理量 ρ 的误差可以用下式来估计:

$$\delta\rho = \sqrt{\frac{M-1}{M} \sum_{i}^{M} (\bar{\rho}_{(i)} - \bar{\rho})^2}. \tag{4.108}$$

当然, 依赖于被剔除的数据的不同, $\rho_{(i)}$ 随着 i 会有所涨落, 但由于它几乎是利用所有的数据计算出来的结果, 经验告诉我们它的涨落一定比原始数据的涨落要小.

类似地, 如果我们需要计算某个变量 X 的期望值的函数 $f(\langle X \rangle)$ 以及它的误差, 可以利用下式:

$$\delta f = \sqrt{\frac{M-1}{M} \sum_{i=1}^{M} (f_{(i)} - \langle f \rangle)^2}, \tag{4.109}$$

其中 $f_{(i)} = f(x_{(i)})$ 而 $\langle f \rangle = \frac{1}{M} \sum_{i=1}^{M} f_{(i)}$.

¶ 另外一种重抽样方法称为 Bootstrap. 它的做法是这样的.

1. 将所有数据 (x_i, y_i) 按照时间的顺序, 等分为大小为 m 的块 (blocks), 因此总的块数为 $M = N/m$. 我们必须使得 $m \gg \tau_a$, 其中 τ_a 是该测量序列的自相关时间. 如果确认数据几乎没有自关联, 可以取 $m = 1$.

2. 从上述的 M 个块中随机地取出 M 块来, 不避讳重复. 将这 M 块的数据称为 Bootstrap 数据并储存之. 重复这个过程直到我们获得 $N_B \gg 1$ 套这样的数据.

3. 对上述获得的 N_B 套的数据 (每套数据包含 M 块) 中的每一套, 计算感兴趣的物理量, 比如说 ρ, 对第 i 套数据的计算结果记为 ρ_i^*, 其中 $i = 1, 2, \cdots, N_B$.

4. 根据所有 ρ_i^* 的分布情况 (例如可以画出其直方图) 来确定物理量 ρ 的期望值

$$\langle \rho \rangle \approx \rho_0 = \frac{1}{N_B} \sum_{i=1}^{N_B} \rho_i^*, \tag{4.110}$$

以及误差. 对误差来说, 可以利用

$$\frac{\rho_i^* < a \text{ 的数目}}{N_B} = 0.16, \quad \frac{\rho_i^* > b \text{ 的数目}}{N_B} = 0.16 \tag{4.111}$$

来确定两个实数 a 和 b. 这时 ρ 位于区间 (a, b) 内的概率为 68%, 即所谓的一个 σ 区间, 因此可以写为

$$\rho = \rho_0{}^{+(b-\rho_0)}_{-(\rho_0-a)}. \tag{4.112}$$

当误差的不对称性不明显时, 我们也可以用下式估计误差:

$$\delta\rho = \frac{b-a}{2}. \tag{4.113}$$

5. 另外一种常见的误差估计为

$$\delta\rho = \sqrt{\frac{1}{N_B - 1} \sum_{i=1}^{N_B} (\rho_i^* - \rho_0)^2}. \tag{4.114}$$

注意, Bootstrop 更加类似于重抽样. 我们可以从实际的 M 次独立测量中, 随机地、允许重复地重新抽取 M 个样本, 构成新的一组样本. 我们重新抽样的次数 N_B 越多越好, 典型的数值为 $N_B \sim 10^3$.

这是十分漫长的一章. 这一章对量子场论的 Monte Carlo 数值模拟进行了简要的介绍. 我们首先讨论了标量场的数值模拟算法, 然后着重讨论了纯规范场的数值模拟. 之后我们讨论了格点 QCD 的数值模拟. 最后, 我们简要讨论了如何科学地分析 Monte Carlo 模拟产生的数据并从中提取出感兴趣的物理信息.

第五章 格点 QCD 中谱的计算

前 面的第三章说明了格点 QCD 是从 QCD 基本自由度出发, 非微扰定义的量子场论系统. 在第四章中我们又说明了通过 Monte Carlo 数值模拟, 可以对强相互作用中的各种现象进行非微扰的计算. 这一章将讨论格点量子色动力学中最为基本的谱的计算.

在 QCD 的理论框架中, 描写强相互作用的基本自由度是正反夸克和胶子场, 但是我们在自然界中真正观察到的并不是这些场的最基本的激发 —— 夸克、反夸克和胶子, 而是它们的色单态复合体 —— 强子. 这个现象被称为色禁闭. 如果格点QCD 是描写强相互作用的基本理论, 它应当可以预言这些强子的存在以及它的基本物理性质, 其中最为重要的就是谱性质 (spectral properties).[1] 专门研究强子谱性质的分支就称为强子谱学 (hadron spectroscopy).

本章将仅仅考虑强相互作用, 忽略电磁和弱相互作用. 强子可以分为两大类: 稳定的强子以及不稳定的强子, 前者在强相互作用下是稳定存在的, 而后者实际上是所谓的共振态. 之所以有必要将这两类加以区分是因为其谱性质无论是从实验测量上看还是从理论描述上看都是非常不同的.

---

[1]所谓谱 (spectrum), 最初起源于光学中的色散. 由于量子力学的发展, 人们认识到这直接对应于原子中电子的能级. 随后, 这个词在物理学的各个分支用来借指与单粒子的能量 (特别是质量) 相关的物理性质. 因此, 强子谱中最为重要的参数就是所考虑的强子的质量. 当然, 对于不稳定的强子, 人们往往会将衰变的相关参数 (例如衰变宽度、衰变常数等等) 也归为谱性质.

　　稳定的强子其实种类并不多, 大约只包括各种味道夸克、反夸克构成的最轻的强子, 例如质子、π 介子等等. 它们对应于 QCD 哈密顿量的严格本征态, 其本征值 (能量) 一定是实数. 特别地, 对于一个三动量为零的态来说, 相应的本征值就是该强子的质量. 用更为抽象一些的理论语言来描述, 这些态对应于场论体系的 S 矩阵在黎曼面第一页 (即所谓的物理页) 实轴上的极点.

　　大多数的强子实际上是不稳定的共振态. 在实验测量上, 除了它的质量 M 之外, 一般还需要一个宽度参数 Γ 来描写它的谱性质. 需要特别强调指出的是, 共振态并不是 QCD 哈密顿量的本征态. 只有在其宽度非常窄的极限下 (这又称为窄宽度近似) 它们才是哈密顿量近似的本征态, 且其本征值近似为 $M - i\Gamma/2$. 我们知道哈密顿量是自伴的 (或者不太严格地称为厄米的) 算符, 它的本征值只可能是实数, 绝不可能是有虚部的复数. 从这个角度来说, 应当不难理解共振态绝不可能是哈密顿量的严格本征态. 对于一个共振态而言, 它实际上是产生共振的一系列散射态的一个共振叠加态.[1] 例如, 如果我们要研究共振态 ρ, 实际上要研究的是产生这个共振的两个 π 介子的散射问题. 所谓的 ρ 介子实际上是一个 "结构": 其主要成分由质心能量比较接近其 "质量" 参数附近的 π 介子对的 Hilbert 空间的态构成. 如果用 S 矩阵的语言来描写, 共振态往往对应于黎曼面第二页 (或者更高页) 上靠近实轴的极点. 由于它位置比较靠近实轴, 因此在进行散射实验的时候, 当散射能量接近该极点的实部的位置时, 参与散射的两个粒子可以 "感受到" 这个极点的存在从而产生强烈的共振散射, 因此这种态才被称为共振态. 我们称共振态是一个 "态" 还有一个原因, 那就是在窄共振近似下, 它可以近似地看成是一个本征态. 如果这种窄共振近似由某个唯象参数控制, 人们可以设想, 当这个参数趋于零时 Hilbert 空间会存在一个态, 尽管这种基于微扰论的观点其实并不一定就是正确的. 至于说什么情况下窄共振近似可以适用, 这个没有确定的判据, 往往需要针对具体情况来分析. 虽然我们强调了共振态严格说起来并不是 Hilbert 空间中的一个态, 但是这并不妨碍我们称之为 "粒子". 事实上如果你翻开著名的 PDG 粒子表, 里面绝大部分的篇幅都贡献给了不稳定的粒子 (即共振态).

　　从上述的描写我们看到, 计算这两类强子谱的问题在理论上有原则性的不同. 对于强作用下稳定的强子, 计算其质量一般只需要计算相应算符的两点关联函数即可. 而对于共振态的强子, 原则上需要计算产生该共振态的强子之间的散射过程, 这往往涉及更为复杂的关联函数. 当然, 对于不稳定的共振态, 如果它的宽度效应可以忽略, 那么也可以当作稳定的强子来进行计算. 在本章中, 我们首先讨论最为简单的介子、重子质量谱的计算过程, 其中假定所考虑的强子在强相互作用下是稳定的粒子, 或者可以近似看成是稳定的粒子. 更为复杂的共振态粒子的谱参数的计

---

　　[1]诚然, 我们在描述实验结果的时候, 经常会使用 "态"(state) 这个词语. 但是我们必须清楚, 这个 "态" 并不意味着共振态是 Hibert 空间中的一个 "态", 更不意味着是能量本征态.

算将放到本书的第二部分中供参考.

17　两点关联函数与强子谱的计算步骤

17.1　两点关联函数及其双重人格

¶ 本节将讨论格点 QCD 的一个最为典型的应用, 即对稳定强子 (或近似稳定强子) 的质量谱的计算. 我们将首先说明这类计算的一般步骤. 在随后的两节中, 我们将以最为简单的 π 介子和核子质量的计算为例, 说明如何获得它的谱性质.

这类计算主要依赖的是下面这个公式 (首先假定虚时间方向的尺度 $T \to \infty$),

$$
C(t, t_0) \equiv \langle T[\mathcal{O}(t)\mathcal{O}^\dagger(t_0)] \rangle \approx
\begin{cases}
\dfrac{1}{Z} \int \mathcal{D}\bar\psi \mathcal{D}\psi \mathcal{D}U_\mu \mathcal{O}(t)\mathcal{O}(0) \mathrm{e}^{-S_{\mathrm{LQCD}}[\bar\psi, \psi, U_\mu]}, \\
\sum_{n \neq 0} |\langle \Omega_n | \mathcal{O}(0) | \Omega_0 \rangle|^2 \mathrm{e}^{-E_n(t-t_0)},
\end{cases}
\tag{5.1}
$$

其中 $|\Omega_0\rangle$ 代表 QCD 的真空态, 它的能量本征值已经取为 0, 量子态 $|\Omega_{n \neq 0}\rangle$ 则代表哈密顿量其他的本征态, 其相应的能量本征值为 $E_n > 0$, 算符 $\mathcal{O}(t) \equiv \mathcal{O}_H(t) = \mathrm{e}^{+tH}\mathcal{O}\mathrm{e}^{-tH}$ 是 t(虚) 时刻的 Heisenberg 绘景中的算符 (相应地, $\mathcal{O}$ 为 Schrödinger 绘景中的算符),[1] H 是格点 QCD 的哈密顿量, T 代表虚时中的编时操作, $\langle \cdots \rangle$ 则表示系综平均值, 即

$$
\langle \cdots \rangle = \frac{1}{Z}\mathrm{Tr}\left[\mathrm{e}^{-\beta H}(\cdots)\right], \quad Z = \mathrm{Tr}\left(\mathrm{e}^{-\beta H}\right).
\tag{5.2}
$$

为了简化记号, 我们约定, 除非特别声明, 凡是明确写出 (虚) 时间依赖的算符 (例如公式 (5.1) 中的 $\mathcal{O}(t)$ 和 $\mathcal{O}^\dagger(t_0)$) 都代表 Heisenberg 绘景的算符. 它们统称为内插场算符 (interpolating operators).

一般来说, 内插场算符都是由基本场 (具体到格点 QCD, 也就是夸克场 ψ_x, 反夸克场 $\bar\psi_x$ 以及规范场 $U_\mu(x)$) 所构成的局域的复合算符 (composite operator), 当然原则上也可以是更为广义的算符. 由于多数强子都由其量子数 $I^G(J^{PC})$ 描写, 所以我们一般都会选择具有确定量子数的算符. 当然, 这些量子数都是在连续时空时的量子数, 具体到格点上的情形, 有些量子数需要进行改变. 比如说角动量量子数 J 反映的是空间转动下的性质, 但在格点上并没有转动不变性, 因此这个量子数一定会变化. 具体来说, 原先连续时空的 SU (2) 的转动不变性退化为它的有限子群

---

[1]这里请特别注意虚时 Heisenberg 绘景中的算符及其厄米共轭的定义问题. 在虚时框架下, $\mathcal{O}_H(t) = \mathrm{e}^{+tH}\mathcal{O}_S\mathrm{e}^{-tH}$, 其中 $\mathcal{O}_S$ 是 Schrödinger 绘景中的算符. 相应地, 其复共轭的 Heisenberg 绘景算符的定义是, $\mathcal{O}_H^\dagger(t) = \mathrm{e}^{+tH}\mathcal{O}_S^\dagger\mathrm{e}^{-tH}$. 注意由于哈密顿量是厄米的, 但由于我们在虚时的欧氏空间, 因此 $\mathcal{O}_H^\dagger(t) \neq [\mathcal{O}_H(t)]^\dagger$, 而是 $\mathcal{O}_H^\dagger(t) = [\mathcal{O}_H(-t)]^\dagger$.

—— 立方群的双重覆盖群 O_h^P (见 21 节) 的对称性. 因此, 原先描写连续时空转动不可约表示的量子数 J 就必须替换为 O_h^P 的不可约表示. 由于这个问题涉及比较复杂的群表示的知识, 为了不至于将读者的关注度过于分散, 我们在本节中先不涉及, 稍微详细的算符构造会在后面专门加以说明 (见第 21 节).

¶ 这里有必要澄清一下欧氏空间 (虚时) 的编时乘积操作的具体含义, 特别是考虑到在实际的计算中虚时方向往往并不是无穷大, 而且需要加上周期或反周期的边条件. 假定虚时方向的大小记为 β. 我们总是对两点函数中两个内插场算符的时间指标做如下的约定:

$$t_1, t_2 \in [0, \beta), \tag{5.3}$$

然后定义两个算符的编时乘积为

$$T[\mathcal{O}^{(2)}(t_2)\mathcal{O}^{(1)}(t_1)] = \begin{cases} \mathcal{O}^{(2)}(t_2)\mathcal{O}^{(1)}(t_1), & t_2 > t_1, \\ \pm \mathcal{O}^{(1)}(t_1)\mathcal{O}^{(2)}(t_2), & t_2 < t_1, \end{cases} \tag{5.4}$$

其中的 $\pm$ 表示, 如果这两个算符是费米型的需要加上一个负号, 玻色型的则不需要.

公式 (5.1) 中的内插场算符 $\mathcal{O}(t)$ 必须具有正确的量子数, 以保证 $\mathcal{O}^\dagger(t_0)|\Omega_0\rangle$ 中包含我们希望研究的强子态. 如果时间方向的延伸为无穷, 那么这个关联函数 (正如公式 (5.1) 的第二行所示) 就是一系列随时间指数衰减项的和. 但是对于真实的格点 QCD 模拟, 时间方向的延伸 $T = \beta$ 总是有限的, 因此我们实际上计算的是

$$C(t, t_0) = \begin{cases} \dfrac{1}{Z} \mathrm{Tr} \left[\mathrm{e}^{-[\beta - (t-t_0)]H} \mathcal{O}_\mathrm{S} \mathrm{e}^{-(t-t_0)H} \mathcal{O}_\mathrm{S}^\dagger \right], & t > t_0, \\ \pm \dfrac{1}{Z} \mathrm{Tr} \left[\mathrm{e}^{-[\beta - (t_0-t)]H} \mathcal{O}_\mathrm{S}^\dagger \mathrm{e}^{-(t_0-t)H} \mathcal{O}_\mathrm{S} \right], & t < t_0, \end{cases} \tag{5.5}$$

其中 $\mathcal{O}_\mathrm{S} \equiv \mathcal{O}(t = 0)$ 是相应的 Schrödinger 绘景下的算符. 这个式子充分说明两点关联函数仅依赖于两点之间的时间差 $\tau = t - t_0$ 和时间方向尺度 β. 特别值得一提的是, 这个结论并不依赖于边界条件的选取, 也不依赖于算符 $\mathcal{O}_\mathrm{S}$ 的形式. 事实上, 利用编时乘积的定义 (5.4) 以及两点函数的定义 (5.1) 可以证明: 对于玻色型的算符来说, 它的两点关联函数是周期的, 对于费米型的算符来说, 其两点关联函数是反周期的, 即

$$C(t, t_0) = C(\tau) = \pm C(\beta + \tau), \tag{5.6}$$

其中 $\tau = t - t_0$, $\pm$ 则分别对应于玻色/费米的情形.

练习 5.1 验证这一点.

利用两点函数的周期性/反周期性, 可以将相应的两点函数 (其中最为典型的是基本玻色场或费米子场的两点函数, 又称为相应的格林函数或传播子) 按照所谓的松原频率 (Matsubara frequencey) 进行展开.

　¶ 概括地说, 本小节一开始给出的两点关联函数的重要表达式 (5.1) 是所有格点谱计算的出发点. 它体现了两点关联函数的双重人格: 一方面, 利用路径积分可以数值地计算关联函数 (上面一行); 另一方面, 它可以视为 Hilbert 空间中算符编时乘积的期望值 (下面一行) 从而直接与体系的能谱相联系.

17.2　强子谱计算的基本步骤

本小节将首先列出强子谱计算的基本步骤, 随后会逐一地解释每一步的具体过程.

1. 确定需要研究的强子的量子数, 从 QCD 的基本场出发构造具有正确量子数的算符集合: $\{\mathcal{O}_\alpha(t) : \alpha = 1, 2, \cdots, N_{op}\}$. 这些算符一般涉及某个特定的时间片 t, 即 $\mathcal{O}(t)$ 一般由该时间片上的基本场构成, 但是算符的三维空间指标则往往已经被以某种形式求和.

2. 构造上述算符集合的 $N_{op} \times N_{op}$ 关联函数 (矩阵):

$$C_{\alpha\beta}(t) = \left\langle \mathcal{O}_\alpha(t)\mathcal{O}_\beta^\dagger(0) \right\rangle, \tag{5.7}$$

其中时间片 0 往往称为源时间片 (source time slice), 而时间片 t 则称为壑时间片 (sink time slice, 又称漏时间片).　由于时间平移的对称性, 这个 $t = 0$ 原则上可以是任何时间片, 这里只是以 $t = 0$ 为例来说明罢了.

3. 将上述关联函数 (矩阵) 利用路径积分的形式表达出来并利用 Wick 定理将其中的费米子场的缩并化为相应的夸克传播子.

4. 在相应的规范场组态中数值计算相应的夸克传播子并拼接出目标关联函数 $C_{\alpha\beta}(t)$.

5. 对数值上获得的关联函数 $C_{\alpha\beta}(t)$ 进行后续处理以获得我们感兴趣的物理信息. 这一般包括下列子步骤:

(a) 求解广义本征值问题

$$C(t) \cdot v_\alpha(t) = \lambda_\alpha(t, t_0)C(t_0) \cdot v_\alpha(t), \tag{5.8}$$

其中 t_0 是一个适当选择的参考时间片. 这样我们可以确定一系列的本征值 $\lambda_\alpha(t, t_0)$, 其中 $\alpha = 1, 2, \cdots, N_{op}$ 而 $v_\alpha(t)$ 则是相应的本征矢量.

(b) 对 $\lambda_\alpha(t, t_0)$ 进行分析确定相应的能量 E_α, 这就是在这套格子上的强子谱的原始数据. 这些 E_α 实际上可以视为相应的有限体积、分立格点上的 QCD 哈密顿量的本征值.

(c) 对得到的各组 E_α 进行进一步的数值分析和外推获得最终的强子谱的信息.

上述各个步骤中的第一步 (一般称为算符构造 (operator construction)) 的讨论是个比较复杂的过程, 我们将在后面 (见第 21 节) 进行进一步的详细介绍. 下面两节首先以 π 介子 (第 18 节) 和核子 (第 19 节) 为例, 简单介绍一下后续的各个步骤. 为了简化讨论, 我们将首先选取一个算符, 即 $N_{\mathrm{op}} = 1$. 后面会进一步讨论如何扩展算符的数目.

18　简单介子谱的计算

18.1　简单的 π 介子场算符的构建

¶我们知道 π 介子是强相互作用中最轻的强子, 其中 π^+ 的价夸克结构由一个 u 夸克 (带 $+2/3$ 电荷单位) 和一个反 d 夸克 (带 $+1/3$ 电荷单位) 构成.[1] 同时 π 介子属于赝标介子. 因此我们很自然地用算符 $\bar{d}_x \gamma_5 u_x$ 来标志 π^+ 介子,

$$\pi^+(x) = \bar{d}_x \gamma_5 u_x, \tag{5.9}$$

其中我们略写了颜色和 Dirac 指标, 夸克场的味道指标已经体现在具体的 u/d 之中了. 我们期待这样一个算符会 "湮灭" 一个 π^+ 粒子或者产生一个它的反粒子, 即 π^- 粒子.[2] γ_5 的存在告诉我们这是一个赝标场. 当然, 还可以构造出更为复杂的赝标场, 但是那些都是更为精细的步骤, 留待后面处理. 目前只需要这样一个算符就够了. 当然, 我们还需要这个算符的厄米共轭:

$$\left(\pi^+(x)\right)^\dagger = \left(\bar{d}_x \gamma_5 u_x\right)^\dagger = -\bar{u}_x \gamma_5 d_x \equiv -\pi_x^-, \tag{5.10}$$

其中利用了所有欧氏空间的 γ 矩阵都是厄米的这个事实. 在多数时候, 我们构建算符往往会将空间和时间方向分离开来. 例如对上述 π 介子的算符, 我们会将它们记为 $\pi^\pm(x) \equiv \pi^\pm(t, \boldsymbol{x})$, 其中第一个指标 t 标记 (虚) 时间而第二个指标 $\boldsymbol{x}$ 标记空间坐标.

正如前面步骤中提到的, 一般会对该算符的空间指标进行某种求和. 这主要是为了尽可能扩大相关的信号. 例如, 可以对算符的空间部分进行傅里叶变换, 这等价于将算符投影到固定的三动量上:

$$\tilde{\pi}^+(t, \boldsymbol{p}) = \frac{1}{\sqrt{V_3}} \sum_{\boldsymbol{x}} \mathrm{e}^{-\mathrm{i}\boldsymbol{p}\cdot\boldsymbol{x}} \pi^+(t, \boldsymbol{x}), \tag{5.11}$$

---

[1]相应地, 它的反粒子 π^- 介子的价夸克结构由一个反 u 夸克和一个 d 夸克构成.

[2]注意, 按照量子场论的通常约定, 费米子场 ψ_x 会湮灭一个费米子而产生一个相应的反费米子, 因此 u_x 会湮灭一个 u 夸克或产生一个反 u 夸克. 类似地, $\bar{d}_x$ 会湮灭一个反 d 夸克或产生一个 d 夸克. 因此我们期待 $\pi_x^\pm$ 会湮灭一个 π^+ 粒子.

其中 V_3 表示格点的三体积. 相应地, 可以得到它的厄米共轭算符为

$$\left(\tilde{\pi}^+(t,\boldsymbol{p})\right)^\dagger = -\frac{1}{\sqrt{V_3}}\sum_{\boldsymbol{x}} \mathrm{e}^{+\mathrm{i}\boldsymbol{p}\cdot\boldsymbol{x}}\pi^-(t,\boldsymbol{x}). \tag{5.12}$$

特别地, 如果我们取 $\boldsymbol{p} = \boldsymbol{0} \equiv (0,0,0)$, 那么 $\tilde{\pi}^+(t,\boldsymbol{p}=\boldsymbol{0})$ 就对应用一个静止的 π^+ 介子的算符, 否则的话, 它对应于一个具有确定三动量 $\boldsymbol{p}$ 的 π^+ 介子的算符.

18.2 π 介子关联函数的表达式

¶ 第二步就是构造 π 介子的关联函数 $C^\pi(t,t_0)$. 以前面给出的零动量的 π 介子算符为例, 它的定义为

$$C_{\boldsymbol{0}}^\pi(t,t_0) = \langle \tilde{\pi}^+(t,\boldsymbol{0})\left(\tilde{\pi}^+(t_0,\boldsymbol{0})\right)^\dagger\rangle. \tag{5.13}$$

类似地, 可以定义任意三动量的 π 介子关联函数 $C_{\boldsymbol{p}}^\pi(t,t_0)$, 不过下面还是以零动量为例子来说明. 将前面的表达式代入, 有

$$\begin{aligned}
C_{\boldsymbol{0}}^\pi(t,t_0) &= -\frac{1}{V_3}\sum_{\boldsymbol{x},\boldsymbol{y}}\left\langle \bar{d}(t,\boldsymbol{x})\gamma_5 u(t,\boldsymbol{x})\bar{u}(t_0,\boldsymbol{y})\gamma_5 d(t_0,\boldsymbol{y})\right\rangle_{U,F} \\
&= \frac{1}{V_3}\sum_{\boldsymbol{x},\boldsymbol{y}}\left\langle \mathrm{Tr}\left[\overset{\frown}{d_b(t_0,\boldsymbol{y})\bar{d}_a}(t,\boldsymbol{x})\gamma_5\,\overset{\frown}{u_a(t,\boldsymbol{x})\bar{u}_b}(t_0,\boldsymbol{y})\gamma_5\right]\right\rangle_U,
\end{aligned} \tag{5.14}$$

其中的 a 和 b 代表颜色指标. 这个公式的第一行中的期望值 $\langle\cdot\rangle_{U,F}$ 代表了对理论中的所有场 —— 规范场 U 和所有费米子场 F 求期望值; 到了第二行, 我们已经利用 Wick 定理将对费米子场的期望值写成了相应费米子场的缩并 (contraction), 随后的期望值 $\langle\cdot\rangle_U$ 将仅仅对规范场 U 来进行, 其中的 Tr 则表示对 Dirac 旋量指标求迹. 这个公式中出现的费米子场的缩并 (又称为费米子传播子或者夸克传播子) 实际上就是理论中费米子矩阵的逆矩阵的矩阵元. 例如 (略写 Dirac 指标)

$$\begin{aligned}
\overset{\frown}{d_b(t_0,\boldsymbol{y})\bar{d}_a}(t,\boldsymbol{x}) &= \left(\mathcal{M}^{(d)}[U_\mu]\right)^{-1}_{b,t_0,\boldsymbol{y};a,t,\boldsymbol{x}}, \\
\overset{\frown}{u_a(t,\boldsymbol{x})\bar{u}_b}(t_0,\boldsymbol{y}) &= \left(\mathcal{M}^{(u)}[U_\mu]\right)^{-1}_{a,t,\boldsymbol{x};b,t_0,\boldsymbol{y}},
\end{aligned} \tag{5.15}$$

其中 $\mathcal{M}^{(u/d)}[U_\mu]$ 就是我们前面介绍过的 u/d 夸克的费米子矩阵, 参见公式 (3.62). 对于 Wilson 费米子来说, 它们仅仅是裸质量的对角元不同而已.[1] 当规范场给定的时候, 由于费米子矩阵是一个巨大的稀疏矩阵, 要完全计算它的完整的逆矩阵在数值上几乎是不可能的, 但是费米子矩阵的逆矩阵的特定矩阵元则可以通过数值方法计算. 下面就来说明这个问题.

---

[1] 如果取同位旋守恒的极限, 这时 u 夸克和 d 夸克的质量相同, 那么这两个矩阵是完全一样的.

18.3　夸克传播子的数值求解: 点源和面源

为了方便起见, 我们将夸克场的所有指标统一标记为 $A, B, C, \cdots$, 它包含了 Dirac 指标 α, 颜色指标 a 以及时空指标 $(t, \boldsymbol{x})$, 即 $A = (\alpha, a, t, \boldsymbol{x})$. 我们要求的夸克传播子为

$$\overline{\psi_A \bar{\psi}_B} = [\mathcal{M}[U_\mu]]^{-1}_{A;B}, \tag{5.16}$$

其中 ψ 和 $\bar{\psi}$ 可以取相应不同味道的夸克 (例如上面的 u/d). 这个矩阵元可以通过设定一个所谓的点源, 然后数值地求解线性方程获得. 具体来说, 我们定义源场 $\phi_A^{(B)}$, 它除了在给定的点 B 之外都等于零:

$$\phi_A^{(B)} = \delta_{A;B}, \tag{5.17}$$

其中 $\delta_{A;B}$ 代表一系列 Kronecker 符号的乘积 (这包括旋量、颜色、时空等). 由于这样的源仅仅在某一个特定的 “点” 不为零, 因此它被形象地称为 “点源”. 如果我们以 $\phi^{(B)}$ 为源求解线性方程

$$\mathcal{M}[U_\mu] \cdot X^{(B)} = \phi^{(B)}, \tag{5.18}$$

容易证明, 这个线性方程的解 $X^{(B)}$ 恰好就是我们要的传播子,

$$\left[X^{(B)}\right]_A = [\mathcal{M}[U_\mu]]^{-1}_{A;B}. \tag{5.19}$$

换句话说, 只要设定一个给定的、位于点 B 的点源, 数值地求解线性方程 (5.18), 得到的 “解矢量” $X_A^{(B)}$ 就对应于传播子 $\overline{\psi_A \bar{\psi}_B}$. 由此看到, 要数值地求出完整的费米子矩阵的逆矩阵必须在每一个点 B 设定一个点源, 求出解矢量 $X^{(B)}$. 由于 B 的数目非常庞大 (具体到 QCD 来说, 它等于 $12TL^3$, 其中 T, L 分别是格点在 (虚) 时间和空间方向的格点数目), 这种数值求解往往是不可行的.

一个点源包括了特定的 Dirac、颜色、时间、空间指标, 因此它实际上包括了所有的三动量的贡献. 如果我们仅仅需要某个特定的三动量 $\boldsymbol{p}$, 那么可以采用所谓的面源 —— 它在某个特定的时间片上不为零. 仍然以前面处理的 $\boldsymbol{p} = 0$ 的 π 介子关联函数 (5.14) 为例. 考虑 u, d 两味简并的情形, 有

$$C_0^\pi(t, t_0) = \frac{1}{V_3} \sum_{\boldsymbol{x}, \boldsymbol{y}} \left\langle \mathcal{Q}^{-1}_{\alpha, a, t, \boldsymbol{x}; \beta, b, t_0, \boldsymbol{y}} \mathcal{Q}^{-1}_{\beta, b, t_0, \boldsymbol{y}; \alpha, a, t, \boldsymbol{x}} \right\rangle_U, \tag{5.20}$$

其中所有相关的指标都明确地写出来了, 当然重复的 Dirac 和颜色指标隐含着对其求和. 我们同时还定义了矩阵

$$\mathcal{Q}[U_\mu] \equiv \gamma_5 \mathcal{M}[U_\mu]. \tag{5.21}$$

利用第三章第 11 节中介绍的 Wilson 格点 QCD 的费米子矩阵的 γ_5 厄米性关系 (3.66), 可以轻易证明 $\mathcal{Q}^\dagger = \mathcal{Q}$. 换句话说, 可以将上述表达式等价地写为

$$C_{\mathbf{0}}^\pi(t, t_0) = \frac{1}{V_3} \sum_{\alpha, a, \boldsymbol{x}} \sum_{\beta, b, \boldsymbol{y}} \left\langle \left| \mathcal{Q}^{-1}[U_\mu]_{\alpha, a, t, \boldsymbol{x}; \beta, b, t_0, \boldsymbol{y}} \right|^2 \right\rangle_U. \tag{5.22}$$

这个表达式已经非常接近我们最终希望得到的表达式了, 但是它还有一个问题. 按照前面所说, 如果希望利用点源来求解夸克传播子, 需要对每一个 β, b 以及 $\boldsymbol{y}$ 设源, 数值求解出 $\mathcal{Q}^{-1}[U_\mu]_{\alpha, a, t, \boldsymbol{x}; \beta, b, t_0, \boldsymbol{y}}$, 然后再对它们取模方并求和. 这涉及 $12V_3$ 次的线性方程的求解. 其实在这里我们可以利用规范对称性以及 Elitzur 定理, 仅仅求解 12 次 (而不是 $12V_3$ 次!) 就可以了. 这个方法对应于将公式 (5.20) 等价地写为

$$C_{\mathbf{0}}^\pi(t, t_0) = \frac{1}{V_3} \sum_{\boldsymbol{x}, \boldsymbol{y}, \boldsymbol{y}'} \left\langle \mathcal{Q}^{-1}_{\alpha, a, t, \boldsymbol{x}; \beta, b, t_0, \boldsymbol{y}'} \mathcal{Q}^{-1}_{\beta, b, t_0, \boldsymbol{y}; \alpha, a, t, \boldsymbol{x}} \right\rangle_U, \tag{5.23}$$

注意这个表达式与公式 (5.20) 的区别仅仅在于我们将两个夸克传播子中原本相同的三维坐标 $\boldsymbol{y}$ 分别写为了 $\boldsymbol{y}$ 和 $\boldsymbol{y}'$. 显然, 这个表达式中 $\boldsymbol{y} = \boldsymbol{y}'$ 的那些项给出的就是公式 (5.20) 的结果. 重要的是那些 $\boldsymbol{y} \neq \boldsymbol{y}'$ 的项的贡献统统都不是规范不变的. 因此按照第 10.1 小节中介绍的 Elitzur 定理, 它们对规范场平均之后一定为零. 所以, 如果仅仅考虑对规范场平均后的结果, 公式 (5.23) 与公式 (5.20) 完全是等价的. 但是公式 (5.23) 的好处是, 对于一组给定的 (β, b), 可以通过设定一个面源从而一次性地求出相应的线性方程的解. 具体来说, 可以将其写为

$$C_{\mathbf{0}}^\pi(t, t_0) = \frac{1}{V_3} \sum_{\boldsymbol{x}} \left\langle \left(\sum_{\boldsymbol{y}'} \mathcal{Q}^{-1}_{\alpha, a, t, \boldsymbol{x}; \beta, b, t_0, \boldsymbol{y}'} \right) \left(\sum_{\boldsymbol{y}} \mathcal{Q}^{-1}_{\alpha, a, t, \boldsymbol{x}; \beta, b, t_0, \boldsymbol{y}} \right)^* \right\rangle_U, \tag{5.24}$$

需要注意的是, 上式中圆括号中的两个量是完全相同的. 它就是对给定的 (β, b, t_0) 在每一个 $\boldsymbol{y}$ 点都设置一个点源, 从而构成一个我们称之为面源 (wall source) 的源矢量 $\phi^{(\beta, b, t_0)}$:

$$\phi^{(\beta, b, t_0)}_{\alpha, a, t, \boldsymbol{x}} = \sum_{\boldsymbol{y}} \delta_{\alpha\beta} \delta_{ab} \delta_{t, t_0} \delta_{\boldsymbol{x}, \boldsymbol{y}}, \tag{5.25}$$

然后求解线性方程

$$\mathcal{Q} \cdot X^{(\beta, b, t_0)} = \phi^{(\beta, b, t_0)}, \tag{5.26}$$

就得到了解矢量

$$X^{(\beta, b, t_0)}_{\alpha, a, t, \boldsymbol{x}} = \sum_{\boldsymbol{y}'} \mathcal{Q}^{-1}_{\alpha, a, t, \boldsymbol{x}; \beta, b, t_0, \boldsymbol{y}'}. \tag{5.27}$$

而根据公式 (5.24), 这正是我们所需要的, 即

$$C_{\mathbf{0}}^\pi(t, t_0) = \frac{1}{V_3} \sum_{\alpha, a, \boldsymbol{x}} \sum_{\beta, b} \left\langle \left| X^{(\beta, b, t_0)}_{\alpha, a, t, \boldsymbol{x}} \right|^2 \right\rangle_U. \tag{5.28}$$

这里虽然仅以零动量的 π 介子关联函数为例, 但是任意动量的介子关联函数其实也是类似的, 这些留作练习.

练习 5.2 仿照上面关于面源的讨论, 证明两味简并的 Wilson 格点 QCD 中任意三动量 $\boldsymbol{p}$ 的 π 介子关联函数的表达式可以写为

$$C_{\boldsymbol{p}}^{\pi}(t, t_0) = \left\langle \tilde{\pi}^{+}(t, \boldsymbol{p}) \left(\tilde{\pi}^{+}(t_0, \boldsymbol{p})\right)^{\dagger} \right\rangle$$

$$= \frac{1}{V_3} \sum_{\boldsymbol{x}} \mathrm{e}^{-\mathrm{i}\boldsymbol{p}\cdot\boldsymbol{x}} \left\langle \left[\sum_{\boldsymbol{y}'} \mathcal{Q}_{\beta,b,t_0,\boldsymbol{y}';\alpha,a,t,\boldsymbol{x}}^{-1} \right] \right.$$

$$\left. \cdot \left[\sum_{\boldsymbol{y}} \mathcal{Q}_{\alpha,a,t,\boldsymbol{x};\beta,b,t_0,\boldsymbol{y}}^{-1} \mathrm{e}^{+\mathrm{i}\boldsymbol{p}\cdot\boldsymbol{y}} \right] \right\rangle_U, \tag{5.29}$$

其中重复的 Dirac 旋量指标和颜色指标都隐含着对其求和. 这说明此关联函数可以通过设置两个合适的面源并求解线性方程获得, 其中一个面源的三动量为零, 另一个为 $\boldsymbol{p}$.

18.4　连通图和非连通图的贡献

¶ 为了简化讨论, 我们前面讨论的介子传播子选择的是 $\pi^{\pm}$ 的算符. 如果选择中性 π 介子的算符为其内插场算符, 那么会发现关联函数初看起来要复杂很多, 但实际上最后也仅仅有所谓的连通图的贡献.

练习 5.3 利用 π^0 内插场算符

$$\pi^0(x) = \frac{1}{\sqrt{2}} \left[\bar{u}_x \gamma_5 u_x - \bar{d}_x \gamma_5 d_x \right] \tag{5.30}$$

构造相应的动量空间的内插场算符 $\tilde{\pi}^0(t, \boldsymbol{p})$ 以及相应的关联函数 $C_{\boldsymbol{p}}^{\pi}(t, t_0) = \langle \tilde{\pi}^0(t, \boldsymbol{p})$ $(\tilde{\pi}^0(t_0, \boldsymbol{p}))^{\dagger}\rangle$, 并证明对于简并的两味夸克 QCD (从而同位旋是好的对称性) 而言, 它的表达式仍然与前面从 $\pi^{\pm}$ 内插场出发构造的关联函数 (例如公式 (5.29)) 是相同的.

这是因为 π^0 和 $\pi^{\pm}$ 一起构成了同位旋空间的矢量. 如果同位旋是个好的对称性, 那么同位旋矢量的不同分量构成的关联函数的确应当包含相同的物理. 但是如果我们考虑同位旋空间是标量的介子, 例如 η 介子, 那么情形就不完全相同了. η 介子的内插场算符可以取为

$$\eta(x) = \frac{1}{\sqrt{2}} \left[\bar{u}_x \gamma_5 u_x + \bar{d}_x \gamma_5 d_x \right]. \tag{5.31}$$

这时我们构造的关联函数

$$C_{\boldsymbol{p}}^{\eta}(t, t_0) = \left\langle \tilde{\eta}(t, \boldsymbol{p}) \left(\tilde{\eta}(t_0, \boldsymbol{p})\right)^{\dagger} \right\rangle. \tag{5.32}$$

仿照前面的推导会发现, 对于两味简并的夸克, 这个关联函数由下式给出:

$$C_{\boldsymbol{p}}^{\eta}(t, t_0) = \frac{1}{V_3} \sum_{\boldsymbol{x}, \boldsymbol{y}} \mathrm{e}^{\mathrm{i}\boldsymbol{p} \cdot (\boldsymbol{y}-\boldsymbol{x})} \left\langle \mathcal{Q}_{\beta,b,t_0,\boldsymbol{y};\alpha,a,t,\boldsymbol{x}}^{-1} \mathcal{Q}_{\alpha,a,t,\boldsymbol{x};\beta,b,t_0,\boldsymbol{y}}^{-1} \right.$$

$$\left. - \mathcal{Q}_{\beta,b,t_0,\boldsymbol{y};\beta,b,t_0,\boldsymbol{y}}^{-1} \mathcal{Q}_{\alpha,a,t,\boldsymbol{x};\alpha,a,t,\boldsymbol{x}}^{-1} \right\rangle, \tag{5.33}$$

其中重复的旋量和颜色指标隐含着求和. 请特别注意这个表达式的两行的贡献的不同之处: 第一行的贡献与我们前面讨论的 π 介子关联函数中出现的完全相同. 它们代表两个价夸克从时空点 $(t, \boldsymbol{x})$ 传播到另一个时空点 $(t_0, \boldsymbol{y})$ 以及倒过来传播的过程. 第二行则对应于从同一个时空点传播到同一个时空点的过程. 如果我们将它们用带箭头的费米子线画出来的话, 第一类对应于连接时空点 $(t, \boldsymbol{x})$ 和时空点 $(t_0, \boldsymbol{y})$ 之间的两条带箭头的线, 第二类则对应于分别从时空点 $(t, \boldsymbol{x})$ 和时空点 $(t_0, \boldsymbol{y})$ 出发回到自身的带箭头的两条互不连通的线. 因此, 这两类贡献分别被称为连通图 (connected diagram) 和非连通图 (disconnected diagram) 的贡献.

　　这两类贡献不仅拓扑上不等价, 它们的数值计算也完全不同. 对于连通图的贡献, 前面已经说明了, 可以设置适当的面源并求出相应的关联函数; 对于非连通图的贡献, 由于它是从一个时空点到自身的传播子, 因此没有办法通过设置合适的面源或点源来实现这一点. 正因为如此, 计算非连通图的贡献往往会比较费计算资源. 最为直接的方法就是对每一个 "点" $(\beta, b, t_0, \boldsymbol{y})$ 设置一个点源, 求解矩阵 $\mathcal{Q}$ 的线性方程. 这个过程必须对所有的 $(\beta, b, \boldsymbol{y})$ 进行, 最后将所得到的结果相加. 这对应于需要求解线性方程的次数正比于格点的三体积 V_3. 另外一种方法是利用随机源来进行估计.

19　简单重子算符的构造及其关联函数

　　¶ 前一节简要介绍了 π 介子算符的构造及其关联函数的数值计算. 另外一类强子是重子, 它一般由三个夸克场构成. 例如, 一个简单的核子场算符可以选为

$$N(x) = \epsilon_{abc} u_{a,x} \left[u_{b,x}^{\mathrm{T}} (C\gamma_5) d_{c,x} \right], \tag{5.34}$$

其中将夸克场的颜色指标 (诸如 a, b, c) 明确地写了出来. 由于核子算符本身必须构成色单态, 我们放入了 ϵ_{abc} 并与相应的夸克场缩并. 夸克场中的旋量指标并没有明确地写出来, 而是采用了简略的写法. 但是读者应当清楚, $u^{\mathrm{T}}(C\gamma_5)d$ 实际上构成了 Dirac 旋量空间一个标量, 从而算符 $N(x)$ 与剩余的 u_{ax} 一样是一个 Dirac 旋量. 矩阵 $C\gamma_5$ 则是旋量空间的矩阵, 其中 $C = \gamma_0\gamma_2$ 是 Dirac 场的电荷共轭矩阵, 参见第 11 节中的公式 (3.70).

这个核子算符具有 uud 类型的夸克场, 因此对应于质子. 如果我们将 u 和 d 互换就得到了中子的相应算符, 它具有 ddu 的类型. 可以证明这两个算符构成了同位旋空间中 $I = 1/2$ 的二分量旋量的两个分量, 分别对应于 $I_z = \pm 1/2$.

另外值得注意的是, 公式 (5.34) 中方括号中的部分 (它包含两个夸克场) 习惯上被称为双夸克算符 (diquark operator). 读者容易验明, 仅就其量子数而言, 这个双夸克算符 $\epsilon_{abc}[u_{b,x}^{\mathrm{T}}(C\gamma_5)d_{c,x}]$ 具有 $I = 0$ 和 $J = 0$, 但是它并不是一个色单态. 显然它在颜色的规范变换下按照 $\bar{\mathbf{3}}$ 来变换. 当然, 如果改换其中的 γ 矩阵, 可以获得其他类型的双夸克算符. 由于所有的双夸克算符并不是色单态, 因此它们并不对应于物理上的粒子, 我们的讨论一般也总是局限在量子数的层面而已.

再看一下宇称变换. 按照前面的讨论 (参见第 11 节中关于 Wilson 格点 QCD 分立对称性的讨论), 算符 (5.34) 中包含了两种宇称的信息. 我们知道, 通常的核子 (质子和中子) 具有正的宇称, 其质量大约是 938MeV, 而具有负宇称的态 (所谓的 $N(1535)$) 则具有更高的质量 1535MeV. 因此, 有必要将两种不同宇称的部分从算符 (5.34) 中分离出来. 这就需要宇称的投影算子. 对于时空点 $x = (t, \boldsymbol{x})$, 我们令 $\tilde{x} = (t, -\boldsymbol{x})$. 在宇称变换下, 夸克场的变换规则是 $u_{a,x} \to \gamma_0 u_{a,\tilde{x}}$, 于是我们可以得到核子算符 (5.34) 的变换规则为 $N(x) \Rightarrow N^{\mathcal{P}}(x)$, 其中

$$N^{\mathcal{P}}(t, \boldsymbol{x}) = \epsilon_{abc}(\gamma_0 u_{a,\tilde{x}}) \left[u_{b,\tilde{x}}^{\mathrm{T}} \gamma_0^{\mathrm{T}}(C\gamma_5)\gamma_0 d_{c,\tilde{x}}\right] = \gamma_0 N(\tilde{x}), \tag{5.35}$$

此处运用了 $\gamma_\mu^{\mathrm{T}} C = -C\gamma_\mu$. 这说明核子算符 (5.34) 的变换规则与一个简单的夸克场类似. 因此我们可以利用宇称的投影算子

$$P_\pm = \frac{1 \pm \gamma_0}{2}, \tag{5.36}$$

并由此构建 $N^\pm(x)$ 如下:

$$N^\pm(x) = P_\pm \cdot N(x) = \epsilon_{abc} P_\pm u_{a,x} \left[u_{b,x}^{\mathrm{T}}(C\gamma_5)d_{c,x}\right]. \tag{5.37}$$

可以证明 $N^\pm$ 分别耦合到具有 $\pm$ 宇称的重子. 事实上, 在重子算符的构建过程中, 一个方便的选择是选取 γ 矩阵的 Pauli-Dirac 表象. 在这个表象中, γ_0 是对角的, 因而一个 Dirac 旋量的上/下两个分量天然具有正/负的内禀宇称.

上面构造的算符是湮灭一个核子的算符. 相应的产生算符可以通过取它的厄米共轭获得. 比如, 我们发现

$$\bar{N}^\pm(x) = \epsilon_{abc} \left[\bar{u}_{a,x}(C\gamma_5)\bar{d}_{b,x}^{\mathrm{T}}\right] \bar{u}_{c,x} P_\pm, \tag{5.38}$$

可以从真空中产生一个具有正/负宇称的核子. 将更为复杂的 γ 矩阵结果加入进来还可以获得更为复杂的量子数、宇称等等.

前面曾提到, 核子算符中的双夸克部分实际上构成了同位旋为零的集团, 这使得最终的核子算符具有 $I = 1/2$. 如果将其中的双夸克算符去构成 $I = 1$ 的成分, 这样最终就可以构造出 $I = 3/2$ 的重子算符. 这类重子称为 Δ 重子. 另外如果不仅仅用两味轻夸克 u 和 d, 而是将其中的一个或多个换成奇异夸克场 s, 还可以构造出 Σ (价夸克组分为 $(u/d)(u/d)s$ 型, $S = -1, I = 1$), Λ (uds 型, $S = -1, I = 0$), Ξ (uss 型, $S = -2, I = 1/2$), Ω (sss 型, $S = -3, I = 0$) 等重子算符. 有关这些算符的构造的进一步细节, 有兴趣的读者可以参考相关的文献.[1]

¶ 重子的关联函数与介子十分类似, 只不过由于重子算符还有一个额外的旋量指标, 因此在计算两点关联函数时人们往往将它们求和以尽可能地增加统计量. 例如对于两个核子所谓点到点的关联函数, 有

$$C^{N^\pm}(x, y) = \langle N_\alpha^\pm(x) \bar{N}_\alpha^\pm(y) \rangle, \tag{5.39}$$

其中明确写出了核子算符的 Dirac 指标 α 并对其求和, 点 x 和 y 是任意的两个时空点. 将前面给出的核子算符 (5.37) 和 (5.38) 代入, 可以将上述关联函数表达为夸克传播子. 显然, 只要时空点 x 和 y 是不同的, 那么关联函数中将仅有所谓的连通图的贡献,

$$
\begin{aligned}
C^{N^\pm}(x, y) &= \epsilon_{abc}\epsilon_{a'b'c'}(P_\pm)_{\alpha\alpha'}(C\gamma_5)_{\rho\rho'}(C\gamma_5)_{\beta\beta'}\langle u_{a\alpha x}u_{b\rho x}d_{c\rho'x}\bar{u}_{a'\beta y}\bar{d}_{b'\beta'y}\bar{u}_{c'\alpha'y}\rangle, \\
&= \epsilon_{abc}\epsilon_{a'b'c'}(P_\pm)_{\alpha\alpha'}(C\gamma_5)_{\rho\rho'}(C\gamma_5)_{\beta\beta'}\left[\overline{u_{a\alpha x}u_{b\rho x}d_{c\rho'x}\bar{u}_{a'\beta y}\bar{d}_{b'\beta'y}\bar{u}_{c'\alpha'y}}\right. \\
&\quad \left. + u_{a\alpha x}u_{b\rho x}d_{c\rho'x}\bar{u}_{a'\beta y}\bar{d}_{b'\beta'y}\bar{u}_{c'\alpha'y}\right].
\end{aligned}
$$

对于简并两味的轻夸克的情形, 我们得到

$$
\begin{aligned}
C^{N^\pm}(x, y) &= \epsilon_{abc}\epsilon_{a'b'c'}(P_\pm)_{\alpha\alpha'}(C\gamma_5)_{\rho\rho'}(C\gamma_5)_{\beta\beta'} \\
&\quad \times \mathcal{M}^{-1}_{c\rho'x;b'\beta'y}\left[\mathcal{M}^{-1}_{a\alpha x;a'\beta y}\mathcal{M}^{-1}_{b\rho x;c'\alpha'y} - \mathcal{M}^{-1}_{a\alpha x;c'\alpha'y}\mathcal{M}^{-1}_{b\rho x;a'\beta y}\right]. \tag{5.40}
\end{aligned}
$$

重子的关联函数一般比起介子的关联函数更加嘈杂. 我们当然可以将其中的空间点进行求和以尽可能地增加信噪比. 例如, 可以保持源仍在一个时空点 $y = (t_0, \boldsymbol{y} \equiv \boldsymbol{0})$, 但是对壑的空间点求和, 这等价于将三动量投影到零. 因此我们定义,

$$\bar{C}_{\boldsymbol{0}}^{N^\pm}(t, t_0) \equiv \frac{1}{V_3}\sum_{\boldsymbol{x}} C^{N^\pm}(t, \boldsymbol{x}; t_0, \boldsymbol{0}). \tag{5.41}$$

---

[1]例如 Basak S, et al. Group-theoretical construction of extended baryon operators in lattice QCD. Phys. Rev. D, 2005, 72: 094506.

要计算这个关联函数, 只需要在 $y = (t_0, \mathbf{0})$ 的点设置一个点源, 求解夸克传播子 $\mathcal{M}^{-1}_{t,\boldsymbol{x};t_0,\mathbf{0}}$, 将三个这样的夸克传播子按照正确的颜色和 Dirac 旋量指标的搭配 "缝合" 在一起 (也就是缩并指标), 然后再对壁的空间点 $\boldsymbol{x}$ 求和即可. 这可以大大增加信噪比. 这种组合方式一般称为点源面壁 (point source wall sink) 组合.

读者也许会问, 对于重子的传播子是否也可以采用介子中所应用的面源的技术呢? 理论上是可以的, 只不过由于重子具有三条费米子传播子线, 利用 Elitzur 定理后的平均反而会引入更多的噪音. 事实上, 用前面讨论过的方法可以证明, 在利用了规范场平均后, 造成的相当统计误差为

$$\frac{\delta C_H(t)}{C_H(t)} \propto \sqrt{\frac{1}{N_{\text{conf}} L^3}} \exp\left[(m_H - n_H m_\pi)t\right], \tag{5.42}$$

其中 m_H 是强子 H 的质量, 而对于介子 $n_H = 1$, 对于重子 $n_H = 3/2$. 对于介子来说, 一般指数因子中虽然 $(m_H - m_\pi) > 0$, 但是它随着 t 增加并不显著. 反之, 对于重子来说, 比如以核子为例, $m_p - (3/2)m_\pi \approx 700\text{MeV}$, 这个能量已经相当大. 因此随着时间片 t 的增加, 指数因子会迅速制衡前面的 $1/L^{3/2}$ 因子, 使得这样做并不能获得足够的好处. 而在介子的情形, 这样做往往可以获得比较好的效果. 更加详细的讨论, 有兴趣的读者可以参见下面给出的参考文献.[1]

20　从关联函数到强子谱

¶ 前面几节着重讨论了格点 QCD 谱学计算中的前 4 步 (参见第 18 节开始的讨论), 即通过在规范场组态中的平均, 我们已经获得了物理上感兴趣的关联函数 (矩阵)$C_{\alpha\beta}(t, t_0)$ 及其相应的误差信息. 现在需要的是从这个关联函数出发, 抽取我们感兴趣的强子的谱学信息.

20.1　π 介子关联函数的情形

¶ 下面将以最简单的 π 介子关联函数为例来说明如何从关联函数中提取 π 介子的谱信息. 根据第 18 节的讨论, 最为简单的零动量的 π 介子关联函数 (5.14) 经过相应的设源并求解线性方程之后可以用线性方程的解表达为公式 (5.28) 的形式, 因此它的数值可以由 Monte Carlo 计算获得. 另一方面, 假定 $\tau = t - t_0 > 0$, 有

$$
\begin{aligned}
C_{\mathbf{0}}^\pi(\tau) &= \frac{1}{Z} \text{Tr}\left[e^{-(\beta-\tau)H} \tilde{\pi}^+(0,\mathbf{0}) e^{-\tau H}[\tilde{\pi}^+(0,\mathbf{0})]^\dagger \right] \\
&= \frac{1}{Z} \sum_{n=0}^{\infty} e^{-(\beta-\tau)E_n} \langle \Omega_n | \tilde{\pi}^+(0,\mathbf{0}) e^{-\tau H}[\tilde{\pi}^+(0,\mathbf{0})]^\dagger | \Omega_n \rangle,
\end{aligned}
\tag{5.43}
$$

---

[1]参见 Fukugita M, et al. Phys. Rev. D, 1995, 52: 3003.

其中 $|\Omega_n\rangle$, $n = 0, 1, \cdots$ 标志了哈密顿量 H 的一组完备的能量本征态, 其能量本征值记为 E_n, 即 $H|\Omega_n\rangle = E_n|\Omega_n\rangle$.[1] 我们约定 $|\Omega_{n=0}\rangle$ 对应于 QCD 真空并且取 $E_0 = 0$, 同时假设其余的能量已经按照 n 的顺序排列好, 即 $0 = E_0 < E_1 < E_2 \cdots$.

这里需要顺便指出的是, 虚时方向通常是加上周期或反周期的边条件的, 因此上式中的两个指数因子实际上反映了信号沿着正的 τ 方向和负的 τ 方向的时间演化. 我们将首先讨论介子情况, 这时会发现两个方向演化的效果是一样的. 随后我们会讨论重子的情况, 这时两个方向传播的信号一般具有相反的宇称.

¶ 对于 π 介子的关联函数, 在两个算符之间再插入一组完备的基, 得到

$$C_0^\pi(\tau) = \frac{1}{Z} \sum_{n,m=0}^{\infty} |\langle\Omega_n|\tilde{\pi}^+(0,\mathbf{0})|\Omega_m\rangle|^2 e^{-(\beta-\tau)E_n} e^{-\tau E_m}. \tag{5.44}$$

由于所有其他 $n \neq 0$ 的态都具有比 QCD 真空更高的能量, 上式说明所有这些态的贡献一定都是指数衰减的, 无论是沿着正的 τ 方向, 还是沿着负的 τ 方向. 一般来说, 由于 $|\langle\Omega_0|\tilde{\pi}^+(0,\mathbf{0})|\Omega_0\rangle| = 0$, 因此 $n = m = 0$ 的项是没有贡献的.[2] 所以衰减最慢的项是 $n = 0, m = 1$ 和 $n = 1, m = 0$ 的项, 即[3]

$$C_0^\pi(\tau) \approx \frac{1}{Z} |\langle\Omega_0|\tilde{\pi}^+(0,\mathbf{0})|\Omega_1\rangle|^2 \left[e^{-(\beta-\tau)E_1} + e^{-\tau E_1} \right]$$

$$\approx \frac{|\langle\Omega_0|\tilde{\pi}^+(0,\mathbf{0})|\Omega_1\rangle|^2}{\cosh(\beta E_1/2)} \cosh[(\beta/2 - \tau)E_1]. \tag{5.45}$$

对于像 π 介子这样的强子, 它的关联函数对于 τ 的依赖是一个双曲余弦的形式, 对称点在时间方向的一半, 即 $\beta/2$ 的地方. 我们可以对 Monte Carlo 数值模拟中计算得到的 $C_0^\pi(\tau)$ 进行拟合从而获得 E_1 的中心值及其误差.

在格点 QCD 的群体中, 人们一般会构造一个称为有效质量的 "物理量", 它的具体构造如下:

$$R(\tau) = \frac{C_0^\pi(\tau+1) + C_0^\pi(\tau-1)}{2C_0^\pi(\tau)}. \tag{5.46}$$

可以证明如果 $C_0^\pi(\tau)$ 严格具有双曲余弦的形式, 那么这样构造的 $R(\tau)$ 应当是一个不依赖于 τ 的常数 $\cosh(E_1)$. 因此我们可以构造有效质量 (effective mass) $m_{\text{eff}}(\tau)$ 如下:

$$m_{\text{eff}}(\tau) = \cosh^{-1}\left[\frac{C_0^\pi(\tau+1) + C_0^\pi(\tau-1)}{2C_0^\pi(\tau)} \right]. \tag{5.47}$$

---

[1]这里仅使用一个符号 n 来代表所有需要的好量子数.
[2]这个对于一般的算符 $\mathcal{O}_S$ 基本上也对, 除非 $\mathcal{O}_S$ 恰好具有与 QCD 真空完全同样的量子数.
[3]为了记号上更为简洁, 这里的讨论忽略了简并的可能性.

当我们在具体的 Monte Carlo 模拟中计算这个量的时候, 会发现它并不是真正不依赖于 τ 的常数. 它对于常数的偏离是源于前面忽略掉的高激发态, 也就是 $n = 2, 3, \cdots$ 态的贡献. 换句话说, 查看 $m_{\mathrm{eff}}(\tau)$ 对于 τ 的依赖关系可以让我们了解仅仅保留第一个激发态的近似是否足够好. 从另一方面看, 公式 (5.44) 告诉我们, 关联函数在 τ 或 $(\beta - \tau)$ 很大时第一激发态的贡献总是主导的. 因此, 只要 β 选择得足够大, 同时 Monte Carlo 模拟中测量的信号足够好, 那么原则上总是可以通过考察关联函数长时间行为来获得 E_1 的信息.

20.2　核子关联函数的情形

¶ 对于重子而言, 我们的出发点是第 19 节的重子算符 (5.34) 和 (5.38). 利用没有宇称投影的核子产生算符作用于真空会产生两种宇称的态, 具体来说,

$$\bar{N}(0, \mathbf{0})|\Omega_0\rangle = Z_+|N_+\rangle + Z_-|N_-\rangle + \cdots, \tag{5.48}$$

其中 $Z_\pm = \langle N^\pm|\bar{N}(0, \mathbf{0})|\Omega_0\rangle$ 为核子算符在两个态之间的重叠矩阵元, $\cdots$ 则代表其他更高的激发态, 而 $|N_\pm\rangle$ 则表示宇称为正/负的核子态. 重子与介子不同的是, 这两个态的能量并不相同,

$$H|N^\pm\rangle = E_\pm|N^\pm\rangle, \tag{5.49}$$

其中一般 $E_+ < E_-$, 即具有正宇称的态能量较低, 负宇称的态较高. 如果选取固定的边界条件 (比如虚时方向的反周期边条件), 那么仅仅考虑基态和具有正负宇称的两个激发态, 重子体系的关联函数可以近似地写为

$$\langle N_\alpha(x)\bar{N}_\alpha(0)\rangle = \langle \mathrm{Tr}\,[N(x) \otimes \bar{N}(0)]\rangle, \tag{5.50}$$

其中的 Tr 在 Dirac 旋量空间进行. 因此, 一个核子的两点关联函数大致可以写为

$$\sum_{\boldsymbol{x}} \langle N_\alpha(x)\bar{N}_\alpha(0)\rangle = A_\pm \mathrm{e}^{-E_\pm t} + A_\mp \mathrm{e}^{-(\beta-t)E_\mp}, \tag{5.51}$$

其中 $E_\pm$ 和 $A_\pm$ 是正、负宇称核子态的能量和矩阵元的模方. 如果利用满足 Dirac 方程的自由费米子场 $\psi(x)$ 来计算传播子, 例如 $\sum_{\boldsymbol{x}} \langle \psi_\alpha(x)\bar{\psi}_\alpha(0)\rangle$, 我们得到的结果是 $E_+ = E_-$, $A_+ = -A_-$. 为什么对于 QCD 会出现正负宇称能量不同的结果呢? 一般认为这源于 QCD 中手征对称性的自发破缺. 对于自由的 Dirac 费米子, 它的 C, P, T 以及手征对称性都是好的对称性. 因此, 对于自由费米子而言, 对称性必定导致正负宇称的态的能量和振幅完全相同. 对于 QCD 而言, 虽然我们使用的内插

场算符与一个自由的 Dirac 场具有完全相同的对称性, 但是 QCD 真空不是自由真空, 而是手征对称性自发破缺了的真空. 这导致正负宇称的核子具有不同的能量和矩阵元. 一般认为, 如果我们升高温度, 越过 QCD 的相变点, 在那时候体系的手征对称性得以恢复, 将又会回到正负宇称态完全简并的情形. 详细的讨论可以参考相关的文献.[1] 当然, 如果直接使用宇称的投影算子来构造核子算符, 将仅仅得到具有确定宇称的核子的能量.

21 格点上算符构造及相关点群的表示[2]

前面曾经提及, 在多数的格点计算中需要考虑转动群在分立格点上的限制, 即立方群及其子群的各个表示. 本节就稍微仔细地讨论一下这个问题. 我们的基本讨论是转动群及其覆盖群 $SU(2)$ 和立方群 O 及其覆盖群 O^D.

21.1 立方群 O 及其表示

立方群 O 是包含 24 个元素的点群, 它包含了所有使得立方体保持不变的对称转动. 它实际上与另一个点群 —— 完全四面体群 (full tetrahedral group) T_d 是完全同构的, 这个群包含了一个正四面体的所有对称操作 (包含转动和反射), 同时立方群也同构于四个物体的置换群 S_4. 最原始的立方群 O 中并没有包括宇称 (空间反射) 变换. 如果要将宇称也包括在对称性之中, 我们需要将 O 与宇称相应的群 Z_2 进行直积, 这样得到的群就是 O_h, 具有 48 个群元.

在群表示论中所有的群元可以分为互不相交的若干个共轭类 (conjugacy class), 在同一个共轭类中的群元具有相同的特征标 —— 在特定的群表示中这就是该群元对应的矩阵的迹. 同一个共轭类中的群元之间具有某种等价关系. 对有限群来说, 它的不等价不可约表示 (irreducible representation, irrep) 的个数与它的共轭类的数目恰好相同. 对我们感兴趣的立方群 O 来说, 它的 24 个群元可以分为 5 个不同的共轭类, 因此也具有 5 个不等价不可约表示: A_1, A_2, E, T_1 和 T_2, 它们的维数分别为 1, 1, 2, 3 和 3 (见表 5.1). 另外值得一提的是, 有限群不等价不可约表示维数的平方和恰好等于该群的元素的个数. 对立方群来说, 我们很容易发现 $1^2 + 1^2 + 2^2 + 3^2 + 3^2 = 24$, 这说明我们已经穷尽了所有的不可约表示.

---

[1]参见 Aarts G, et al. Nucleons and parity doubling across the deconfinement transition. Phys. Rev. D, 2015, 92: 014503.

[2]关于点群的知识可以参考相关的书籍, 例如文献 [10] 的第 XII 章.

表 5.1　立方群 O 的基本性质及其各个不可约表示的特征标

	E 恒等表示	$3C_2$	$8C_3$	$6C_4$	$6C_2'$
A_1	1	1	1	1	1
A_2	1	1	1	-1	-1
E	2	2	-1	0	-1
T_1	3	-1	0	1	-1
T_2	3	-1	0	-1	1

我们对立方群感兴趣是因为它代表了特殊三维空间转动群 SO (3) 的一个 "分立版本". 特殊三维空间转动群的不可约表示由粒子的角动量量子数 $J = 0, 1, 2, \cdots$ 来标记, 相应的不可约表示是 $(2J + 1)$ 维的,[1] 我们一般会用一个黑体的 J 来标记, 例如 **0**, **1** 等等. 对于一个分立的格点来说, 连续的转动不变性退化为分立的立方群对称性. 相应地, 我们需要将原先连续空间的转动对称性下的不可约表示按照分立的立方群表示来分解. 就立方群来说, 这个分解的具体公式如下,

$$
\begin{aligned}
\mathbf{0} &= A_1, \\
\mathbf{1} &= T_1, \\
\mathbf{2} &= E + T_2, \\
\mathbf{3} &= A_2 + T_1 + T_2, \\
\mathbf{4} &= A_1 + E + T_1 + T_2, \\
&\cdots\cdots
\end{aligned}
\tag{5.52}
$$

如果需要我们可以进一步完成包含更高角动量表示的分解.

立方群 O 本身并没有包括宇称变换. 要将宇称的量子数加上, 需要考虑 O 与宇称变换群 $Z_2 = \{I, P\}$ 的直积群: $O_h = O \otimes Z_2$. 相应的不可约表示也仍然还是表 5.1 中的那些, 只不过每一个表示需要附加一个角标来标记它在宇称变换下的行为. 文献中一般有两种标记法: 一种是传统的标记方法, 对于宇称为偶/奇的表示分别用字母 "g/u"(源于德文 gerade/ungerade); 第二种标记法是直接利用 $\pm$ 来标记, 这个更接近于粒子物理中对粒子宇称的标记方法, 例如 $A_1^g \equiv A_1^+$, $T_1^u \equiv T_1^-$ 等等.

21.2　立方群 O 的双重覆盖群 O^D

如果我们仅仅关心使得一个立方体不变的转动变换, 那么得到的就是立方群 O. 它的表示只有上述讨论的五种. 这些表示又被称为张量表示, 以区别于所谓的

---

[1] 就立方群 O 而言, 它只有对应于整数 J 的张量表示. 但是对于下面要介绍的 O^D 群来说, 它还存在对应于半奇数的描写费米子的旋量表示.

旋量表示. 在张量表示中, 绕任何一个轴的 2π 的转动就是恒等变换, 对应于群的单位元 I. 但在连续空间我们知道, 还可以考虑绕某个轴转 2π 之后并不回到单位元, 而是回到另外一个相当于负的单位元的元素 J 的情况, 此时只有额外再转 2π 之后才能注定回到单位元, 即 $J^2 = I$. 对于特殊三维转动群 SO (3) 来说, 这样一个群元 J 的加入实际上将群扩展为了 SU (2). SO (3) 对应于真正三维转动不变的群, 它仅仅具有张量表示, 对应于整数角动量量子数. SU (2) 则是 SO (3) 的双重覆盖群 (double covering group), 它除了具有与玻色子对应的整数角动量量子数的表示之外, 还具有与费米子对应的半奇数角动量量子数表示. 完全类似地, 我们可以从 SO (3) 的分立版本 —— 立方群 O 出发进行扩充, 加入群元 J, 这样获得的双重覆盖群就是群 O^D. 这个群具有 48 个元素.

在加入了 2π 转动元素 J 之后获得的群 O^D, 除了前面表 5.1 中所列的五个张量的不可约表示之外, 还存在三个额外的旋量表示: G_1, G_2 和 H, 它们的维数分别为 2, 2 和 4 (见表 5.2). 这些表示又被称为射影表示 (ray representation). 由于 $2^2 + 2^2 + 4^2 = 24$, 因此群 O^D 不会再有其他的不可约表示了.

表 5.2 除了表 5.1 所列的张量表示之外的群 O^D 的旋量表示

	I	J	$6C_4$	$8C_3$	$8C_6$	$6C_8(\pm\pi/2)$	$6C_8(\pm 3\pi/2)$	$12C_4'$
G_1	2	-2	0	-1	1	$\sqrt{2}$	$-\sqrt{2}$	0
G_2	2	-2	0	-1	1	$-\sqrt{2}$	$\sqrt{2}$	0
H	4	-4	0	1	-1	0	0	0

¶ 需要注意的是, 上述讨论的仍然仅仅是立方群 O 的双重覆盖群, 还没有涉及宇称. 要将宇称的对称性加入, 我们只需要将 O^D 与宇称的对称群 Z_2 进行直积即可. 所得到的群记为 O_h^D, 包含 96 个群元. 它的不可约表示数目也比 O^D 的多一倍, 我们仍然将沿用 O^D 的那些表示名称, 只不过再加上一个标志宇称奇偶的角标 "g/u" 即可. 因此我们会有 A_1^g, T_2^u, G_1^u, H^g 等等.

¶ 要获得某个特定的对称变换的矩阵表示可以利用下面的事实: 立方群中的任意一个元素总是可以通过若干个绕 y 轴和绕 z 轴的 $\pi/2$ 转动的乘积来 "生成". 因此, 我们只需要知道这两个具体的转动, 记为 $C_{4y}(\pi/2)$ 和 $C_{4z}(\pi/2)$ 的矩阵表示就够了, 剩下的就是矩阵的乘法而已. 表 5.3 列出了各个对称操作下每个坐标的变换方式, 通过比较, 就可以方便地确定某个特定的对称操作如何表达为上述两种旋转的乘积的形式. 例如, 读者不难验证:

$$C_{6,xyz}(2\pi/3) = C_{4y}(\pi/2)C_{4z}(\pi/2), \quad C_{2,xz}'(\pi) = C_{6,xyz}(2\pi/3)C_{4z}(\pi/2). \tag{5.53}$$

正因为如此, 在任何一个不可约表示之中, 我们仅仅需要知道 $C_{4y}(\pi/2)$ 和 $C_{4z}(\pi/2)$ 的矩阵表示就够了.

表 5.3 群 O_h^D 中各个转动下坐标轴的变动情况

	I_s	$C_{4z}(\pi/2)$	$C_{4y}(\pi/2)$	$C_{6,xyz}(2\pi/3)$	$C'_{2,xz}(\pi)$
x	$-x$	y	$-z$	y	z
y	$-y$	$-x$	y	z	$-y$
z	$-z$	z	x	x	x

¶ 要获得某个特定表示中一个特定的群元的矩阵表示, 可以从量子场论的最基本的旋量表示出发. 在量子场论中我们知道, 二分量的旋量场是 Lorentz 群最基本的非平庸表示, 任何高阶的表示都可以用它的表示进行直积或直和获得. 具体到与夸克对应的 Dirac 场, 它就是一个左手旋量和一个右手旋量的直和. 一个四分量的 Dirac 场在四维 Lorentz 变换下的行为由矩阵 $\Lambda_{1/2}$ 给出,[1]

$$\Lambda_{1/2} = e^{-\frac{i}{2}\omega_{\alpha\beta}S^{\alpha\beta}}, \tag{5.54}$$

其中 $S^{\alpha\beta} = \frac{i}{4}[\gamma^\alpha, \gamma^\beta]$. 为了获得相应立方群下的变换行为, 我们只需要设定其中相应的参数即可. 例如, 对于绕 y 轴旋转 $\pi/2$ 的操作, 只需要设 $\omega_{13} = -\omega_{31} = \theta = \pi/2$, 而令其余所有的 $\omega_{\alpha\beta} = 0$ 即可. 当然, 具体的矩阵形式依赖于 γ 矩阵的选取.

¶ 最后让我们给出分立版本的表示与 SU(2) 表示之间的对应关系:

$$\frac{1}{2} = G_1, \quad \frac{3}{2} = H, \quad \frac{5}{2} = G_2 + H, \cdots \tag{5.55}$$

如果需要更高角动量的表示, 可以通过关系 $G_1 \times G_1 = A_1 + T_1$ 等来获得.

22　涂摩方法介绍

¶ 从正则量子化的哈密顿体系来看, 前面讨论的强子两点关联函数可以看成是不同时刻的 Heisenberg 绘景中相应算符的关联函数. 因此, 它具有 Hilbert 空间的谱分解形式, 参见本章一开始的公式 (5.1). 从这个角度可以帮助我们分析如何获得信噪比更好的关联函数. 假如希望研究的强子对应的量子态为 $|H\rangle$, 我们可以试图利用 "更好的" 产生算符, 它不仅仅能够从 QCD 真空中产生一个我们感兴趣的粒子, 而且要尽可能地增大重叠矩阵元 $|\langle H|\mathcal{O}|\Omega\rangle|$ (信号) 并降低其他的矩阵元 $|\langle H'|\mathcal{O}|\Omega\rangle|$, 其中 $H' \neq H$ (噪音). 这就引出所谓的涂摩源 (smeared source), 或者又称为延展源 (extended source) 的方法.[2]

---

[1] 参见任何量子场论教科书, 例如 Peskin 和 Schroeder 的著作.

[2] 涂摩是我发明的词. smear 的字面原意是 "涂抹", 即将原先在空间集中的东西平摊到一个更大的空间区域中的意思. 考虑到 "抹" 字太过口语化, 我将它换成了 "摩", 含有揣摩、琢磨、研究之意, 这也更接近 smearing 在格点量子色动力学中的含义, 因为这类操作往往都必须经过反复地调试和琢磨.

涂摩源的物理动机十分清晰. 以前面讨论的核子传播子为例, 我们构造算符 $\bar{N}^{\pm}(y = (t_0, \mathbf{0}))$ 的目的是希望在某个时刻 t_0 从 QCD 真空中产生出一个质心位于 $\mathbf{y} = \mathbf{0}$ 的核子. 核子是有结构的 QCD 束缚态, 它并不是一个绝对的点. 因此, 用绝对空间局域的点源算符 $\bar{N}^{\pm}(t_0, \mathbf{0})$ 来产生核子并不是最为有效的. 或者说这个算符除了产生位于 $(t_0, \mathbf{0})$ 这个点的一个静止的核子之外, 一般还会产生其他的能量相同的核子态, 但是其位置会稍稍偏离 $\mathbf{y} = \mathbf{0}$, 但仍在一个核子典型尺度之内. 它还会产生其他的能量更高的态, 例如各种内部激发的态, 或者具有非零三动量的核子态等等. 这些态的存在一般都会对我们希望计算的最低的核子态关联函数造成影响, 它们实际上是统计误差的重要来源. 因此, 要获得一个比较纯净的、质心位于原点的核子, 需要将算符 $\bar{N}^{\pm}(y)$ 适当扩展, 至少应当扩展到大约一个核子尺度的范围内. 这就是构造涂摩源的主要物理动机.

如何对原先空间集中的点源进行涂摩当然是一个比较技术性的问题. 由于有规范场和费米子场, 因此涂摩可以分为规范场的涂摩和夸克场的涂摩. 当然, 也可以将两者都进行涂摩. 通常的涂摩还可以分为两大类: 规范固定后的涂摩和规范协变的涂摩. 前者通常是首先对规范场进行规范固定, 然后再进行涂摩. 例如, 在谱学的某些计算中, 人们常常首先将规范场固定到 Coulomb 规范, 然后再进行各种涂摩, 甚至直接利用面源. 在第二类涂摩技术中人们一般使用规范协变的涂摩方法. 最为古老的涂摩方法是所谓的 APE 涂摩, Jacobi 涂摩等. 后来人们将其推广到所谓的 Laplace-Heaviside 涂摩, 又称为蒸馏 (distillation). 值得一提的是近年来发展起来的所谓的 Wilson 流 (Wilson flow) 的方法, 实际上也等价于一种涂摩方法. 下面分别简要的地介绍一下这些方法.

¶ 最为古老的 APE 涂摩的方法最早被应用在纯规范场的数值计算中. 我们将原先的一个规范链接 $U_{\mu}(x)$ 替换为该链接与其订书钉 $S_{\mu}(x)$ 变量之和的一个线性组合, 然后再投影回原先的规范群 SU (3):

$$U_{\mu}(x) \Rightarrow \left((1 - \alpha)U_{\mu}(x) + \alpha \sum S_{\mu}(x) \right) \mapsto \mathrm{SU}\,(3), \tag{5.56}$$

其中 $S_{\mu}(x)$ 表示 $U_{\mu}(x)$ 的某一个订书钉变量而求和则遍及 $U_{\mu}(x)$ 的所有订书钉, α 表示某个线性组合系数, 最后的 $\mapsto$ 表示对前面的结果投影回 SU (3). 这个过程可以对组态中的每一个链接进行, 这样经过涂摩就获得了一个新的组态. 新的组态仍然具有与原先组态同样的规范对称性和时空对称性. 因此, 这个过程可以继续迭代地进行 N_{s} 次. 这就是 APE 涂摩 (APE smearing) 的基本步骤. 它由两个参数决定: 一个是原先链接与其订书钉的线性组合系数 α, 另一个就是涂摩迭代的次数 N_{s}. 近年来人们还提出了 HYP 涂摩 (HYP smearing)[1] 以及所谓的茁壮链接涂摩

---

[1]参见 Hasenfratz A and Knechtli F. Phys. Rev. D, 2001, 64: 034504.

(stout-link smearing) 等技术.[1] 经过规范场的涂摩, 我们一般称新的链变量为胖链变量 (fat link). 因为它不仅包含原先链变量的信息, 还包含了其附近的其他链变量的信息.

¶ 上面说到的是对于规范场的涂摩技术, 同样可以对费米子场 (即夸克场和反夸克场) 进行涂摩. 下面以简单的由夸克和反夸克场的双线性项构成的介子算符为例来说明这个问题. 为此, 可以选取一个点源 (参见第 18.3 小节) 为

$$\phi_A^{(B)} = \delta_{A;B}. \tag{5.57}$$

令矩阵 $M_{A;B}$ 为

$$M = \sum_{n=0}^{N} \kappa^n H^n,$$

$$H_{x;y} = \sum_{j=1}^{3} \left[U_j(t, \boldsymbol{x}) \delta_{x+\hat{j};y} + U_j^\dagger(t, \boldsymbol{x} - \hat{j}) \delta_{x-\hat{j};y} \right]. \tag{5.58}$$

注意其中矩阵 H(从而矩阵 M 也是如此) 仅仅在三维空间和色空间是非平庸的, 它们在 Dirac 旋量空间是平庸的. 然后我们可以构造涂摩的夸克场

$$\psi^{(B)} = M \cdot \phi^{(B)}. \tag{5.59}$$

它由中心位于 B 的夸克场构成, 同时由于矩阵 H 的作用而兼具了周边点的夸克场. 通过调节参数 N 和 κ, 可以获得不同的涂摩了的夸克源. 这就是著名的 Jacobi 涂摩. 它是一种规范协变的涂摩方法.

这一章讨论了格点 QCD 中谱学的计算. 我们首先罗列了一般强子谱学计算的基本步骤, 随后分别以简单的 π 介子和核子为例, 说明了如何在格点 QCD 之中计算它们的关联函数并抽取其质量谱. 对格点上内插场算符构造的基本原则我们也给出了初步的说明. 对此感兴趣的读者可以参考相应的参考文献. 最后我们简要介绍了各种涂摩算法, 这对于增强谱学计算中的信噪比是十分关键的.

---

[1]参见 Morningstar C and Peardon M. Phys. Rev. D, 2004, 69: 054501.

第二部
进阶部分

第六章 强子矩阵元的格点计算

本章提要

☞ 局域复合算符的重整化
☞ 介子形状因子的格点计算
☞ 重子形状因子的格点计算
☞ 弱矩阵元的格点计算

这一章将讨论格点量子色动力学中强子矩阵元的计算. 这类计算不仅出现在强子物理的各类计算中, 同时也会出现在涉及电磁、弱相互作用, 同时又包含强相互作用的过程之中. 与谱学计算不同的是, 强子矩阵元的计算中一般需要计算某个算符在两个强子态间的矩阵元 $\langle H_{\mathrm{f}}|\mathcal{O}|H_{\mathrm{i}}\rangle$, 因此它涉及三个部分, 初态强子 H_{i}, 末态强子 H_{f} 以及中间的强子算符 $\mathcal{O}$.

通过第五章的讨论, 我们已经知道如何利用合适的内插场算符来产生我们希望研究的强子态 $|H_{\mathrm{i,f}}\rangle$, 所以关键就是中间的算符. 这里会遇到比谱学计算更为复杂的重整化问题. 也就是说, 算符 $\mathcal{O}$ 一般都是由格点 QCD 的基本场构成的所谓局域复合算符, 通常需要额外的重整化. 这个重整化对于矩阵元的计算是必须的, 尽管对于谱的计算往往并不是. 正是由于这个问题的存在, 才使得强子矩阵元的计算往往比起谱学的计算更为复杂. 本章将首先简要讨论一下局域复合算符的重整化问题, 仅仅局限在 Wilson 格点 QCD 的情形. 然后我们会给出几个典型的例子, 包括轻介子中形状因子的计算, 核子的电磁形状因子的计算. 它们都涉及费米子的双线性算符. 最后我们介绍一下与 CKM 矩阵元密切相关的所谓弱矩阵元 (weak matrix elements) 的计算 (这些会涉及四费米子的局域复合算符).

23 局域复合算符的重整化

¶ 第二章的第 6 节着重讨论了在格点上欧氏空间的场论中如何从非微扰的角度来理解重整化这个概念. 仅仅从体系配分函数 (或者说生成泛函) 的角度来说, 那里关于重整化的讨论已经足够了, 但是如果我们需要进行强子矩阵元的格点计算, 则还需要讨论相关的局域复合算符 (local composite operators) 的重整化问题. 格点的理论框架中给出的参数都是裸参数, 相应的算符也是由裸场构成的算符, 但是我们需要的矩阵元 (如果要与实验进行比较的话) 都是重整化的算符的矩阵元. 这两者之间就涉及局域算符的重整化问题. 本节将十分简要地讨论一下这个问题. 这将为后面讨论强子矩阵元的格点计算打下基础.

在一般的重整化理论中, 作用量层面的参数以及基本场的重整化是重整化的第一步. 如果我们需要计算复合算符 (而不是基本场) 的关联函数, 那么一般仍然需要额外的重整化. 这就是这里要讨论的复合算符的重整化问题. 以最为简单的标量场论为例, 正如第 6 节讨论过的, 在完成了质量参数 $m_0^2 \Rightarrow m_{\mathrm{R}}^2$, 自耦合参数 $\lambda_0 \Rightarrow \lambda_{\mathrm{R}}$ 以及基本场 $\phi_{\mathrm{B}}(x) = Z_\phi^{1/2} \phi_{\mathrm{R}}(x)$ 的重整化之后, 如果需要计算复合算符 $\phi_{\mathrm{R}}^2(x)$ 的关联函数, 我们仍然需要额外的重整化. 也就是说, 如果讨论重整化的算符 $(\phi^2)_{\mathrm{R}}(x)$, 它并不是简单地就满足

$$[\phi_{\mathrm{R}}(x)]^2 = [Z_\phi^{-1/2} \phi_{\mathrm{B}}(x)]^2 = Z_\phi^{-1} \phi_{\mathrm{B}}^2(x),$$

而是一般需要一个额外的重整化因子 Z_{ϕ^2}:

$$(\phi^2)_{\mathrm{R}} = Z_{\phi^2} \cdot \left(Z_\phi^{-1} \phi_{\mathrm{B}}^2(x) \right). \tag{6.1}$$

新的重整化因子 Z_{ϕ^2} 必须由新的重整化条件来确定. 在这些复合算符的重整化过程中, 对称性起着极为重要的作用. 上面提到的 $\phi^2(x)$ 的额外重整化是在 $\lambda\phi^4$ 模型的对称相中的结果. 如果在破缺相中, 那么 $\phi^2(x)$ 的重整化的过程中还可以出现所谓的算符混合 (operator mixing) 现象. 具体来说, 一个复合算符在重整化的过程中, 会与比它量纲低的、对称性所允许的算符发生混合. 因此在对称相之中, 对称性保证了算符 ϕ^2 只能够和自身发生混合,[1] 所以重整化的算符与裸算符仅仅相差一个相乘的重整化因子 Z_{ϕ^2}. 但是在破缺相中 $\phi^2(x)$ 可以与 $\phi(x)$ 发生混合. 复合算符的重整化频繁出现在 Wilson 的算符乘积展开 (operator product expansion, OPE) 之中. 希望进一步了解在连续场论的微扰论框架下如何进行复合算符重整化的读者可以参考 Collins 的专著, 特别是其中的第六章和第十章.[2]

---

[1] 严格来说, 它还可以与单位算符发生混合. 但是单位算符仅仅贡献一个常数并且不会出现在任何连通的图之中, 因此一般都将其忽略掉.

[2] Collins J. Renormalization. Cambridge University Press, 1984.

对于像 QCD 这样的理论, 上面所说的关于复合算符重整化的特性同样成立. 在基本场以及基本参数重整化完成之后, 我们往往需要计算由基本场构成的复合算符的关联函数. 这时原则上需要对这些复合算符进行额外的重整化. 有的读者也许会问, 在前面讨论强子谱计算的时候构造的其实都是复合算符的关联函数, 为什么那里根本没有提及额外的重整化问题呢? 原因就在于那里我们仅仅关心 QCD 的谱性质 (质量和能量). 可以证明的是, 如果仅仅关心关联函数随虚时的衰减速率, 那么可以不必关心复合算符的重整化问题. 按照第五章中的基本公式 (5.1), 复合算符的重整化效应都隐藏在相应的谱权重因子 $|\langle n|\mathcal{O}(0)|\Omega\rangle|^2$ 之中, 而不会出现在相应的能谱 E_n 中, E_n 永远是体系哈密顿量的本征值. 由于我们总是在单个指数衰减的区间取合适的比例去构造有效质量, 参见第 20 节, 因此算符 $\mathcal{O}$ 的额外重整化因子总是被消掉. 换句话说, 是否有重整化并不会影响最终的关于 E_n 的结果. 但是如果我们就关心矩阵元 $\langle n|\mathcal{O}(0)|\Omega\rangle$ 本身的数值, 那么可能的重整化因子无疑是重要的, 这就是这一章需要讨论的内容.

¶ 为了明确起见, 我们将仅仅讨论 Wilson 费米子的情形. 同时, 由于后面的几个具体的应用, 本节主要讨论夸克场双线性的算符的情形. 本章的后面也会对四费米子算符的情形稍做介绍, 这主要出现在弱矩阵元的格点计算中. 对于费米子的双线性型, 我们希望讨论形如 $\bar{\psi}\Gamma\psi(x)$ 这种类型的局域算符的重整化问题, 其中的 Γ 可以取标量 S, 赝标 P, 矢量 V, 轴矢 A 和张量 T 等情形. 本节的讨论比较简略, 更加详细的讨论可以参考原始文献.[1]

我们知道 Wilson 费米子的作用量 (见第三章第 11 节的公式 (3.53)) 可以写成

$$S_{\mathrm{f}} = \sum_x \bar{\psi}(x)(D+m_0)\psi(x) = \sum_x \bar{\psi}(x)\left[\frac{1}{2}(\nabla_\mu + \nabla_\mu^*)\gamma_\mu - \frac{1}{2}\nabla_\mu\nabla_\mu^* + m_0\right]\psi(x). \tag{6.2}$$

纯规范场的作用量 $S_{\mathrm{g}}[U_\mu]$ 对于本节的讨论并不重要, 因此我们并没有明确地写出. 这里的夸克场 $\psi(x)$ 是一个味道的二重态. 例如对于两味的轻夸克, $\psi(x) = (u(x), d(x))^{\mathrm{T}}$ 而 m_0 则是味道空间一个对角的矩阵. 在多数的情形下, 我们将假定两味轻夸克是简并的, 这时 m_0 正比于味道空间的单位矩阵, 即 $m_0 = m_q I$.

现在讨论格点上的费米子场 $\psi(x)$ 和反费米子场 $\bar{\psi}(x)$ 发生的下列改变:

$$\delta_A^a \psi(x) = \left(\frac{\tau^a}{2}\right)\gamma_5\psi(x), \quad \delta_A^a \bar{\psi}(x) = \bar{\psi}(x)\gamma_5\left(\frac{\tau^a}{2}\right). \tag{6.3}$$

在这个公式中, τ^a 代表了夸克场味道空间对称群相应的李代数的生成元. 如果仅仅考虑两味的轻夸克 (u 和 d), 那么它们就是通常的 Pauli 矩阵. 公式 (6.3) 中的下标

[1]见 Bochicchio M, Maiani L, Martinelli G, Rossi G, and Testa M. Chiral symmetry on the lattice with Wilson fermions. Nucl. Phys. B, 1985, 262: 331. 为了与该文献的符号尽可能地保持一致, 我们稍稍改动了我们的记号, 例如费米子场写成了 $\psi(x)$ 而不是 ψ_x.

A 表示这是一个与轴矢流 (axial vector current) 相关的变化. 当然我们完全可以类似定义与矢量流相应的场的变化:

$$\delta_V^a \psi(x) = \left(\frac{\tau^a}{2}\right)\psi(x), \quad \delta_V^a \bar{\psi}(x) = -\bar{\psi}(x)\left(\frac{\tau^a}{2}\right). \tag{6.4}$$

最为普遍的包含上述两类无穷小变化的场的变化行为是

$$\begin{cases} \delta\psi(x) = [\epsilon_V^a(x) + \epsilon_A^a(x)\gamma_5]\left(\dfrac{\tau^a}{2}\right)\psi(x), \\[2mm] \delta\bar{\psi}(x) = \bar{\psi}(x)\left(\dfrac{\tau^a}{2}\right)[-\epsilon_V^a(x) + \epsilon_A^a(x)\gamma_5], \end{cases} \tag{6.5}$$

其中 $\epsilon_A^a(x)$ 和 $\epsilon_V^a(x)$ 是任意的无穷小函数.

¶ 一个重要的结论是, 在无穷小变换下矢量流和轴矢流的无穷小改变满足一组封闭的代数关系 (所谓的流代数):

$$\delta_V^a V_\mu^b(x) = -\mathrm{i}\epsilon^{abc} V_\mu^c(x), \quad \delta_A^a V_\mu^b(x) = -\mathrm{i}\epsilon^{abc} A_\mu^c(x),$$
$$\delta_V^a A_\mu^b(x) = -\mathrm{i}\epsilon^{abc} A_\mu^c(x), \quad \delta_A^a A_\mu^b(x) = -\mathrm{i}\epsilon^{abc} V_\mu^c(x). \tag{6.6}$$

这里的矢量流和轴矢流的具体定义在后面的公式 (6.15) 和公式 (6.20) 中给出.

¶ 下面来计算 Wilson 费米子作用量 (6.2) 在无穷小变换 (6.5) 下的变化. 显然, 我们可以分别讨论矢量流和轴矢量的无穷小改变, 因为在普遍的无穷小变化 (6.5) 下, 费米子作用量的改变一定可以写成

$$\delta S_{\mathrm{f}} = \delta_A S_{\mathrm{f}} + \delta_V S_{\mathrm{f}}. \tag{6.7}$$

这里 $\delta_V S_{\mathrm{f}}$ 和 $\delta_A S_{\mathrm{f}}$ 分别是相应于矢量流 (即 $\epsilon_A = 0$, $\epsilon_V \neq 0$) 和轴矢流 (即 $\epsilon_V = 0$, $\epsilon_A \neq 0$) 的作用量改变.

为了能够求出 $\delta_V S_{\mathrm{f}}$ 和 $\delta_A S_{\mathrm{f}}$ 的具体形式, 我们首先考察 Wilson 微分算符 D. 如果用前面定义的格点微分算符写出, 有

$$\mathrm{D} = \frac{1}{2}\sum_\mu \left[(\nabla_\mu + \nabla_\mu^*)\gamma_\mu - \nabla_\mu \nabla_\mu^*\right]. \tag{6.8}$$

它作用在费米子场 $\psi(x)$ 上的结果是

$$[\mathrm{D}\psi](x) = -\frac{1}{2}\sum_\mu \left[(1-\gamma_\mu)U_\mu(x)\psi(x+\hat{\mu}) + (1+\gamma_\mu)U_\mu^\dagger(x-\hat{\mu})\psi(x-\hat{\mu}) - 2\psi(x)\right].$$
$$\tag{6.9}$$

在计算 Wilson 费米子作用量的变化时特别要注意到费米子矩阵 $(\mathrm{D} + m_0)$ 实际上包含性质不同的三个部分: 第一部分是算符 D 中的一阶微商项, 也就是正比于 γ_μ

的项; 第二部分是算符 D 中的二阶微商项, 也就是 Wilson 项; 第三部分是裸质量项 m_0. 这里面第一部分包含时空微商, 同时它的 Dirac 结构是手征的, 它的味结构是平庸的; 第二部分也包含时空微商, 它的 Dirac 和味结构都是平庸的; 第三部分不包含时空微商, Dirac 结构是平庸的, 但是它的味结构可能是一个对角矩阵. 注意到了这些因素, 在计算时就会比较容易了. 下面分别计算对于矢量流和轴矢流的无穷小变换 (6.4) 和 (6.3) 的费米子作用量的变化 $\delta_V S_f$ 和 $\delta_A S_f$.

23.1 矢量流与轴矢流

¶ 首先我们来看矢量流的变化. 按照前面所讨论的规则, 我们发现矢量流变换所引起的费米子作用量的变化为

$$\delta_V S_f = \sum_x \left\{ \bar{\psi}(x) \left(\frac{\tau^a}{2} \right) [D\epsilon_V^a(x) - \epsilon_V^a(x)D] \psi(x) + \bar{\psi}(x)\epsilon_V^a(x) \left[m_0, \frac{\tau^a}{2} \right] \psi(x) \right\}. \tag{6.10}$$

利用公式 (6.9), 得到

$$[D, \epsilon_V^a(x)]\psi(x) = -\frac{1}{2} \sum_x [\partial_\mu \epsilon_V^a(x)] \bar{\psi}(x) \left(\frac{\tau^a}{2} \right) (1 - \gamma_\mu) U_\mu(x)\psi(x+\hat{\mu})$$
$$+ \frac{1}{2} \sum_x [\partial_\mu^* \epsilon_V^a(x)] \bar{\psi}(x) \left(\frac{\tau^a}{2} \right) (1+\gamma_\mu) U_\mu^\dagger(x-\hat{\mu})\psi(x-\hat{\mu}). \tag{6.11}$$

对上式中的第二项和第三项进行 (格点上的) 分部积分后得到

$$\delta_V S_f = \sum_x \epsilon_V^a(x) \left\{ \bar{\psi}(x) \left[m_0, \frac{\tau^a}{2} \right] \psi(x) - \partial_\mu^* \tilde{V}_\mu^a(x) \right\}, \tag{6.12}$$

其中定义了一个格点上修正的矢量流

$$\tilde{V}_\mu^a(x) = \bar{\psi}(x) \left(\frac{\tau^a}{2} \right) \left(\frac{\gamma_\mu - 1}{2} \right) U_\mu(x)\psi(x+\hat{\mu}) + \bar{\psi}(x+\hat{\mu}) \left(\frac{\tau^a}{2} \right) \left(\frac{\gamma_\mu + 1}{2} \right) U_\mu^\dagger(x)\psi(x). \tag{6.13}$$

因此, 公式 (6.12) 就是矢量流无穷小变化下费米子作用量的变化结果. 对于简并的两味轻夸克, 裸夸克质量正比于单位矩阵, 因此公式 (6.12) 中的第一项为零, 从而有

$$\delta_V S_f = - \sum_x \epsilon_V^a(x) \left[\partial_\mu^* \tilde{V}_\mu^a(x) \right]. \tag{6.14}$$

后面会论证, 这个表达式实际上意味着, 公式 (6.13) 中所定义的修正的矢量流即使在格点上也是守恒的. 这一点非常重要, 蕴涵着一系列 Ward 恒等式. 利用这些性质可以论证, 这些守恒的流作为一个复合算符, 并不需要第 23 节提到的额外的重整化因子. 仔细考察修正的矢量流 (6.13) 会发现, 其中正比于 γ_μ 的项源于算符 D

中的一阶微商, 而与其相加的常数项 (这里是 ± 1, 更一般则是 $\pm r$, 其中 r 是 Wilson 参数) 则起源于 Wilson 项. 为了方便, 人们还定义了没有 Wilson 项所对应的矢量流

$$V_\mu^a(x) = \frac{1}{2}\left\{\bar{\psi}(x)\left(\frac{\tau^a}{2}\right)\gamma_\mu U_\mu(x)\psi(x+\hat{\mu}) + \bar{\psi}(x+\hat{\mu})\left(\frac{\tau^a}{2}\right)\gamma_\mu U_\mu^\dagger(x)\psi(x)\right\}. \quad (6.15)$$

它可以看成是 Wilson 参数 $r = 0$ 时 (即天真费米子的情形) 的矢量流. 所有上述矢量流都有一个特点, 它的费米子场和反费米子场并不都在同一个格点上, 因此它们又被称为点分离的 (point-split) 矢量流. 类似地, 可以仿照连续时空中的情形定义完全局域的矢量流

$$V_\mu^{a,\mathrm{loc}}(x) = \bar{\psi}(x)\left(\frac{\tau^a}{2}\right)\gamma_\mu\psi(x). \quad (6.16)$$

对于 Wilson 费米子而言, 后两种定义的矢量流 (即 $V_\mu^a(x)$ 和 $V_\mu^{a,\mathrm{loc}}(x)$) 在格点上实际上是不守恒的, 它们作为复合算符一般来说需要额外的重整化因子.

¶ 下面来看轴矢流. 对于轴矢流的无穷小变化 (6.5), 有

$$\delta_A S_\mathrm{f} = \sum_x \epsilon_A^a(x)\bar{\psi}(x)\left\{m_0, \frac{\tau^a}{2}\right\}\gamma_5\psi(x) + \sum_x \bar{\psi}(x)\frac{\tau^a}{2}\left\{\mathrm{D}, \epsilon_A^a(x)\gamma_5\right\}\psi(x). \quad (6.17)$$

下面详细地来考察上式中的第二项. 按照公式 (6.9), 有

$$\begin{aligned}
\left\{\mathrm{D}, \epsilon_A^a(x)\gamma_5\right\}\psi(x) = -\frac{1}{2}\sum_\mu &[(1-\gamma_\mu)\gamma_5\epsilon_A^a(x+\hat{\mu})U_\mu(x)\psi(x+\hat{\mu}) \\
&+ (1+\gamma_\mu)\gamma_5\epsilon_A^a(x-\hat{\mu})U_\mu^\dagger(x)\psi(x-\hat{\mu}) - 2\epsilon_A^a(x)\psi(x) \\
&+ \gamma_5(1-\gamma_\mu)\epsilon_A^a(x)U_\mu(x)\psi(x+\hat{\mu}) \\
&+ \gamma_5(1+\gamma_\mu)\epsilon_A^a(x)U_\mu^\dagger(x)\psi(x-\hat{\mu}) - 2\epsilon_A^a(x)\psi(x)]. \quad (6.18)
\end{aligned}$$

可以将这个公式中的常数项和正比于 γ_μ 的项分开, 由于 $\{\gamma_\mu, \gamma_5\} = 0$, 因此正比于 γ_μ 的项正好包含无穷小因子的微商项. 将其分部积分后得到:

$$\begin{aligned}
\delta_A S_\mathrm{f} = &\sum_x \epsilon_A^a(x)\bar{\psi}(x)\left\{m_0, \frac{\tau^a}{2}\right\}\gamma_5\psi(x) \\
&- \sum_x \epsilon_A^a(x)[\partial_\mu^* A_\mu^a(x) - X^a(x)]. \quad (6.19)
\end{aligned}$$

其中定义了格点上的轴矢流

$$A_\mu^a(x) = \frac{1}{2}\left[\bar{\psi}(x)\frac{\tau^a}{2}\gamma_\mu\gamma_5 U_\mu(x)\psi(x+\hat{\mu}) + \bar{\psi}(x+\hat{\mu})\frac{\tau^a}{2}\gamma_\mu\gamma_5 U_\mu^\dagger(x)\psi(x)\right], \quad (6.20)$$

而物理量 $X^a(x)$ 的定义是

$$X^a(x) = -\frac{1}{2}\sum_\mu \left\{ \bar{\psi}(x)\frac{\tau^a}{2}\gamma_5 U_\mu(x)\psi(x+\hat{\mu}) + \bar{\psi}(x+\hat{\mu})\frac{\tau^a}{2}\gamma_5 U_\mu^\dagger(x)\psi(x) \right.$$

$$\left. + (x \to x - \hat{\mu}) - 4\bar{\psi}(x)\frac{\tau^a}{2}\gamma_5\psi(x) \right\}. \tag{6.21}$$

这个物理量实际上是费米子作用量中的 Wilson 项在无穷小手征变换下所诱导出来的. 如果从量纲上分析, $X^a(x)$ 是一个量纲为 5 的算符. 下一节会分析它对于轴矢流的影响. 公式 (6.19) 就是轴矢流无穷小变化下费米子作用量的变化结果.

23.2 手征 Ward 恒等式

¶ 上一小节推导出了无穷小矢量流和轴矢流变换下 Wilson 费米子作用量的相应变化, 其结果包含在公式 (6.12) 和公式 (6.19) 之中. 我们还定义了相应的格点上的矢量流 (6.13) 和轴矢流 (6.20). 这一节将推导由此无穷小变化所诱导出的 Ward 恒等式.

推导 Ward 恒等式的出发点是与费米子作用量 (6.2) 相应的生成泛函:

$$Z[\bar{J}, J] = \int \mathcal{D}\bar{\psi}\mathcal{D}\psi \exp\left\{ -S_\mathrm{f}[\bar{\psi}, \psi] + \sum_x \left[\bar{J}(x)\psi(x) + \bar{\psi}(x)J(x) \right] \right\}. \tag{6.22}$$

有了生成泛函, 只需要对于相应的外源求偏微商就可以得到需要的关联函数.

现在假定对路径积分 (6.22) 的积分变量做如下的变化:

$$\begin{aligned} \psi(x) &\to \psi(x) + \delta\psi(x), \\ \bar{\psi}(x) &\to \bar{\psi}(x) + \delta\bar{\psi}(x), \end{aligned} \tag{6.23}$$

其中场的无穷小变化按照公式 (6.5) 给出. 同时, 假定路径积分 (6.22) 在这个变量替换下不变, 那么我们可以写出一阶无穷小的变化为

$$\delta Z = \int \mathrm{D}\bar{\psi}\mathrm{D}\psi \left(-\delta S_f + \bar{J}\delta\psi + \delta\bar{\psi}J \right) \mathrm{e}^{-S_f + \bar{J}\psi + \bar{\psi}J} = 0. \tag{6.24}$$

所有的 Ward 恒等式都可以通过对上面这个无穷重要的公式做如下操作后得到:

1. 对适当的外源求微商, 然后再令外源等于零.

2. 再对于无穷小变量 $\epsilon_A^a(x)$ 或 $\epsilon_V^a(x)$ 求微商.

下面分别演示几种重要的情形.

23.3　PCAC 关系

这一小节讨论轴矢流的散度在 "物理态" 之间的矩阵元. 所谓 "物理态" 可以看成是一系列相应的场算符从 QCD 真空中产生相应的粒子所构成. 为了明确起见, 我们考虑轴矢流的散度在真空态和一个 π 介子态之间的矩阵元

$$\langle 0|\partial_\mu^* A_\mu^a(x)\pi^b(y)|0\rangle, \tag{6.25}$$

其中定义的赝标介子场 (复合算子) 为

$$\pi^b(x) = \bar\psi(y)\frac{\tau^b}{2}\gamma_5\psi(y). \tag{6.26}$$

这个矩阵元可以通过对公式 (6.24) 中的外源求偏微商得到:

$$\left[\frac{\partial}{\partial J(y)}\right]\left(\frac{\tau^b}{2}\right)\gamma_5\left[\frac{\partial}{\partial \bar J(y)}\right]\delta Z. \tag{6.27}$$

首先, 我们将对于 $\bar J(y)$ 偏导数作用上去, 得到

$$\int \mathcal{D}\bar\psi\mathcal{D}\psi e^{-S_f+\bar J\psi+\bar\psi J}\left[\psi(y)\left(-\delta S_f + \bar J\delta\psi + \delta\bar\psi J\right) + \delta\psi(y)\right]. \tag{6.28}$$

然后再将对于 $J(y)$ 的偏微商作用上去并且令外源等于零后, 得到

$$\int \mathcal{D}\bar\psi\mathcal{D}\psi e^{-S_f}\bar\psi(y)\left[\psi(y)\left(-\delta S_f\right) + \delta\psi(y)\right] - \psi(y)\delta\bar\psi(y). \tag{6.29}$$

将味道和 γ 矩阵的指标安排后, 得到

$$\langle 0|\delta_A S_f \pi^b(y)|0\rangle = \langle 0|\delta\pi^b(y)|0\rangle. \tag{6.30}$$

这里得到的公式 (6.30) 实际上可以推广到任意的场算符 (包括复合算符):

$$\langle 0|\delta_A S_f \mathcal{O}(y)|0\rangle = \langle 0|\delta\mathcal{O}(y)|0\rangle, \tag{6.31}$$

其中 $\mathcal{O}(y)$ 是 y 点的任意算符, $\delta\mathcal{O}(y)$ 是该算符在无穷小手征变换下的改变. 公式 (6.30) 只不过是公式 (6.31) 在 $\mathcal{O} = \pi^b$ 时的特例.

对于味道群 SU (2), 有

$$\left\{\frac{\tau^a}{2}, \frac{\tau^b}{2}\right\} = \frac{1}{2}\delta^{ab}. \tag{6.32}$$

将公式 (6.30) 两边对 $\epsilon_A^a(x)$ 求微商, 利用上一节中关于 $\delta_A S_f$ 的结果 (6.19), 有

$$\langle 0|\partial_\mu^* A_\mu^a(x)\pi^b(y)|0\rangle = \left\langle 0\left|\left[\bar\psi(x)\left\{m_0, \frac{\tau^a}{2}\right\}\gamma_5\psi(x) + X^a(x)\right]\pi^b(y)\right|0\right\rangle$$
$$+\frac{1}{2}\delta^{ab}\delta_{xy}\langle 0|\bar\psi(x)\psi(x)|0\rangle. \tag{6.33}$$

上式右边的最后一项被称为"接触项" (contact term), 在 $x \neq y$ 的时候恒等于零. 因此, 如果选取 $x \neq y$, 那么就得到

$$\langle 0|\partial_\mu^* A_\mu^a(x)\pi^b(y)|0\rangle = \left\langle 0 \left| \left[\bar{\psi}(x)\left\{ m_0, \frac{\tau^a}{2} \right\}\gamma_5\psi(x) + X^a(x) \right]\pi^b(y) \right| 0 \right\rangle. \quad (6.34)$$

这个结果就是通常所说的部分守恒的轴矢流关系, 或者简称为 PCAC 关系. 它说明轴矢流的不守恒的来源有两个: 一是由于质量项的存在. 当我们考虑两种简并的味道时, 这一项就正比于流夸克质量和赝标量密度. 另外一项是由于 $X^a(x)$ 的贡献. 前面提到了, 这个贡献完全是由格点上的 Wilson 项引起的. 由于 Wilson 项实际上明显地破坏了手征对称性, 从而对轴矢流散度的矩阵元也有相应的贡献.

　　按照量纲分析, 量 $X^a(x)$ 是一个高量纲算符, 它的量纲是 5. 换句话说, 它似乎是 $O(a)$ 的算符, 在 "天真的" 连续极限下它的贡献似乎趋于零. 但实际上由于紫外发散的存在, 在重整化以后它的效应并不会在连续极限中完全消失. 事实上, 我们可以试图定义一个新的量 $\bar{X}^a(x)$, 它的所有在壳的物理矩阵元都在连续极限下趋于零. 按照对称性, 可能的混合为[1]

$$\bar{X}^a = X^a + \bar{\psi}\left\{ \bar{m}, \frac{\tau^a}{2} \right\}\psi + (Z_A - 1)\partial_\mu^* A_\mu^a. \quad (6.35)$$

由此, 我们可以将公式 (6.34) 改写为

$$Z_A\langle 0|\partial_\mu^* A_\mu^a(x)\pi^b(y)|0\rangle = \left\langle 0 \left| \left[\bar{\psi}(x)\left\{ (m_0 - \bar{m}), \frac{\tau^a}{2} \right\}\gamma_5\psi(x) + \bar{X}^a(x) \right]\pi^b(y) \right| 0 \right\rangle. \quad (6.36)$$

按照定义, 在连续极限下 $\bar{X}^a$ 对矩阵元贡献趋于零, 我们就得到连续极限下格点 Wilson QCD 的 PCAC 关系:

$$Z_A\langle 0|\partial_\mu^* A_\mu^a(x)\pi^b(y)|0\rangle = \left\langle 0 \left| \left[\bar{\psi}(x)\left\{ (m_0 - \bar{m}), \frac{\tau^a}{2} \right\}\gamma_5\psi(x) \right]\pi^b(y) \right| 0 \right\rangle. \quad (6.37)$$

以上的讨论虽然是以一个 π 介子态和真空之间的矩阵元为例, 但是类似的讨论可以运用到其他物理态之间的矩阵元.

　　需要注意的是, 公式 (6.37) 实际上并不能完全确定重整化常数 Z_A 和 $\bar{m}$, 而仅仅是确定了它们的组合 $(m_0 - \bar{m})/Z_A$. 要完全确定这两个常数必须再加上其他重整化条件. 在微扰论中, 一种比较方便的条件是要求 $\bar{X}^a(x)$ 的不在壳的关联函数也趋于零:

$$\langle \bar{X}^a(x)\psi(x_1)\bar{\psi}(x_2)\rangle \to 0, \quad a \to 0. \quad (6.38)$$

---

[1]我们仅仅讨论非味道单态的情形, 对于味道单态 (flavor singlet) 的情况会出现手征反常.

这个关系足以在微扰论中完全确定质量相加的重整化常数 $\bar{m}$ 和轴矢流重整化常数 Z_A. 于是, 我们可以定义重整化的轴矢流

$$A_{(\mathrm{R})\mu}^a(x) = Z_A A_\mu^a(x). \tag{6.39}$$

这样一来, 可以验证重整化的轴矢流在一个动量为 p 的物理的夸克态之间的矩阵元满足

$$\langle p|A_{(\mathrm{R})\mu}^a|p\rangle = Z_A\langle p|A_\mu^a|p\rangle = \bar{u}(p)\frac{\tau^a}{2}\gamma_\mu\gamma_5 u(p). \tag{6.40}$$

如果不是在微扰论的范畴中讨论, 那么可以取 $\bar{X}^a(x)$ 在物理的强子之间的矩阵元. 这时仍然需要要求

$$\langle h_1|\bar{X}^a(x)|h_2\rangle \to 0, \quad a \to 0, \tag{6.41}$$

其中 $|h_1\rangle$ 和 $|h_2\rangle$ 代表两个物理的强子态. 这个条件仅仅确立了 $(m_0 - \bar{m})/Z_A$. 要进一步确定这些常数, 必须考虑算符 $\bar{X}^a$ 与色单态的复合算符的 (不在壳) 矩阵元. 由于 $\bar{X}^a$ 不传播物理的在壳态, 对于不在壳的关联函数, 它只会贡献一些 "接触项", 因此我们可以要求 $\bar{X}^a$ 与一些合适的复合算符的关联函数中仅仅包含接触项. 这个条件足以确定所有的重整化常数.

24 π 介子的电磁形状因子

¶ 首先回顾一下连续时空量子场论中形状因子的定义. 当我们用光 (电磁波) 去照射一个带电的强子, 比如说 π^+ 介子时, 光子与介子的相互作用可以用形状因子来描写:

$$\langle \pi^+(p_\mathrm{f})|\tilde{J}_\mu^{\mathrm{em}}(q)|\pi^+(p_\mathrm{i})\rangle = (p_\mathrm{f} + p_\mathrm{i})_\mu f_\pi(q^2), \tag{6.42}$$

其中 p_i 和 p_f 分别是初态和末态 π^+ 介子的四动量, $q = p_\mathrm{f} - p_\mathrm{i}$ 是 (虚) 光子携带的四动量, $\tilde{J}_\mu^{\mathrm{em}}(q)$ 是实空间夸克电磁矢量流算符 $J_\mu^{\mathrm{em}}(x)$ 的傅里叶分量,

$$J_\mu^{\mathrm{em}}(x) = \frac{2}{3}\bar{u}\gamma_\mu u(x) - \frac{1}{3}\bar{d}\gamma_\mu d(x), \tag{6.43}$$

其中的 2/3 和 $(-1/3)$ 分别对应于 u 和 d 夸克 (以基本电荷 $|e|$ 为单位) 的电量. 函数 $f_\pi(q^2)$ 就是 π 介子的形状因子. 它包含了 π 介子中电量的分布信息. 在四维闵氏空间, 由于 Lorentz 对称性, f_π 将只是 q^2 的函数. 另一个与其密切相关的物理量是 π 介子的电荷半径. 对于足够小的 q^2, 它的展开式为[1]

$$f_\pi(q^2) = 1 - \frac{1}{6}\langle r_\pi^2\rangle q^2 + O(q^4), \quad \langle r_\pi^2\rangle = 6\left.\frac{\mathrm{d}f_\pi(q^2)}{\mathrm{d}q^2}\right|_{q^2=0}. \tag{6.44}$$

---

[1]注意 $f_\pi(q^2 = 0)$ 的数值恰好就是相应粒子, 这里就是 π 介子 (以基本电量 $|e|$ 为单位) 的电量, 因此我们必定有 $f_\pi(0) = 1$.

其中的展开系数 $\langle r_\pi^2 \rangle$ 就被定义为 π 介子的电荷半径 (charge radius) 的平方. 由于非微扰特性, π 介子的电磁形状因子 (以及相应的电荷半径) 并不是一个微扰可计算的物理量. 要从第一原理出发计算它的唯一途径就是利用格点量子色动力学, 直接计算其定义式, 即公式 (6.42) 左边的强子矩阵元.[1]

在格点上具体计算这个矩阵元之前, 我们首先需要对它的定义做一些修订. 首先, 在格点上矢量流的表达式会有所改变. 以 Wilson 格点 QCD 为例, 前面我们看到在格点上可以定义几种不同的矢量流算符, 参见第 23.1 小节中定义的守恒矢量流 (6.13)、点分离的矢量流 (6.15) 以及局域的矢量流 (6.16). 这些矢量流原则上都可以使用, 只是在使用非守恒的流的时候, 相应的矩阵元 (形状因子) 的计算中需要加入一个额外的重整化因子 Z_V.[2]

25　重子形状因子的格点计算

¶ 类似的计算也可以推广到重子. 只不过在重子的情形下, 数值计算的统计噪声会更为严重, 因此往往需要采取更多的手段. 一个典型的应用是核子的电磁形状因子的计算.[3]

首先考虑连续闵氏时空中的量子场论. 我们知道这时的标准分解为

$$\langle N(p',s')|J_\mu^{em}(0)|N(p,s)\rangle = \bar{u}(p',s')\left[\gamma_\mu F_1(q^2) + \frac{i\sigma_{\mu\nu}q^\nu}{2m_N}F_2(q^2)\right]u(p,s), \quad (6.45)$$

其中 $|N(p,s)\rangle$ 是恰当归一化的核子量子态, 而

$$J_\mu^{em}(x) = (2/3)\bar{u}\gamma_\mu u(x) - (1/3)\bar{d}\gamma_\mu d(x) \quad (6.46)$$

则是由 u 和 d 两味夸克场构成的电磁流算符, $u(p,s)$ 是相应的 Dirac 旋量, m_N 是核子质量, $q = p' - p$ 是末态和初态之间的四动量差. $F_1(q^2)$ 和 $F_2(q^2)$ 是两个 q^2 的函数, 称为核子的形状因子 (form factors). 具体到这个情形, 它们又分别被称为 Dirac 形状因子和 Pauli 形状因子. 一般来说, 在格点计算中我们会将 q^2 用初态和末态的能量和动量来表达,

$$q^2 \equiv -Q^2 = (E_N(\boldsymbol{p}') - E_N(\boldsymbol{p}))^2 - (\boldsymbol{p}' - \boldsymbol{p})^2. \quad (6.47)$$

---

[1]这里 π 介子的形状因子与大家在 QED 中学习的电子的形状因子 $F_1(q^2)$ 和 $F_2(q^2)$ 是完全类似的. 那里的定义也可以看成是电磁流算符在入射和出射电子之间的矩阵元. 所不同的是, 由于 π 介子是个标量玻色子, 因此它只有一个标量函数 $f_\pi(q^2)$.

[2]Z_V 的数值可以通过额外的格点计算获得.

[3]一个可以参考的文献是 Capitani S, et al. Nucleon electromagnetic form factors in two-flavor QCD. Phys. Rev. D, 2015, 92: 054511.

通常可以假定同位旋是好的量子数, 这样一来有

$$\langle p(p',s')|[u\gamma^\mu u - \bar{d}\gamma^\mu d]|p(p,s)\rangle = \langle p(p',s')|J^{\mathrm{em}}_\mu|p(p,s)\rangle - \langle n(p',s')|J^{\mathrm{em}}_\mu|n(p,s)\rangle,$$

(6.48)

其中 $|p(p,s)\rangle$ 和 $|n(p,s)\rangle$ 分别代表具有确定四动量 p 和自旋 s 的质子态与中子态. 等式左边的算符实际上正比于 $\bar{\psi}\gamma^\mu\tau^3\psi$ (如果我们用 $\psi = (u,d)^{\mathrm{T}}$ 代表两味轻夸克构成的同位旋双态夸克场), 也就是所谓的同位旋矢量的矢量流算符. 等式的右边则直接对应于在质子或中子实验中测得的电磁流矩阵元. 另外两个经常用到的形状因子被称为电形状因子和磁形状因子. 它们一般记为 $G_E(q^2)$ 和 $G_M(q^2)$, 这两个形状因子又称为 Sachs 形状因子.[1] Sachs 形状因子与前面的 Dirac 和 Pauli 形状因子之间的关系为

$$\begin{cases} G_{\mathrm{E}}(q^2) = F_1(q^2) + \dfrac{q^2}{4m_N^2}F_2(q^2), \\[2mm] G_{\mathrm{M}}(q^2) = F_1(q^2) + F_2(q^2). \end{cases}$$

(6.49)

这两个形状因子又可以在原点附近展开为 q^2 的函数,

$$G_{\mathrm{E/M}}(q^2) = G_{\mathrm{E/M}}(0)\left(1 + \frac{1}{6}r^2_{\mathrm{E/M}}q^2 + O(q^4)\right).$$

(6.50)

零阶的电形状因子展开给出相关粒子的电荷, 因此对质子来说我们有 $G_E(q^2 = 0) = F_1(0) = 1$, 而中子则为零. 零阶的磁形状因子的 $F_2(q^2)$ 部分则给出相关核子的磁矩 (以核玻尔磁子为单位). 一阶的展开系数中的 r_{E} 和 r_{M} 被分别被定义为核子的电电荷半径和磁电荷半径, 两者统称为核子的电荷半径.

　　格点上计算这类形状因子一般都是构造适当的三点函数与相应的两点函数之比. 对于核子来说, 它的两点函数一般可以写为

$$C_2(\boldsymbol{p},t) = \sum_{\boldsymbol{x}} \mathrm{e}^{\mathrm{i}\boldsymbol{p}\cdot\boldsymbol{x}}\Gamma_{\beta\alpha}\langle\Psi^\alpha(\boldsymbol{x},t)\bar{\Psi}^\beta(0)\rangle,$$

(6.51)

其中 $\Psi^\alpha(\boldsymbol{x},t)$ 表示一个位于点 $(\boldsymbol{x},t)$ 的核子内插场算符, Γ 则是 Dirac 旋量空间中适当的投影矩阵, 例如

$$\Gamma = \frac{1}{2}(1 + \gamma_0)(1 + \mathrm{i}\gamma_5\gamma_3)$$

(6.52)

会保证核子具有正确的宇称同时自旋也沿 z 轴向上. 类似地, 三点函数的定义为

$$C_{3,V_\mu}(\boldsymbol{q},t,t_{\mathrm{s}}) = \sum_{\boldsymbol{x},\boldsymbol{y}} \mathrm{e}^{\mathrm{i}\boldsymbol{q}\cdot\boldsymbol{y}}\Gamma_{\beta\alpha}\langle\Psi^\alpha(\boldsymbol{x},t_{\mathrm{s}})V_\mu(\boldsymbol{y},t)\bar{\Psi}^\beta(0)\rangle.$$

(6.53)

---

[1]参见 Sachs R G. Phys. Rev., 1962, 126: 2256.

一个合适的比可以定义为

$$R_{V_\mu}(\boldsymbol{q}, t, t_s) = \frac{C_{3,V_\mu}(\boldsymbol{q}, t, t_s)}{C_2(\boldsymbol{0}, t_s)} \sqrt{\frac{C_2(\boldsymbol{q}, t_s - t)C_2(\boldsymbol{0}, t)C_2(\boldsymbol{0}, t_s)}{C_2(\boldsymbol{0}, t_s - t)C_2(\boldsymbol{q}, t)C_2(\boldsymbol{q}, t_s)}}. \tag{6.54}$$

这个比值后面的一系列的两点函数的组合是为了要消去核子算符中的重整化因子. 然后我们需要在 $t \gg 1, (t_s - t) \gg 1$ 的情况下寻找上述比值的一个平台区间. 例如对于 $Q^2 = -q^2 > 0$, 如果取 $\mu = 0$, 可以从平台获得 G_E, 而如果令 $\mu = i = 1, 2, 3$, 则可以获得 G_M,

$$R_{V_0}(\boldsymbol{q}, t, t_s) \approx \sqrt{\frac{m_N + E_{\boldsymbol{q}}}{2E_{\boldsymbol{q}}}} G_E^{\text{bare}}(Q^2), \tag{6.55}$$

以及

$$\text{Re}\, R_{V_i}(\boldsymbol{q}, t, t_s) \approx \epsilon_{ij3}q_j \sqrt{\frac{1}{2E_{\boldsymbol{q}}(m_N + E_{\boldsymbol{q}})}} G_M^{\text{bare}}(Q^2). \tag{6.56}$$

最为直接的办法是去寻找上述比值的平台区域, 就像我们寻找有效质量平台一样, 不过这对于核子并不一定能够获得最佳的效果. 关键是这个平台区域要求 $t \gg 1, (t_s - t) \gg 1$, 这使得平台的长度受到很大的限制. 特别对于核子来说, 它的信号比起介子要差很多, 因此这种做法往往不一定能够获得足够好的信号, 甚至可能获得错误的平台数值. 因此, Wittig 等人建议构造一个求和的比值, 其定义如下:

$$S_{E,M}(Q^2, t_s) = \sum_{t=1}^{t_s-1} G_{E,M}^{\text{eff}}(Q^2, t, t_s), \tag{6.57}$$

它的渐近行为 (当 $t_s \gg 1$ 时) 应当是

$$S_{E,M}(Q^2, t_s) \approx K_{E,M}(Q^2) + t_s G_{E,M}(Q^2) + \cdots, \tag{6.58}$$

其中 $K_{E,M}(Q^2)$ 是一个与形状因子无关的常数,[1] 而我们希望获得的形状因子可以从函数对 t_s 的线性依赖中获得. 当然, 这个计算中需要计算若干个 t_s 下的数值然后进行拟合. 但是由于我们忽略的项都是 $O(e^{-\Delta t_s})$ 类型的, 因此只要选择足够大的一些 t_s 就可以了. 这个方法一般称为 "求和方法", 以区别传统的直接找平台的方法.

26　弱矩阵元的格点计算

　　¶ 本节简要介绍弱矩阵元的格点计算. 这方面的一个典型的例子就是 $K \to \pi\pi$ 过程. 这个过程中有许多仅仅从对称性不好理解的结果, 例如所谓的 $\Delta I = 1/2$ 规

---

[1]事实上这个常数一般来说在连续极限下是紫外发散的.

则. 同时, 这个过程也是研究 CP 破坏的重要过程. 本节将简要介绍一下这里面涉及的格点计算步骤.

我们考虑的具体例子是 $K \to \pi\pi$ 以及相关的 $K^0\bar{K}^0$ 混合过程. 为此我们将首先回顾一下相关的唯象学结果, 随后介绍标准模型中的有效哈密顿量的概念, 最后简要介绍格点计算相关矩阵元的基本理论框架和步骤. 这是一个非常庞大的课题, 不太可能仅仅在一节之中加以详尽叙述. 因此, 我们将满足于介绍性的描述. 同时, 我们会比较多地依赖于相关的引用文献.

26.1 中性 K 介子衰变及混合的唯象学回顾

¶ 首先大致回顾一下相关过程中的一些唯象学结果. 中性的 K 介子可以分为两类. 如果从强相互作用的角度来看, 按照其夸克组分它们可分别称为 $K_0 = d\bar{s}$ 和 $\bar{K}_0 = \bar{d}s$. 但是由于中性 K 介子的衰变是通过弱相互作用进行的, 因此实验上更为直接的是将它们表达为弱作用的本征态的组合 K_S^0 和 K_L^0, 其中长寿命的中性 K 介子 K_L 主要衰变到三个 π 介子, 而短寿命的中性 K 介子 K_S 则主要衰变到两个 π 介子.[1] 这一点其实并不奇怪, 因为我们知道弱作用中宇称并不守恒.[2] 在人们确认弱作用的确破坏宇称 (1957 年) 之后, Lev Landau 在 1957 年提出可以用 CP 来替代 P 作为自然界基本的对称性. 的确, 当时发现的弱作用过程似乎都遵循这一规则. 事实上, 如果 CP 的确守恒, 那么 $K_L = K_-$ 具有负的 $CP = -1$, 而 $K_S = K_+$ 则具有正的 $CP = +1$. 这就解释了为什么 K_L 会衰变到三个 π (这个态具有 $CP = -1$) 而 K_S 则衰变到具有 $CP = +1$ 的两个 π 介子末态.

但是到了 1964 年, 情况发生了变化. 经常衰变到三个 π 介子的 K_L 偶尔也会衰变到两个 π 介子末态. 这个现象在 1964 年被 Princeton 的小组 (Christenson, Cronin, Fitch 和 Turlay 等人) 观测到, 这实际上是弱作用中存在 CP 破坏的信号. 事实上, K_L 和 K_S 是所谓的弱本征态 (weak eigenstates), 但并不严格是 CP 的本征态, 其原因就在于弱相互作用实际上 (比较微弱地) 破坏 CP 对称性. CP 破坏的起源是比较微妙的, 在标准模型的框架内其唯一来源是 CKM 混合机制. 当然, 在超出标准模型的框架中, 可以提供更为丰富的 CP 破坏的可能.

为了明确起见, 我们约定具有特定四动量 $p = (p^0, \boldsymbol{p})$ 的中性 K 介子的态满足如下的 CP 变换性质:

$$CP|K^0(p)\rangle = -|\bar{K}^0(p_P)\rangle, \quad CP|\bar{K}^0(p)\rangle = -|K^0(p_P)\rangle, \tag{6.59}$$

---

[1]K_L 和 K_S 寿命上的差别主要来源于相空间的大小. 三个 π 的质量恰好使得相空间被充分的挤压, 这使得 K_L 的寿命比较长.

[2]当年 (大约 1950 年代) K^+ 介子分别称为 θ 粒子 (衰变到 $\pi^+\pi^0$) 和 τ 粒子 (衰变到 $\pi^+\pi^+\pi^-$), 这就是著名的 θ-τ 之谜. 这直接导致了李政道和杨振宁提出弱作用宇称不守恒 (1956 年).

其中 $p_P = (p^0, -\boldsymbol{p})$ 是宇称变换下的四动量. 由此, 我们可以定义具有确定 CP 的中性 K 介子态 $|K_\pm\rangle$ 如下:

$$|K_\pm\rangle = \frac{1}{\sqrt{2}}(|K^0\rangle \mp |\bar{K}^0\rangle). \tag{6.60}$$

正如前面提及的, 在标准模型的框架内, 弱作用的本征态 $|K_{\mathrm{S/L}}\rangle$ 应当非常接近于 CP 的本征态 $|K_\pm\rangle$, 但是并不完全一致, 因此应当有

$$|K_{\mathrm{L/S}}\rangle = \frac{1}{\sqrt{1 + |\tilde{\varepsilon}|^2}}(|K_\mp\rangle + \tilde{\varepsilon}|K_\pm\rangle) \tag{6.61}$$

$$= \frac{1/\sqrt{2}}{\sqrt{1 + |\tilde{\varepsilon}|^2}}\left[(1 + \tilde{\varepsilon})|K^0\rangle \pm (1 - \tilde{\varepsilon})|\bar{K}^0\rangle\right], \tag{6.62}$$

其中 $\tilde{\varepsilon}$ 是个比较小的、原则上可以是复的参数. 因此, 无论是从强作用的本征态 K^0 和 $\bar{K}^0$ 来看, 还是从弱作用的本征态 K_{L} 和 K_{S} 来看, 它们之间都会发生混合. 图 6.1 中显示了在标准模型中相关的 Peynman 图, 它们都是通过交换 $W^\pm$ 形成的.

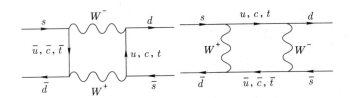

图 6.1　标准模型中对中性 K 介子混合有贡献的 Feynman 图.

　　中性 K 介子系统中的混合在唯象学上可以近似地用一个非厄米的 2×2 哈密顿量来描述:

$$H = \begin{pmatrix} H_{11} & H_{12} \\ H_{21} & H_{22} \end{pmatrix}, \quad H_{ij} = M_{ij} - \frac{\mathrm{i}}{2}\Gamma_{ij}, \tag{6.63}$$

其中 H_{11} 对应于 K^0 而 H_{22} 对应于 $\bar{K}^0$. 如果我们要求 CPT 对称性仍然保持, 那么 $H_{11} = H_{22}$, 同时 $H_{12} = H_{21}^*$.[1] 要理解这个有效哈密顿量的各个矩阵元的含义需要将标准模型的总的哈密顿量分为 $H_{\mathrm{QCD+QED}}$ 的部分和弱作用的部分 H_{W}, 然后将 H_{W} 视为微扰. 于是我们获得如下的关于 H_{ij} 的近似表达式:

$$H_{ij} = M_{K^0}\delta_{ij} + \frac{\langle i|H_{\mathrm{W}}|j\rangle}{2M_{K^0}} + \frac{1}{2M_{K^0}}\sum_n \frac{\langle i|H_{\mathrm{W}}|n\rangle\langle n|H_{\mathrm{W}}|j\rangle}{M_{K^0} - E_n + \mathrm{i}\epsilon} + \cdots, \tag{6.64}$$

---

[1]注意, H_{ij} 并不是厄米的, 因为它的对角元允许有虚部.

其中 M_{K^0} 是 K^0 和 $\bar{K}^0$ 由 $H_{\text{QCD+QED}}$ 给出的共同质量, E_n 是可能的中间态的能量. 利用 $1/(x+\mathrm{i}\epsilon) = \mathcal{P}(1/x) - \mathrm{i}\pi\delta(x)$, 我们可以得到非对角元的实部

$$M_{12} = \frac{\langle K^0 | H_{\Delta S=2} | \bar{K}^0 \rangle}{2M_{K^0}} = \frac{1}{2M_{K^0}}\mathcal{P}\sum_n \frac{\langle K^0 | H_{\Delta S=1} | n \rangle \langle n | H_{\Delta S=1} | \bar{K}^0 \rangle}{M_{K^0} - E_n} \tag{6.65}$$

以及虚部

$$\Gamma_{12} = \frac{1}{2M_{K^0}}\sum_n \langle K^0 | H_{\Delta S=1} | n \rangle \langle n | H_{\Delta S=1} | \bar{K}^0 \rangle (2\pi)\delta(E_n - M_{K^0}). \tag{6.66}$$

上述两式中 $H_{\Delta S=1}$ 和 $H_{\Delta S=2}$ 分别是弱作用诱导的 $\Delta S = 1$ 和 $\Delta S = 2$ 的有效哈密顿量, 其具体表达式我们随后会讨论.

弱作用的本征态 $|K_{\text{S/L}}\rangle$ 实际上是这个哈密顿量 (6.63) 的本征态, 其本征值恰好是 $M_{\text{S/L}} - (\mathrm{i}/2)\Gamma_{\text{S/L}}$. 简单的代数就可以将这些参数与前面引进的 M_{ij} 以及 Γ_{ij} 联系起来:

$$\frac{1+\tilde{\varepsilon}}{1-\tilde{\varepsilon}} = 2\frac{M_{12} - \dfrac{\mathrm{i}}{2}\Gamma_{12}}{\Delta M_K + \dfrac{\mathrm{i}}{2}\Delta\Gamma_K}, \tag{6.67}$$

其中 $\Delta M_K \equiv M_{\text{L}} - M_{\text{S}}$, $\Delta\Gamma_K \equiv \Gamma_{\text{S}} - \Gamma_{\text{L}}$. 由于 $\tilde{\varepsilon}$ 很小, 因此近似有

$$\Delta M_K \approx 2M_{12}, \quad \Delta\Gamma_K \approx -2\Gamma_{12}. \tag{6.68}$$

¶ 在假定两味轻夸克简并 (从而同位旋是好的对称性) 的前提下, K 介子 (通过弱作用) 会衰变到两个 π 介子. 这个过程的典型振幅可以表达为

$$(-\mathrm{i})T[K \to (\pi\pi)_I] = A_I\mathrm{e}^{\mathrm{i}\delta_I}, \tag{6.69}$$

其中 $I = 0, 2$ 标志末态两个 π 介子的同位旋, δ_I 则是相应同位旋道中 $\pi\pi$ 散射的散射相移.[1] 由于目前还需要考虑弱相互作用, 因此一般称之为强相移 (strong phase), 即仅仅考虑 QCD 时造成的 $\pi\pi$ 散射相移. 一般的 K 介子衰变到两个 π 介子的同位旋分解可以表达为

$$\begin{cases} (-\mathrm{i})T[K^0 \to \pi^+\pi^-] = \sqrt{\dfrac{2}{3}}A_2\mathrm{e}^{\mathrm{i}\delta_2} + \dfrac{1}{\sqrt{3}}A_0\mathrm{e}^{\mathrm{i}\delta_0}, \\[2mm] (-\mathrm{i})T[K^0 \to \pi^0\pi^0] = \sqrt{\dfrac{2}{3}}A_2\mathrm{e}^{\mathrm{i}\delta_2} - \dfrac{1}{\sqrt{3}}A_0\mathrm{e}^{\mathrm{i}\delta_0}, \\[2mm] (-\mathrm{i})T[K^+ \to \pi^+\pi^0] = \dfrac{\sqrt{3}}{2}A_2\mathrm{e}^{\mathrm{i}\delta_2}. \end{cases} \tag{6.70}$$

---

[1] 由于末态玻色子的对称性, $I = 1$ 道的衰变是禁止的.

其中等式的右边的系数就是些 SU(2) 的 CG 系数. 实验上真正测量的是相关振幅的比. 比如, 人们一般定义,

$$\eta_{00} \equiv \frac{T[K_{\mathrm{L}} \to \pi^0 \pi^0]}{T[K_{\mathrm{S}} \to \pi^0 \pi^0]}, \quad \eta_{+-} \equiv \frac{T[K_{\mathrm{L}} \to \pi^+ \pi^-]}{T[K_{\mathrm{S}} \to \pi^+ \pi^-]}. \tag{6.71}$$

正如前面提及的, K_{L} 主要衰变到三个 π 介子, 因此上面定义的 η_{00} 和 η_{+-} 都是比较小的量. 实验上给出 $|\eta_{00}| \approx |\eta_{+-}| \approx 2 \times 10^{-3}$.

　　K 介子衰变中两个与 CP 破坏密切相关的物理量是 ε 以及 ε'/ε, 前者是间接 CP 破坏的度量, 而后者是直接 CP 破坏的度量. 它们与 K_{L} 和 K_{S} 衰变的振幅关系为

$$\varepsilon = \frac{T[K_{\mathrm{L}} \to (\pi\pi)_0]}{T[K_{\mathrm{S}} \to (\pi\pi)_0]}, \tag{6.72}$$

而另一个参数则定义为

$$\frac{\varepsilon'}{\varepsilon} = \frac{1}{\sqrt{2}} \left(\frac{K_{\mathrm{L}} \to (\pi\pi)_2}{K_{\mathrm{L}} \to (\pi\pi)_0} - \frac{K_{\mathrm{S}} \to (\pi\pi)_2}{K_{\mathrm{S}} \to (\pi\pi)_0} \right). \tag{6.73}$$

还有一个经常用到的参数是 ω, 它的定义是

$$\omega = \frac{T[K_{\mathrm{S}} \to (\pi\pi)_2]}{T[K_{\mathrm{S}} \to (\pi\pi)_0]}. \tag{6.74}$$

这其实也是一个比较小的量, 因为 $|\omega| \sim |A_2/A_0|$, 而实验上发现这个数值大约是 1/22.4. 也就是说, 作为一个 $I = 1/2$ 的 K 介子, 它衰变到 $I = 0$ 的两个 π 介子 (因此 $\Delta I = 1/2$) 比衰变到 $I = 2$ 末态 ($\Delta I = 3/2$) 的振幅要大 20 多倍. 这个现象又被称为 $\Delta I = 1/2$ 规则 ($\Delta I = 1/2$ rule). 一般认为, 这个巨大的因子主要是由于强的非微扰效应引起的. 这些量 $(\varepsilon, \varepsilon', \omega)$ 与前面提及的 η_{00} 和 η_{+-} 之间的联系是

$$\begin{cases} \eta_{00} = \varepsilon - \dfrac{2\varepsilon'}{1 - \sqrt{2}\omega}, \\ \eta_{+-} = \varepsilon + \dfrac{\varepsilon'}{1 + \omega/\sqrt{2}}. \end{cases} \tag{6.75}$$

由于 ω 比较小, 因此这个关系的一个近似表达式是

$$\eta_{00} \approx \varepsilon - 2\varepsilon', \quad \eta_{+-} \approx \varepsilon + \varepsilon'. \tag{6.76}$$

这可以作为一个不错的估计.

26.2　标准模型中的有效哈密顿量

　　¶ K 介子的弱衰变中有两个过程是十分重要的: 一个是中性 K 介子衰变到两个 π 介子的过程 $K \to \pi\pi$; 另一个就是所谓的 $K^0\bar{K}^0$ 混合 ($K^0\bar{K}^0$ mixing). 它们

都可以用所谓的有效哈密顿量描写, 前者是所谓的 $\Delta S = 1$ 的哈密顿量而后者是 $\Delta S = 2$ 的哈密顿量.

按照有效场论的观点, 如果我们从标准模型出发, 在某个特定的能标 μ 处, 将标准模型中更重的自由度积掉 (integrate out), 这样可以获得适用于该能标的有效哈密顿量, 或者等价地说, 有效拉氏量. 这个积分过程一般来说依赖于我们希望研究的强子物理的具体过程. 从能量高低来看, 最先被积掉的自由度一般包括弱作用的中间玻色子和顶夸克, 因为它们的质量明显高于我们希望研究的强作用能标: $m_t \approx m_W \approx m_Z \gg \Lambda_{\mathrm{QCD}}$. 由于在弱电的能标上, QCD 基本上被认为是可微扰的. 因此我们可以在微扰论的框架中进行这个操作. 这样获得的有效哈密顿量中仍然包含 5 个夸克自由度, 即 u, d, s, c 和 b. 这 5 味夸克被遗留在有效哈密顿量之中是由于它们都会参与非微扰的强子化 (hadronization) 过程, 而顶夸克基本上可以认为在参与强子化之前就衰变掉了. 由于电磁相互作用的部分一般也被认为是可微扰的, 因此可以将它的影响也一并考虑进去. 这样一来, 有效哈密顿量中将仅仅包含剔除顶夸克之外的所有参与强作用的自由度.

这样获得的具有 5 味夸克的有效哈密顿量的大致形式如下:

$$\mathcal{H}_{\mathrm{eff}} = \frac{G_{\mathrm{F}}}{\sqrt{2}} \sum_i A_i(\mu, m_t, m_W, m_Z, \alpha_{\mathrm{s}}, \alpha, V_{lm}) \mathcal{Q}_i(\mu), \tag{6.77}$$

其中 $\mathcal{Q}_i(\mu)$ 是一系列的四费米子算符, 它们由 5 味夸克场, 即 u, d, s, c 和 b 构成. 这些四费米子算符的定义原则上依赖于重整化标度 μ, 这个标度是在定义四费米子算符的重整化条件时引入的. 一般来说这个标度可以选为大于 m_b 的任何一个能标, 通常的做法是选择电弱能标 $\mu \approx m_W$. Wilson 系数 A_i 也明显依赖于重整化标度 μ, 同时它还依赖于那些被积掉的自由度的参数, 诸如 m_t, m_W, m_Z, 以及其他基本参数, 例如电磁相互作用的耦合参数 α、强相互作用的耦合常数 α_{s}、相关的 CKM 矩阵元 V_{lm} 等等. 需要特别指出的是, 尽管 Wilson 系数以及四费米子算符原则上都依赖于标度 μ, 但人们常常会在算符 $\mathcal{Q}_i$ 的表达式中将其略写. 当然, 无论是否明确写出, 上述有效哈密顿量 $\mathcal{H}_{\mathrm{eff}}$ 在物理态之间的矩阵元 (也就是所有的物理可测量的量) 并不依赖于标度 μ 的选取.[1] 这实际上就是重整化群方程所反映的物理事实. 由于在如此高的能标微扰论一般被认为是可靠的, 因此我们可以利用微扰的重整化群方程将能标 μ 跑动到任何高于 m_b 的能量.

---

[1]最早关于有效哈密顿量的计算可以参考 Gilman 和 Wise 的文章以及 Inami 和 Lim 的文章: Gilman F J and Wise M B. Effective Hamiltonian for $\Delta S = 1$ weak nonleptonic decays in the six-quark model. Phys. Rev. D., 1979, 20: 2392. Inami T and Lim C S. Effects of superheavy quarks and leptons in low-energy weak processes $K_{\mathrm{L}} \to \mu\bar{\mu}$, $K^+ \to \pi^+ \nu\bar{\nu}$ and $K^0 \leftrightarrow \bar{K}^0$. Prog. Theor. Phys.,1981, 65: 29.

从上面给出的 5 味有效哈密顿量出发, 如果再将两味重的夸克 b 和 c 积掉, 原则上我们就获得了仅包含 3 味轻夸克的有效哈密顿量. 但这实际上是有一定问题的. 在 b 夸克质量 (大约为 4.5GeV) 之上, 由于 QCD 渐近自由的性质, 我们认为微扰论的计算基本上还是可信的. 但是, 当试图将 b 夸克乃至 c 夸克积掉的时候, 实际上是要承担一定风险的, 因为我们已经逐步进入了微扰论开始不太起作用的能区. 因此, 比较安全的做法 (如果真的可以的话) 是直接在格点上研究包含 5 味夸克的有效哈密顿量 (6.77). 但不幸的是, 至少到目前为止, 还不能直接在格点上研究 b 夸克, 因为这需要过小的格距, 远远超过了我们能够承受的范围. 目前的计算设施差不多可以允许我们在格点上直接研究 c 夸克. 因此, 一个常用的做法就是再次利用微扰论将 b 夸克自由度积掉, 然后利用格点 QCD 研究包含剩余 4 味夸克的有效哈密顿量. 具体到 $K \to \pi\pi$ 过程来说, 我们需要的是所谓的 $\Delta S = 1$ 的有效哈密顿量, 它的具体形式如下:

$$\mathcal{H}_c^{(\Delta S=1)} = \frac{G_{\mathrm{F}}}{\sqrt{2}} V_{us}^* V_{ud} \left[\sum_{i=1}^{2} C_i(\mu)[P_i + (\tau - 1)P_i^c] + \tau \sum_{i=3}^{10} C_i(\mu) P_i \right]. \tag{6.78}$$

其中 μ 是一个小于 m_b 但高于 m_c 的能标. 我们将假定在这个能标微扰论仍然是可用的, 从而 Wilson 系数 $C_i(\mu)$ 可以利用微扰论来进行计算. 四费米子算符 $P_i(\mu)$, $i = 1, 2, \cdots, 10$ 和 $P_i^c(\mu)$, $i = 1, 2$ 则由 u, d, s 和 c 夸克场构成. 参数 τ 则直接联系到所谓的 CKM 矩阵元: $\tau = -(V_{td}V_{ts}^*)/(V_{ud}V_{us}^*)$.

当然, 如果尝试将 c 夸克也积掉, 我们就获得了 3 味夸克版本的有效哈密顿量,

$$\mathcal{H}^{(\Delta S=1)} = \frac{G_{\mathrm{F}}}{\sqrt{2}} V_{us}^* V_{ud} \sum_{i=1}^{10} [z_i(\mu) + \tau y_i(\mu)] Q_i(\mu), \tag{6.79}$$

其中 μ 是一个高于 m_s 的标度, Wilson 系数 $z_i(\mu)$ 和 $y_i(\mu)$ 可以利用微扰论进行计算, 四费米子算符 $Q_i(\mu)$, $i = 1, 2, \cdots, 10$ 则只包含轻的 (即 u, d 和 s) 夸克场.

上述有效哈密顿量中的各个算符 P_i, P_i^c, Q_i 的选择当然具有一定的任意性. 不过, 经过多年来的积淀, 业界基本上形成了一套比较统一的约定, 它们的具体表达式可以参考相关的文献.[1] 顺便指出, 这些算符其实并不是线性独立的. 采用非线性独立且冗余的四费米子算符组可以更直接地对应于唯象学, 因此大家也都习惯性地接受了这个约定.

上面描述的将重的自由度逐步积掉的过程其实就是我们在本章开始时提及的算符乘积展开的一个具体的应用. 相关的理论框架已经很好地反映在 Buchalla,

---

[1]参见 Blum T, et al. Kaon matrix elements and CP violation from quenched lattice QCD: The 3-flavor case. Phys. Rev. D, 2003, 68: 114506.

Buras 和 Lautenbacher 的回顾文章之中, 有兴趣的读者可以参考.[1]

26.3　格点计算与 RI 方案

　¶ 利用上面给出的 4 味或者 3 味有效哈密顿量 (6.78) 和 (6.79), 貌似可以直接利用格点 QCD 计算相应的强子矩阵元了, 但这里面其实还有一个潜在的理论问题需要解决, 这就是算符的重整化问题. 我们下面会看到, 这不是一个平庸的问题.

　以 $K \to \pi\pi$ 的过程为例, 我们需要计算的是 $\langle\pi\pi|P_i(\mu)|K\rangle$ 或者 $\langle\pi\pi|Q_i(\mu)|K\rangle$, 其中明确标出了算符对于重整化能标 μ 的依赖. 注意, 这个对 μ 的依赖必须依靠 Wilson 系数中对 μ 的依赖来消去, 以保证物理可测量的矩阵元不依赖于重整化标度 μ. 但是这两个依赖于 μ 的量实际上还都依赖于重整化和正规化的方案. 由于所有的 Wilson 系数都是在微扰论中利用维数正规化进行计算的, 而现在的矩阵元却要在格点正规化下进行计算, 这两种正规化和重整化之间的不匹配是无法正确消去物理量对 μ 的依赖的. 因此, 我们还需要将格点上定义的四费米子算符与相应的连续时空中维数正规化下的四费米子算符进行适当的匹配:

$$\mathcal{O}_i^{\text{cont}}(\mu) = Z_{ij}(\mu, a)\mathcal{O}_j^{\text{latt}}(a), \tag{6.80}$$

其中 $\mathcal{O}_i^{\text{cont}}(\mu)$ 和 $\mathcal{O}_j^{\text{latt}}(a)$ 分别是连续时空中维数正规化下的四费米子算符和格点正规化下的四费米子算符, 前者依赖于重整化的标度 μ 而后者依赖于格距 a. 匹配的因子 $Z_{ij}(\mu, a)$ 一般既依赖于标度 μ, 又依赖于格距 a, 并且一般会发生算符的混合 (只要没有对称性保护).

　读者也许会问, 我们为什么不直接将所有的标准模型放在格点上, 然后在格点上利用格点微扰论来做这件事情呢? 这个问题的答案涉及多个方面, 下面我们简单地介绍一下:

　首先, 我们并不知道如何将 Weinberg-Salam 模型这样的手征规范理论放在格点上面. 换句话说, 像标准模型中弱电部分这样左右手与规范场耦合不同的手征规范理论目前还没有完整的非微扰定义. 我们在前面引入 Wilson 费米子时曾经提及所谓的 Nielson-Ninomiya 定理 (又称为 no-go 定理), 与此相关. 我们也会在下一章回到手征费米子的问题上来. 前面也曾提及, 像 QCD 这样左右手与规范场耦合相同的所谓矢量规范理论是没有问题的. 事实上, Wilson 格点 QCD 具有非常良好的非微扰定义. 注意, 手征规范理论的问题看起来是格点的问题, 实际上它是任意非微扰定义都会遇到的问题. 总之, 由于没有手征规范理论的完整的非微扰定义, 不可能直接将标准模型放在格点上, 然后将所有的步骤都在格点上进行操作.

---

[1]参见 Buchalla G, Buras A J, and Lautenbacher M E. Weak decays beyond leading logarithms, Rev. Mod. Phys., 1996, 68: 1125. 特别是其中的第 VI 节.

其次, 如果退一步, 即仅仅使用格点正规化来进行微扰的计算是否可以呢? 答案是可以的, 而且事实上人们在历史上曾经较长时间这样做. 这个做法的问题是, 格点微扰论, 先不说它是否复杂, 往往收敛性比起连续时空的微扰论要差很多, 因此即便我们这样做也很难在几个 GeV 的能标处收到好的效果.

因此, 人们需要一个连续时空的重整化方案, 它对于算符的定义与具体的正规化无关. 这样一个重整化方案就可以起到桥梁的作用. 这就是所谓的 RI 方案 (regularization independent scheme).[1]

因此在具体的矩阵元的格点计算中一般采取如下的策略:

1. 选取一个正规化无关的重整化方案, 一般简称为 RI 方案. 在这个方案中定义重整化的算符. 这个定义保证了所定义的算符与所采用的正规化是无关的, 从而格点上定义的与连续时空中定义的重整化算符是一致的. 这个 RI 方案最主要的作用就是连接格点与连续场论正规化.

2. 将 RI 方案中的算符与通常的 $\overline{\text{MS}}$ 方案中的算符联系起来. 这一步一般是通过微扰论来进行的, 参见 Martinelli 等人的论文, 其中这个联系建立到了一圈水平.[2]

在讨论格点算符的重整化的过程中最为头疼的问题就是不同算符之间的混合. 正如本章开始时指出的, 一般来说每个算符会与比它自身量纲更低的算符发生混合. 具体到 $\Delta S = 1$ 的有效哈密顿量, 它的算符都是量纲为 6 的四费米子算符, 因此原则上它会与所有量纲低于 6 的算符发生混合, 并且这些混合的系数通常还是紫外发散的, 也就是说正比于格距 a 的某个负的幂次. 仔细考察这些算符后我们发现, 如果能够有很好的手征对称性的话, 那么不同手性的算符之间是不会混合的. 不幸的是, 这一点对于 Wilson 格点 QCD 恰恰是不满足的. 这就造成了利用 Wilson 格点 QCD 来研究这个问题非常困难, 几乎是不可能完成的任务. 对于 $\Delta S = 1$ 的四费米子算符, 有

$$\mathcal{O}_i^{\text{cont,ren}}(\mu) = \sum_j Z_{ij}(\mu) \left(\mathcal{O}_j^{\text{latt}} + \sum_k c_k^j(\mu) B_k^{\text{latt}} \right) + O(a), \qquad (6.81)$$

其中 μ 是我们重整化算符的能量标度, $\mathcal{O}_j^{\text{latt}}$ 是格点上定义的四费米子算符, B_k^{latt} 则是只包含两个夸克场的双线性格点算符 (quark bilinears). 考虑到 $K \to \pi\pi$ 的过程, 它必定具有味结构 $\bar{s}d$, 但是其他结构则都有可能, 特别注意混合系数 $c_k^j(\mu)$ 一般

---

[1]参见 Martinelli G, Pittori C, Sachrajda C T, Testa M, and Vladikas A. A general method for nonperturbative renormalization of lattice operators. Nucl. Phys. B, 1995, 445: 81. arXiv: hep-lat/9411010.

[2]参见 Ciuchini M, Franco E, Martinelli G, Reina L, and Silvestrini L. Z. Phys. C, 1995, 68: 239. arXiv: hep-lat/9501265.

来说在格距趋于零时是发散的. 因此我们看到, 利用天生破坏手征对称性的 Wilson 格点 QCD 来处理这个问题是相当困难的. 为了解决这个问题, 需要更好地保持手征对称性的格点费米子方案, 我们将在下一章中介绍其中的几种. 事实上, 利用手征对称性更好的畴壁费米子方案, 这个问题的处理近年来已经获得相当大的进展.

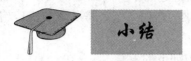

小结

这一章讨论了格点 QCD 中一些基本的矩阵元的计算. 我们首先讨论了矩阵元计算中十分关键的复合算符的额外重整化问题, 给出了 Wilson 格点 QCD 中各个流算符的对称性关系以及相应的 Ward 恒等式的推导方法. 随后, 我们分别介绍了介子的和重子的电磁形状因子. 最后, 我们简要介绍了弱矩阵元的格点计算问题并指出为什么利用传统的 Wilson 格点 QCD 处理这类问题是非常困难的.

第七章 手征性与格点费米子

本章提要

☞ Kogut-Susskind 费米子 (staggered fermion)

☞ 畴壁费米子 (domain wall fermion)

☞ Ginsparg-Wilson 费米子 (Ginsparg-Wilson fermion)

这一章将讨论格点量子色动力学中与手征费米子相关的进一步知识. 我们首先将简要介绍所谓的 Kogut-Susskind 费米子 (又称为 staggered 费米子), 这是一种相对比较古老的格点费米子方案. 与 Wilson 格点 QCD 相比, 它的优势是具有部分剩余的手征对称性并且在数值模拟中比较容易获得接近手征极限的结果. 因此, 在动力学费米子模拟的最初几年, 它几乎占据了人们讨论物理结果的主体. 当然, 它也有自身的 "弱点", 这个我们也会简要提及.

随后我们介绍两类比较新颖的格点费米子实现方案: 畴壁费米子 (domain wall fermion) 和重叠费米子 (overlap fermion). 畴壁费米子是将格点费米子看成 4+1 维空间中的四维超平面 (畴壁) 上的自由度, 因此它的出发点是一个 5 维的场论. 重叠费米子则相当于将畴壁费米子的第五维的大小趋于无穷后获得的一个四维等效的理论. 它具有严格的 "格点上的手征对称性", 这集中体现在所谓的 Ginsparg-Wilson 关系之中. 因此, 这类费米子又称为 Ginsparg-Wilson 费米子.

从数值模拟的角度而言, 后两种费米子方案无疑具有比较好的手征性质, 特别适合于研究与手征对称性密切相关的物理问题, 但是它们都比较耗费计算资源. 比较节省计算资源的当属 staggered 费米子, 它比我们前面主要介绍的 Wilson 格点 QCD 还要更加节省计算资源, 但是它的手征对称性并不完全正确.

27 Kogut-Susskind 费米子

¶ 在讨论格点费米子时我们曾提及著名的 Nielsen-Ninomiya 定理 (又称为 no-go 定理), 也就是说, 不可能构造出 "完美的" 的格点费米子. 原始的天真费米子包含 16 个费米子, 其中只有一个是我们需要的. Wislon 费米子采用的方法是将剩余的 15 个费米子都增加一个正比于截断的质量项, 这样一来它们在连续极限下会从长程的物理中脱耦, 因此有效的物理自由度只剩下一个费米子. Kogut-Susskind 费米子则采用另外一种做法, 它利用了 γ 矩阵的特性 $\gamma_\mu^2 = I$, 将原先费米子所带的旋量指标简化. 具体来说, 我们首先考虑自由的天真费米子, 它的作用量为

$$S[\bar{\psi}, \psi] = \sum_x \bar{\psi}(x) \left[\sum_{\mu=0}^{3} \gamma_\mu \left(\frac{\psi(x+\hat{\mu}) - \psi(x-\hat{\mu})}{2} \right) + m_0 \psi(x) \right]. \tag{7.1}$$

现在做如下的变换 (又称为交错变换 (staggered transformation)):

$$\psi'(x) = \gamma_0^{x_0} \gamma_1^{x_1} \gamma_2^{x_2} \gamma_3^{x_3} \psi(x), \quad \bar{\psi}'(x) = \bar{\psi}(x) \gamma_3^{x_3} \gamma_2^{x_2} \gamma_1^{x_1} \gamma_0^{x_0}. \tag{7.2}$$

交错变换的特点是, 它将每个点的费米子场都乘以了一个平方为 I 的矩阵的适当的幂次, 该幂次随着坐标的不同而交错 (因此称为交错变换). 由于这些矩阵的平方都等于 I, 因此这个变换不会改变路径积分中费米子的积分测度. 另外, 对于质量项, 它显然在这个变换下是不变的,

$$\bar{\psi}'(x)\psi'(x) = \bar{\psi}(x)\psi(x). \tag{7.3}$$

但是, 连接相邻两点的跳跃项 (费米子动能项) 却会变为

$$\sum_x \bar{\psi}'(x) \left[\sum_{\mu=0}^{3} \eta_\mu(x) \left(\frac{\psi'(x+\hat{\mu}) - \psi'(x-\hat{\mu})}{2} \right) \right], \tag{7.4}$$

其中的因子 $\eta_\mu(x)$ 为纯数 (不再是旋量空间的矩阵), 其表达式为

$$\eta_0(x) = 1, \quad \eta_1(x) = (-)^{x_0}, \quad \eta_2(x) = (-)^{x_0+x_1}, \quad \eta_3(x) = (-)^{x_0+x_1+x_2}. \tag{7.5}$$

换句话说, 通过交错变换我们已经将费米子场的不同旋量分量完全吸收到符号因子 $\eta_\mu(x)$ 之中, 即上述的表达式在 Dirac 旋量空间完全是对角的. 由于质量项在旋量空间中也是对角的, 完全可以仅取其 4 个旋量指标中的 1 份即可, 没有必要取 4 份. 这样一来, 我们就获得了 Kogut-Susskind 费米子 (又称为交错费米子) 的作用量:

$$S[\bar{\chi}, \chi] = \sum_x \bar{\chi}(x) \left[\sum_{\mu=0}^{3} \eta_\mu(x) \left(\frac{U_\mu(x)\chi(x+\hat{\mu}) - U_\mu^\dagger(x-\hat{\mu})\chi(x-\hat{\mu})}{2} \right) + m_0 \chi(x) \right], \tag{7.6}$$

其中 $\chi(x)$, $\bar{\chi}(x)$ 是只带有色指标, 不带旋量指标的 Grassmann 场. 原先的天真费米子方案中, 低能物理中实际上具有 16 个费米子. 经过交错费米子方案, 由于我们只取了它的 1/4, 因此预计它实际上具有 4 个费米子.

在 staggered 费米子的表述中, γ_5 的变化也值得关注. 为此我们考察赝标量算符在交错变换下的行为,

$$\bar{\psi}(x)\gamma_5\psi(x) = \eta_5(x)\bar{\psi}'(x)I\psi'(x), \quad \eta_5(x) = (-)^{x_0+x_1+x_2+x_3}. \tag{7.7}$$

因此, 在交错费米子的方案中, 手征变换的形式变为

$$\chi(x) \to e^{i\omega\eta_5(x)}\chi(x), \quad \bar{\chi}(x) \to \bar{\chi}(x)e^{i\omega\eta_5(x)}, \tag{7.8}$$

其中 ω 为任意的实角度. 容易证明当裸夸克质量参数 $m_0 = 0$ 时, 交错费米子的格点 QCD 作用量 (7.6) 在上述手征转动下是不变的.

为了说明交错费米子的自由度数目, 我们来考察自由的 staggered 费米子, 也就是说, 公式 (7.6) 中令所有的规范链接都是单位矩阵. 同时, 我们假定格点在四个方向都恰好具有偶数个格点, 即 N_μ 为偶数. 我们可以试图将每两个格距内的自由度重新定义一个新的费米子场. 首先注意到这时可以将格点的坐标用奇偶不同的标记来记为

$$x_\mu = 2h_\mu + s_\mu, \tag{7.9}$$

这称为坐标的超立方体分解 (hypercube decomposition), 其中 h_μ 标记 μ 方向的、格距为 2 的超立方体的坐标数:

$$h_\mu = 0, 1, \cdots, (N_\mu/2 - 1). \tag{7.10}$$

我们称 h_μ 为超立方体坐标 (hypercube coordinates), 因此使用字母 h. $s_\mu = 0, 1$ 则标记位于一个超立方体内的格点是奇数还是偶数位的格点. 图 7.1 显示了这种标记的一个二维实例. 在这个图中, 两个维度的格点数目分别为 $N_1 = 8$ 和 $N_2 = 6$. 这两个维度的坐标 $x_1 = 0, 1, \cdots, 7$ 和 $x_2 = 0, 1, \cdots, 5$ 分别由图中黑色的数字标记. 每两个相邻的格点可以构成一个超立方体, 当然对于二维来说, 就是正方形. 这些超立方体的间距是二倍的格距, 这也显示在图中. 按照公式 (7.10), 对超立方体坐标 h_μ, 我们有: $h_1 = 0, 1, 2, 3$ 和 $h_2 = 0, 1, 2$, 这个超立方体坐标 h_μ 我们标记为相应超立方体旁边的数字. 在每一个超立方体内, $s_\mu = 0, 1$ 标记其内部的各个点.

利用上面引入的超立方体坐标, 容易发现 staggered 费米子作用量中的符号函数 $\eta_\mu(x)$ 实际上仅仅依赖于 s 而与 h 无关,

$$\eta_\mu(x) = \eta_\mu(2h + s) = \eta(s). \tag{7.11}$$

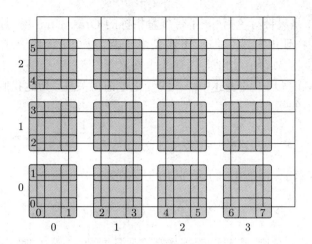

图 7.1 交错费米子方案中关于坐标的定义.

下面要做的, 是将具有共同指标 h 但是不同 s 的 staggered 费米子自由度 $\chi(2h+s)$ 和 $\bar{\chi}(2h+s)$, $s_{\mu}=0,1$ 重新组合在一起构成新的费米子场 $q(h)$ 和 $\bar{q}(h)$. 为此, 我们首先定义

$$\Gamma^{(s)} = \gamma_0^{s_0} \gamma_1^{s_1} \gamma_2^{s_2} \gamma_3^{s_3}. \tag{7.12}$$

容易证明这样定义的矩阵满足下列关系:

$$\frac{1}{4}\mathrm{Tr}\left[\Gamma^{(s)\dagger}\gamma^{(s')}\right] = \delta_{s,s'}, \quad \frac{1}{4}\sum_s \Gamma_{\alpha\beta}^{(s)*}\Gamma_{\alpha'\beta'}^{(s)} = \delta_{\alpha\alpha'}\delta_{\beta\beta'}. \tag{7.13}$$

这样一来我们就可以重新引入 Dirac 场:

$$q(h)_{\alpha\beta} \equiv \frac{1}{8}\sum_s \Gamma_{\alpha\beta}^{(s)}\chi(2h+s), \quad \bar{q}(h)_{\alpha\beta} \equiv \frac{1}{8}\sum_s \bar{\chi}(2h+s)\Gamma_{\beta\alpha}^{(s)*}. \tag{7.14}$$

这些表达式的逆变换也可以获得:

$$\bar{\chi}(2h+s) = 2\mathrm{Tr}\left[\bar{q}(h)\Gamma^{(s)}\right], \quad \chi(2h+s) = 2\mathrm{Tr}\left[\Gamma^{(s)\dagger}q(h)\right]. \tag{7.15}$$

下面的任务是将交错费米子作用量 (7.6) 用这些新的变量来表达.

比较简单的是坐标空间对角的质量项, 有

$$\sum_x \bar{\chi}(x)\chi(x) = \sum_h\sum_s \bar{\chi}(2h+s)\chi(2h+s) = 4\sum_{h,s} \bar{q}(h)_{\beta\alpha}\Gamma_{\alpha\beta}^{(s)}\Gamma_{\beta'\alpha'}^{(s)\dagger}q(h)_{\alpha'\beta'}$$

$$= 2^4\sum_h \mathrm{Tr}\left(\bar{q}(h)q(h)\right). \tag{7.16}$$

跳跃项要复杂一些, 因为它们会涉及两个相邻的超立方体之间的耦合. 具体来说, 我们需要如下的项:

$$\sum_x \bar{\chi}(x)\eta_\mu(x)\chi(x+\hat{\mu}).$$

如果对坐标 x 使用上面提到的超立方体坐标表述, 那么若 $x = 2h+s$ 中的 $s_\mu = 0$, 点 $x+\hat{\mu}$ 将仍然与 x 属于同一个超立方体, 也就是说有 $\chi(2h+s+\hat{\mu})$. 而如果其中的 $s_\mu = 1$, 那么 $x+\hat{\mu}$ 将会跳到 μ 方向的下一个超立方体中, 因此它的超立方体坐标的表达式应当为 $\chi(2(h+\hat{\mu})+s-\hat{\mu})$. 于是有

$$\chi(2h+s+\hat{\mu}) = \begin{cases} \chi(2h+s+\hat{\mu}) = 2\mathrm{Tr}\,[\Gamma^{(s+\hat{\mu})\dagger}q(h)], & s_\mu = 0, \\ \chi(2(h+\hat{\mu})+s-\hat{\mu}) = 2\mathrm{Tr}\,[\Gamma^{(s-\hat{\mu})\dagger}q(h+\hat{\mu})], & s_\mu = 1. \end{cases} \tag{7.17}$$

另一方面, 根据 $\Gamma^{(s)}$ 的定义, 有

$$\Gamma^{(s\pm\hat{\mu})} = \eta_\mu(s)\gamma_\mu\Gamma^{(s)}. \tag{7.18}$$

于是上述关于 $\chi(2h+s+\hat{\mu})$ 的表达式可以改写为

$$\chi(2h+s+\hat{\mu}) = 2\eta_\mu(s)\mathrm{Tr}\,[\Gamma^{(s)\dagger}\gamma_\mu(q(h)\delta_{s_\mu,0}+q(h+\hat{\mu})\delta_{s_\mu,1})]. \tag{7.19}$$

类似地我们可以写出 $\chi(2h+s-\hat{\mu})$ 的表达式, 于是跳跃项中 μ 方向的贡献可以表达为

$$4\sum_h \frac{1}{2}\sum_s \mathrm{Tr}\,[\bar{q}(h)\Gamma^{(s)}]$$
$$\times \mathrm{Tr}\,\left[\Gamma^{(s)\dagger}\gamma_\mu\left(q(h)\delta_{s_\mu,0}+q(h+\hat{\mu})\delta_{s_\mu,1}-q(h-\hat{\mu})\delta_{s_\mu,0}-q(h)\delta_{s_\mu,1}\right)\right]. \tag{7.20}$$

目前还不能像质量项那样对 s 求和, 因为后面的括号内的项仍然与 s 有关. 我们现在注意到, 由于这个式子是对所有坐标 x 求和, 因此可以将原先的作用量中的 x 换为 $(x+\hat{\mu})$, 只要对所有的 x 求和, 两者的贡献是一样的. 但是对这个贡献利用上面的超立方体坐标分解, 得到的式子与上面的公式十分类似, 唯一的区别是 $s_\mu = 0$ 的项和 $s_\mu = 1$ 的项刚好互换. 因此, 可以将对 x 的求和以及将 x 移动一个格距后的求和加起来平均, 然后再运用前面的 Γ 矩阵的正交归一关系. 最终获得的费米子作用量可以表达为

$$S = 16\sum_h \left[m_0\mathrm{Tr}\,[\bar{q}(h)q(h)] + \sum_\mu \mathrm{Tr}\,[\bar{q}(h)\gamma_\mu\nabla_\mu q(h)] - \mathrm{Tr}\,[\bar{q}(h)\gamma_5\Delta_\mu q(h)\gamma_\mu\gamma_5]\right], \tag{7.21}$$

其中定义了两倍格距上的微分算子,[1]

$$\nabla_\mu f(h) = \frac{f(h+\hat\mu) - f(h-\hat\mu)}{4}, \quad \Delta_\mu f(h) = \frac{f(h+\hat\mu) + f(h-\hat\mu) - 2f(h)}{4}. \quad (7.22)$$

由此我们看到, 用场 $q(h)$ 和 $\bar q(h)$ 表达, 这个作用量比较类似于 Wilson 费米子的作用量. 为了将其写为更加接近的形式, 我们令

$$\psi_\alpha^{(\tau)}(h) \equiv q(h)_{\alpha\tau}, \quad \bar\psi_\alpha^{(\tau)}(h) = \bar q(h)_{\tau\alpha}. \quad (7.23)$$

换句话说, 我们将场 q 的两个旋量指标, 一个作为 Dirac 旋量指标 α, 另一个则看成是一个内部指标 $\tau = 1, 2, 3, 4$. 这种新的内部自由度在格点界称为 taste. 由于 flavor 已经被翻译为了 "味", 所以我将 taste 翻译为 "风" —— 表示风味, 相应的空间称为风空间 (taste space), 其指标 τ 称为风指标.[2] 风指标具有 4 个可能的取值, 一般取为 $1, 2, 3, 4$, 当然也可以取任意其他的四个不同的值, 比如川、鲁、粤、湘. 利用新的带风指标的费米子场, 作用量 (7.21) 可以改写为

$$S = 2^4 \sum_h \left[\sum_\tau \left(\bar\psi^{(\tau)}(h) [\gamma_\mu \nabla_\mu + m_0] \psi^{(\tau)}(h) \right) \right.$$
$$\left. - \sum_{\tau, \tau', \mu} \bar\psi^{(\tau)}(h) \gamma_5 (\tau_5 \tau_\mu)_{\tau, \tau'} \Delta_\mu \psi^{(\tau')}(h) \right], \quad (7.24)$$

其中的矩阵 $\tau_\mu = \gamma_\mu^{\mathrm{T}}$, $\mu = 0, 1, 2, 3, 5$. 这个作用量的前两项在风指标空间是对角的, 但是貌似 Wilson 项的项会将不同风指标的场混合在一起. 这个现象称为风混合 (taste-mixing).

　　风混合项实际上是一个质量量纲为 5 的无关算符, 因此, 至少在表观的连续极限下, 它的影响应当会被去除. 但是对于任何有限的格距, 它的存在仍然使得整个作用量的对称性降低了. 好在它仍然具有一个 $U(1) \times U(1)$ 对称性,

$$\psi(x) \to \psi' = \mathrm{e}^{\mathrm{i}\alpha}\psi, \quad \bar\psi' = \bar\psi \mathrm{e}^{-\mathrm{i}\alpha},$$
$$\psi(x) \to \psi' = \mathrm{e}^{\mathrm{i}\beta\Gamma_5}\psi, \quad \bar\psi' = \bar\psi \mathrm{e}^{\mathrm{i}\beta\Gamma_5}, \quad (7.25)$$

其中 $\Gamma_5 = \gamma_5 \otimes \tau_5$. 正是由于这个剩余的 $U(1) \times U(1)$ 对称性的存在, 使得 staggered 格点 QCD 的夸克质量只是相乘重整化的, 不像 Wilson 格点 QCD 是相加重整化的.

---

[1] 由于我们假定原先格点上的格距为 1, 于是点 h 构成的格点的格距是 2, 因此在下面的定义中, 前一个 $4 = 2 \times 2$, 而后一个 $4 = 2^2$.

[2] 风指标我使用的是 τ, 它的 Roman 对应是 t, 即 taste 的首字母. 而且用希腊字母表示 Dirac 旋量指标也符合我们的一贯约定.

¶ 由于交错费米子具有 4 味, 因此它实际上只是部分地解决了费米子加倍问题, 当进行相应的模拟时必须考虑到这一点. 如果没有味混合的问题, 那么 staggered 格点 QCD 的费米子矩阵的谱应当是四重简并的. 但是由于有味混合效应, 因此费米子矩阵的谱并没有四重简并, 特别是当规范场涨落比较大的时候. 注意不同味的费米子场是由原先一个超立方体中的各个点的场组合而来的. 味混合恰恰是由于它们看到了不同的规范场. 因此, 如果能够有效地降低规范场在一个超立方体之内的涨落 (例如比较有效的方法是使用涂摩方法), 我们就有可能比较有效地降低味混合的效应.

¶ staggered 费米子的最大优势就是比其他的费米子方案更快捷. 但是由于有上面提及的味混合问题, 数值模拟中, 人们通常会使用所谓的根号诀窍 (rooting trick).[1] 也就是说, 在通常的 HMC 的模拟中, 如果需要模拟两味简并的轻夸克和一味奇异夸克, 那么我们可以将该理论的配分函数写为

$$\mathcal{Z} = \int \mathcal{D}U_\mu \mathrm{e}^{-S_g[U_\mu]} \det(\mathcal{M}[U_\mu; m_{u/d}])^{1/2} \det(\mathcal{M}[U_\mu; m_s])^{1/4}, \qquad (7.26)$$

其中 $\mathcal{M}[U_\mu; m_{u/d}]$ 和 $\mathcal{M}[U_\mu; m_s]$ 是质量参数分别为轻夸克质量 $m_{u/d}$ 和奇异夸克质量 m_s 的 staggered 费米子的费米子矩阵. 这种做法尽管看起来很合理, 但实际上可能是有问题的.[2] 不过人们还是抵挡不住它的诱惑, 进行了很多的实际计算. 特别是 MILC 合作组产生了大量的利用所谓高度改进的交错夸克 (highly improved staggered quark, HISQ) 的规范场组态. 这些组态可以通过 ILDG 的方式下载. 这使得交错费米子成为了最早涉足动力学夸克模拟的格点 QCD 费米子方法. 相关的物理计算可以参考额外的文献.

28　畴壁费米子: 第五维无穷的情形

¶ 我们首先讨论畴壁费米子 (domain wall fermion, DWF) 的基本定义. 畴壁费米子的原始引入是源于 Kaplan 的一个想法,[3] 即将四维的手征费米子放在五维空间的一个四维畴壁上 (domain wall), 这个畴壁应当正好是一个沿着第五维延展的扭结解 (kink solution) 的零点. 我们这里仅仅讨论相关的理论框架, 并不涉及具体的数值模拟问题.

---

[1]其实是 1/4 次幂, 也就是根号的根号. 不过一般都称为 rooting trick.

[2]参见 Creutz M. Chiral anomalies and rooted staggered fermions. Phys. Lett. B, 2007, 649: 230.

[3]参见 Kaplan D B. A method for simulating chiral fermions on the lattice. Phys. Lett. B, 1992, 288: 342.

¶ 假定有一个五维格点化的空间, 其中的格点的四维坐标仍然记为 $x_\mu, \mu = 0, 1, 2, 3$. 对于一个有限大的四维格点, x_μ 的取值范围是有限的. 第五维的坐标标记为 s, 可以取任意整数值. 一个格点化的、第五维无限延展的畴壁费米子的作用量可以写为

$$S_{\mathrm{F}}[\bar{\psi}, \psi, U_\mu] = -\frac{1}{2} \sum_{x,s,\mu} \left[\bar{\psi}_{x,s}(1-\gamma_\mu)U_\mu(x)\psi_{x+\hat{\mu},s} + \bar{\psi}_{x,s}(1+\gamma_\mu)U_\mu^\dagger(x-\hat{\mu})\psi_{x-\hat{\mu},s} \right]$$
$$-\frac{1}{2} \sum_{x,s} \left[\bar{\psi}_{x,s}(1-\gamma_5)\psi_{x,s+1} + \bar{\psi}_{x,s}(1+\gamma_5)\psi_{x,s-1} \right]$$
$$+ \sum_{x,s} \left[5 - M_5 \operatorname{sign}\left(s+\frac{1}{2}\right) \right] \bar{\psi}_{x,s}\psi_{x,s}. \tag{7.27}$$

这里费米子的质量项前面的系数在 $s \geqslant 0$ 的区域是 $-M_5$, 而在 $s < 0$ 的地方是 $+M_5$. 因此, 参数 M_5 刻画了墙的高度. 从形式上看, 作用量 (7.27) 看起来与一个五维格点上的 Wilson 费米子作用量十分类似, 只不过有如下几点区别: 第一, 沿着第五维的规范场是平庸的. 第二, 四维空间内的规范场对第五维是均匀的, 即它们不依赖第五维坐标 s.[1] 第三, 质量项 M_5 的符号约定 (指 $s > 0$ 的区域) 与通常的 Wilson 费米子的约定相反. 恰恰是这种高度的相似性, 使得畴壁费米子的模拟程序可以十分方便地从原先的 Wilson 费米子的程序得到, 只不过需要扩充为五维. 另外一种看待畴壁费米子的方法是将所谓的 "第五维" 的指标 s 看成是一种新的 "味道" 指标.

格点上的费米子场 $\Psi(x, s)$ 将是一个五维的场, 它仍然是一个具有 4 个分量的 Dirac 场, 当然还可以具有相应的色指标和味指标. 于是, 畴壁费米子的格点作用量可以写为

$$S_{\mathrm{f}}[\bar{\Psi}, \Psi, U] = -\sum_{x,y,s,s'} \bar{\Psi}_{x,s} (D_{\mathrm{F}})_{x,s;y,s'} \Psi_{y,s'}, \tag{7.28}$$

其中费米子矩阵 D_{F} 的明显表达式为

$$(D_{\mathrm{F}})_{xs;y,s'} = \delta_{s,s'} D_{x,y}^\parallel + \delta_{x,y} D_{s,s'}^\perp, \tag{7.29}$$
$$D_{x,y}^\parallel = \frac{1}{2} \sum_\mu \left[(1-\gamma_\mu)U_\mu(x)\delta_{x+\hat{\mu},y} + (1+\gamma_\mu)U_\mu^\dagger(y)\delta_{x-\hat{\mu},y} \right]$$
$$+ \left[M_5 \operatorname{sign}\left(s+\frac{1}{2}\right) - 5 \right] \delta_{x,y}, \tag{7.30}$$
$$D_{s,s'}^\perp = P_{\mathrm{L}}\delta_{s+1,s'} + P_{\mathrm{R}}\delta_{s-1,s'}, \tag{7.31}$$

这里已经略写了 Dirac 指标并且定义了投影算子 $P_{\mathrm{R/L}} = (1 \pm \gamma_5)/2$. 按照前面的约定, 规范场仅仅存在于四维的超平面上, 因此, 沿着第五维传播的算子 $D_{s,s'}^\perp$ 是与规

[1]结合这两点意味着 $U_5(x, s) = 1$, $U_\mu(x, s) \equiv U_\mu(x)$.

范场无关的常数矩阵. 同时, 在每一个四维片上的算子 $D_{x,y}^{\parallel}$ 基本上不依赖于第五维的坐标, 只是其质量项在第五维的原点有一个跳跃. 为了简化记号, 这一节中将使用如下的符号:

$$M_5(s) = M_5 \text{sign} \left(s + \frac{1}{2} \right). \tag{7.32}$$

28.1 自由的畴壁费米子的 Dirac 方程

¶ 首先考察一下自由的畴壁费米子的性质将是十分有帮助的, 这将有助于理解引入它的初衷. 这时所有的规范场都退化为单位矩阵, 公式 (7.29) 中所定义的费米子矩阵的谱是严格可解的. 由于通常四维空间的平移不变性, 可以对费米子场的四维时空依赖进行傅里叶展开:

$$\Psi_{x,s} = \frac{1}{\sqrt{V}} \sum_p \tilde{\Psi}_{p,s} \text{e}^{\text{i}px}. \tag{7.33}$$

类似地, 也可以对 $\bar{\Psi}_{x,s}$ 做展开. 于是, 前面给出的作用量可以在四维的 "动量空间" 中写为

$$S_{\text{f}} = - \sum_{p,s,s'} \tilde{\bar{\Psi}}_{-p,s} D_{s,s'}(p) \tilde{\Psi}_{p,s'}, \tag{7.34}$$

其中动量空间的费米子矩阵为

$$D_{s,s'}(p) = P_{\text{L}} \delta_{s+1,s'} + P_{\text{R}} \delta_{s-1,s'} - \left[1 - M_5(s) + \sum_\mu \left(1 - \cos p_\mu + \text{i}\gamma_\mu \sin p_\mu \right) \right] \delta_{s,s'}. \tag{7.35}$$

为了方便, 令

$$b(p) = b_\pm(p) = 1 \mp M_5 + \sum_\mu \left(1 - \cos p_\mu \right). \tag{7.36}$$

注意, 尽管在符号上参数 $b(p)$ 似乎仅依赖于四动量 p, 但实际上它还依赖于第五维坐标 s. 由于质量参数 $M_5(s)$ 对于第五维坐标的依赖仅是阶梯函数, 因此 $b(p)$ 对 s 的依赖也是如此. 换句话说, 如果我们只考察第五维的一个半无穷的空间, 例如 $s \geqslant 0$ 或者 $s < 0$, 那么函数 $b(p)$ 并不依赖于坐标 s, 它只是在 $s = -1/2$ 处有一个常数跃变而已. 所以, 为了简化记号, 我们有时并不明显地标明它的 s 依赖关系.

¶ 一种考察畴壁费米子能谱的方法是考察与它对应的 Dirac 方程. 为此, 我们定义算符

$$H_{s,s'}(\boldsymbol{p}) = \gamma_0 D_{s,s'}(\boldsymbol{p}, p_0 = 0) = \gamma_0 (P_{\text{R}} \delta_{s-1,s'} + P_{\text{L}} \delta_{s+1,s'}) - \gamma_0 \left(b(\boldsymbol{p}, 0) + \text{i}\gamma_i \tilde{p}_i \right) \delta_{s,s'}, \tag{7.37}$$

然后尝试去解它的本征模式[1]

$$H\Psi = E\Psi. \tag{7.38}$$

我们特别关心那些具有确定手性的本征模式. 例如, 假定其中一种本征模式具有左手手性:[2]

$$(\Psi_{\mathrm{L}})_s (\boldsymbol{p}) = U^{(-)}(s) P_{\mathrm{L}} \psi(\boldsymbol{p}), \quad \left(\sum_i \tilde{p}_i \Sigma_i \right) \cdot \psi(\boldsymbol{p}) = E\psi(\boldsymbol{p}), \tag{7.39}$$

其中 $\Sigma_i = -\mathrm{i}\gamma_0\gamma_i$. 按照我们熟悉的约定, 如果取 γ 矩阵的手征表示

$$\Sigma_i = \begin{pmatrix} -\sigma_i & 0 \\ 0 & \sigma_i \end{pmatrix}, \tag{7.40}$$

可看出 $E^2 = \tilde{\boldsymbol{p}}^2$. 同时, 如果我们令 $E = +\sqrt{\tilde{\boldsymbol{p}}^2}$, 会发现公式 (7.39) 的第二个关系要求

$$\psi(\boldsymbol{p}) = \begin{pmatrix} \chi_-(\tilde{\boldsymbol{p}}) \\ \chi_+(\tilde{\boldsymbol{p}}) \end{pmatrix}, \tag{7.41}$$

这里 $\chi_\pm$ 分别对应于螺旋度 (helicity) 的本征态:

$$\left(\frac{\sigma_i \tilde{p}_i}{E} \right) \chi_\pm(\tilde{\boldsymbol{p}}) = \pm \chi_\pm(\tilde{\boldsymbol{p}}). \tag{7.42}$$

将形式 (7.39) 代入 Dirac 方程中, 我们发现函数 $U^{(-)}(s)$ 满足

$$U^{(-)}(s+1) = b(\boldsymbol{p},0) U^{(-)}(s), \tag{7.43}$$

于是可以得到一个归一的解

$$U^{(-)}(s) \propto [b_\pm(\boldsymbol{p},0)]^s, \tag{7.44}$$

其中等式右边的 $\pm$ 符号分别对应于 $s \geqslant 0$ 和 $s < 0$. 因此, 这个解可归一必定要求 $|b_+(\boldsymbol{p},0)| < 1$ 和 $b_-(\boldsymbol{p},0)| > 1$. 对于自由的情形, 这等价于 $0 < M_5 < 2$. 对于这个范围的 M_5, 那些接近于零动量的模式一定可以取为位于 $s = 0$ 的墙上的、手征的、可归一的本征模式. 也就是说, 对于左手模式有

$$(\Psi_{\mathrm{L}})_s (\boldsymbol{p}) = U^{(-)}(s) P_{\mathrm{L}} \begin{pmatrix} \chi_-(\tilde{\boldsymbol{p}}) \\ \chi_+(\tilde{\boldsymbol{p}}) \end{pmatrix} = U^{(-)}(s) \begin{pmatrix} 0 \\ \chi_+(\tilde{\boldsymbol{p}}) \end{pmatrix}, \tag{7.45}$$

其中的 $U^{(-)}(s)$ 由公式 (7.44) 给出.

---

[1]也就是 Dirac 方程.
[2]右手情形的讨论类似.

另外值得注意的是畴壁费米子对于加倍子 (doubler) 的处理. 从自由的情形来看, 如果三维格点动量 $\boldsymbol{p}$ 接近于某个加倍子动量, 那么一定有 $\sum_i (1 - \cos p_i) > 2$, 这时其相应的 $b_+(\boldsymbol{p}, 0) > 1$. 也就是说, 与这些接近于加倍子的格点动量相对应的模式必定是不可归一的. 换句话说, 只要参数 M_5 选择得合适, 它可以恰好过滤掉那些加倍子模式, 剩下的可归一的模式刚好位于 $s = 0$ 的墙上, 且具有确定的手征性质的模式.

¶ 如果我们尝试讨论具有右手手性的解:

$$(\Psi_{\mathrm{R}})_s (\boldsymbol{p}) = U^{(+)}(s) P_{\mathrm{R}} \psi(\boldsymbol{p}), \qquad (7.46)$$

一切讨论都如前, 只不过 $U^{(+)}(s)$ 的递推关系为

$$U^{(+)}(s) = b(\boldsymbol{p}, 0)^{-1} U^{(+)}(s - 1). \qquad (7.47)$$

上式的解为

$$U^{(+)}(s) \propto [b_\pm(\boldsymbol{p}, 0)]^{-s}, \qquad (7.48)$$

相应地有

$$(\Psi_{\mathrm{R}})_s (\boldsymbol{p}) = U^{(+)}(s) P_{\mathrm{R}} \begin{pmatrix} \chi_-(\tilde{\boldsymbol{p}}) \\ \chi_+(\tilde{\boldsymbol{p}}) \end{pmatrix} = U^{(+)}(s) \begin{pmatrix} \chi_-(\tilde{\boldsymbol{p}}) \\ 0 \end{pmatrix}. \qquad (7.49)$$

这个解可以归一的条件正好与左手的条件互补: $|b_+(\boldsymbol{p}, 0)| > 1$ 和 $|b_-(\boldsymbol{p}, 0)| < 1$, 就是说 $-2 < M_5 < 0$. 从几何上说, 如果对于左手的情形称第五维的质量项是一个 kink 的话, 那么右手的则只能够束缚在一个 anti-kink 处. 这正是 Kaplan 最原始的文章中所指出的.

28.2　自由的畴壁费米子的传播子

¶ 在物理上重要的是费米子传播子的极点, 这也是考察 DWF 谱的另一种方法. 为此, 我们需要考虑前面引入的费米子矩阵 (D_{F}) 的逆矩阵. 由于 $D_{\mathrm{F}}^{-1} = D_{\mathrm{F}}^\dagger (D_{\mathrm{F}} D_{\mathrm{F}}^\dagger)^{-1}$, 因此费米子传播子的极点完全由二级 (厄米) 算符 $D_{\mathrm{F}} D_{\mathrm{F}}^\dagger$ 的零点所确定.

DWF 的费米矩阵在四维动量空间是对角的, 可以写成

$$[D_{\mathrm{F}}(p)]_{s,s'} = \left(-b(p, s) - \mathrm{i} \sum_\mu \gamma_\mu \tilde{p}_\mu \right) \delta_{s,s'} + P_{\mathrm{L}} \delta_{s+1,s'} + P_{\mathrm{R}} \delta_{s-1,s'}. \qquad (7.50)$$

二阶算符 $\Omega_\infty \equiv D_{\mathrm{F}} D_{\mathrm{F}}^\dagger$ 在动量空间也是对角的, 可以写为

$$
\begin{aligned}
\left[\Omega_\infty(p)\right]_{s,s'} &= \left[1 + b(p,s)^2 + \tilde{p}^2\right] \delta_{s,s'} - \left[b(p,s)\delta_{s'+1,s} + b(p,s')\delta_{s+1,s'}\right] P_{\mathrm{L}} \\
&\quad - \left[b(p,s)\delta_{s'-1,s} + b(p,s')\delta_{s-1,s'}\right] P_{\mathrm{R}} \\
&\equiv \left[\Omega^{\mathrm{L}}\right]_{s,s'} P_{\mathrm{L}} + \left[\Omega^{\mathrm{R}}\right]_{s,s'} P_{\mathrm{R}}.
\end{aligned} \tag{7.51}
$$

注意, 这个公式中我们明显地写出了 $b(p) = b(p,s)$ 对于第五维坐标 s 的依赖. 注意到二级算符可以分解为左手和右手两个部分: Ω^{L} 和 Ω^{R}, 而且它们都是关于指标 s 和 s' 对称的. 因此它的逆一定也是一个关于 s 和 s' 对称的矩阵, 记为 $(G_\infty)_{s,s'}$. 它也一定可以分为关于角标对称的左手和右手部分:

$$
\left[G_\infty(p)\right]_{s,s'} = \left[G^{\mathrm{L}}(p)\right]_{s,s'} P_{\mathrm{L}} + \left[G^{\mathrm{R}}(p)\right]_{s,s'} P_{\mathrm{R}}. \tag{7.52}
$$

由于关联函数 $[G^{\mathrm{R/L}}]_{s,s'}$ 关于角标是对称的, 于是, 我们只需要写出 $s \geqslant s'$ 的解. 最后的结果是:[1]

$$
\left[G^{\mathrm{L}}(p)\right]_{s,s'} = \begin{cases} \left[A_{\mathrm{L}}(p) - B_+(p)\right] \mathrm{e}^{-\alpha_+(p)(s+s')} + B_+(p)\mathrm{e}^{-\alpha_+(p)(s-s')}, & s' \geqslant 0, \\ A_{\mathrm{L}}(p)\mathrm{e}^{-\alpha_+(p)s+\alpha_-(p)s'}, & s \geqslant 0 \geqslant s', \\ \left[A_{\mathrm{L}}(p) - B_-(p)\right] \mathrm{e}^{-\alpha_-(p)(s+s')} + B_-(p)\mathrm{e}^{-\alpha_-(p)(s-s')} & s \leqslant 0. \end{cases} \tag{7.53}
$$

公式中各个系数的具体表达式为

$$
\cosh \alpha_\pm(p) = \frac{1 + b_\pm(p)^2 + \tilde{p}^2}{2b_\pm(p)}, \quad B_\pm(p) = \frac{1}{2b_\pm(p) \sinh \alpha_\pm(p)}, \tag{7.54}
$$

$$
A_{\mathrm{L}}(p) = \frac{1}{b_+(p)\mathrm{e}^{\alpha_+(p)} - b_-(p)\mathrm{e}^{-\alpha_-(p)}}. \tag{7.55}
$$

类似地, 我们可以求出 $[G^{\mathrm{R}}]_{s,s'}$, 其表达式为

$$
\left[G^{\mathrm{R}}(p)\right]_{s,s'} = \begin{cases} \left[A_{\mathrm{R}}(p) - B_+(p)\right] \mathrm{e}^{-\alpha_+(p)(s+s'+2)} + B_+(p)\mathrm{e}^{-\alpha_+(p)(s-s')}, & s' \geqslant -1, \\ A_{\mathrm{R}}(p)\mathrm{e}^{-\alpha_+(p)(s+1)+\alpha_-(p)(s'+1)}, & s \geqslant -1 \geqslant s', \\ \left[A_{\mathrm{R}}(p) - B_-(p)\right] \mathrm{e}^{-\alpha_-(p)(s+s'+2)} + B_-(p)\mathrm{e}^{-\alpha_-(p)(s-s')}, & s \leqslant -1, \end{cases} \tag{7.56}
$$

其中的系数 $A_{\mathrm{R}}(p)$ 由下式给出:

$$
A_{\mathrm{R}}(p) = \frac{1}{b_-(p)\mathrm{e}^{\alpha_-(p)} - b_+(p)\mathrm{e}^{-\alpha_+(p)}}. \tag{7.57}
$$

从公式 (7.54) 不难看出, 为了保证参数 $\alpha_\pm(p)$ 对于每个 p 都是实数, 要求 $b_\pm(p) > 0$. 这意味着对于自由的 DWF, 参数 $M_5 < 1$. 因此, 对于自由的 DWF, 参数 M_5 的允

---

[1]详细的计算参见 Narayanan R and Neuberger H. Phys. Lett. B, 1993, 305: 275.

许取值范围是 $0 < M_5 < 1$. 这时, 按照前一小节的讨论, 墙上正好可以束缚一个左手的手征费米子. 因此, 我们预计在左手的格林函数 $G^{\mathrm{L}}(p)$ 中会出现在布里渊区中心的零质量极点. 的确, 我们发现参数 $A_{\mathrm{L}}(p)$ 在小的格点动量 p 的区域中的渐近行为是

$$A_{\mathrm{L}}(p) \approx \frac{M_5(2 - M_5)(2 + M_5)}{4p^2}. \tag{7.58}$$

容易验明其余的函数 $A_{\mathrm{R}}(p)$ 和 $B_{\pm}(p)$ 在小的格点动量区域都没有极点. 这一点很好理解, 因为如果参数 $0 < M_5 < 1$, 那么墙附近只能够束缚左手手征费米子, 它造成相应的左手二阶算符 $\Omega_\infty^{\mathrm{L}}$ 有个零质量的零模, 正是这个零模的存在造成相应的格林函数 G^{L} 中出现极点. 另一方面, 这时右手手征费米子无法存在, 也就是说右手二阶算符 $\Omega_\infty^{\mathrm{R}}$ 没有零模, 因此相应格林函数在 $p^2 \approx 0$ 处也不会有极点.

29　半无穷第五维时的畴壁费米子

¶ 前一节讨论了最原始的畴壁费米子的方案. 这个方案基于 Kaplan 最初的思想, 费米子存在于无穷的第五维的两个区域的四维交界面附近. 随后, 人们发现这种设置, 尽管其物理图像比较直观, 但是并不是必须的. 人们真正需要的实际上是无穷多个费米子场. 因此, 原则上可以假定费米子场的角标 s, 也就是我们称为第五维坐标的参量, 仅仅取非负整数: $s = 0, 1, 2, \cdots$. 如果用第五维来描写, 这对应于一个半无穷的第五维. 这样的构造不仅同样可以实现一个手征模式, 而且其计算比起两个方向都无穷的情形还要更为简单. 下面就简要说明一下这个情形.

这个模型的费米子作用量与前面引入的无穷第五维的费米子作用量极其类似, 只不过质量参数 $M_5(s) = M_5$, 其中 $s \geqslant 0$. 于是, 费米子矩阵在四维动量空间可以表达为

$$\begin{aligned}
[D(p)]_{s,s'} &= \theta(s)\theta(s') [D_0(p)]_{s,s'}, \\
[D_0(p)]_{s,s'} &= P_{\mathrm{L}}\delta_{s+1,s'} + P_{\mathrm{R}}\delta_{s-1,s'} - [b(p) + \mathrm{i}\gamma_\mu \sin p_\mu] \delta_{s,s'}.
\end{aligned} \tag{7.59}$$

这里的阶梯函数 $\theta(s)$, 当 $s \geqslant 0$ 时等于 1, 而如果 $s < 0$, 则有 $\theta(s) = 0$. 参数 $b(p)$ 为

$$b(p) = 1 - M_5 + \sum_\mu (1 - \cos p_\mu). \tag{7.60}$$

类似地, 我们可以讨论这个系统的 Dirac 方程, 相应的 "哈密顿量" 为

$$H_{s,s'}(\boldsymbol{p}) = \gamma_0 [D(\boldsymbol{p}, p_0 = 0)]_{s,s'}. \tag{7.61}$$

可以类似地求出一个左手的零模:

$$(\Psi_{\mathrm{L}})_s(\boldsymbol{p}) = U^{(-)}(s)P_{\mathrm{L}}\begin{pmatrix}\chi_-(\tilde{\boldsymbol{p}})\\\chi_+(\tilde{\boldsymbol{p}})\end{pmatrix} = U^{(-)}(s)\begin{pmatrix}0\\\chi_+(\tilde{\boldsymbol{p}})\end{pmatrix}, \tag{7.62}$$

其中 $U^{(-)}(s) \propto [b(p)]^s$. 这个模式可归一性给出 $|b(p)| < 1$, 也就是说, 我们要求 $0 < M_5 < 1$.

我们同样可以考察费米子的传播子. 首先, 如果不考虑 D 与 D_0 的区别, 那么有如下的二阶算符:

$$[\Omega_0]_{s,s'} = \left[D_0 D_0^\dagger\right]_{s,s'} = (1 + b^2(p) + \tilde{p}^2)\delta_{s,s'} - b(p)(\delta_{s+1,s'} + \delta_{s-1,s'}). \tag{7.63}$$

与之相应的格林函数可以求出为

$$[G_0(p)]_{s,s'} = B(p)\mathrm{e}^{-\alpha(p)|s-s'|}, \tag{7.64}$$

其中的参数 $B(p)$ 和 $\alpha(p)$ 的表达式是

$$\cosh\alpha(p) = \frac{1 + b^2(p) + \tilde{p}^2}{2b(p)}, \quad B(p) = \frac{1}{2b(p)\sinh\alpha(p)}. \tag{7.65}$$

算符 $DD^\dagger$ 仍然可以分解为左手部分与右手部分, 因此相应的格林函数也可以分为左手部分和右手部分, 即 $G = (DD^\dagger)^{-1} = G_{\mathrm{L}}P_{\mathrm{L}} + G_{\mathrm{R}}P_{\mathrm{R}}$. 具体的计算结果为

$$\left[G_{\mathrm{L/R}}(p)\right]_{s,s'} = [G_0(p)]_{s,s'} + A_{\mathrm{L/R}}(p)\mathrm{e}^{-\alpha(p)(s+s')}, \tag{7.66}$$

$$A_{\mathrm{L}}(p) = B(p)\mathrm{e}^{-2\alpha(p)}\frac{\mathrm{e}^{\alpha(p)} - b(p)}{b(p) - \mathrm{e}^{-\alpha(p)}}, \quad A_{\mathrm{R}} = -B(p)\mathrm{e}^{-2\alpha(p)}. \tag{7.67}$$

容易验证, 在格点动量 $p_\mu \ll 1$ 时, 函数 $A_{\mathrm{L}}(p)$ 具有一个零质量的极点:

$$A_{\mathrm{L}}(p) = \frac{M_5(2 - M_5)}{p^2} + \cdots, \tag{7.68}$$

其中省略的是在 $p^2 \to 0$ 时有限的项. 这个格林函数中所对应的极点恰好就是在 $s = 0$ 处求出的手征零模. 这一点可以通过考察 $D^{-1} = D^\dagger G$ 在小的 p 处的行为得到:

$$[D(p)]_{s,s'}^{-1} = \mathrm{i}P_{\mathrm{L}}\frac{M_5(2 - M_5)}{\not{p}}(1 - M_5)^{-s-s'} + \cdots. \tag{7.69}$$

这完美地体现了手征极点的性质.

30 第五维有限时的畴壁费米子

¶ 如果第五维是有限的, 那么实际上存在两个墙. 我们取 $0 \leqslant s \leqslant L_s - 1$, 于是, 可以在 $s = 0$ 和 $s = L_s - 1$ 两个墙上分别束缚一个左手零模和一个右手零模. 这时, 畴壁费米子的作用量与前面仍然类似, 只不过费米矩阵变为 (在四维动量空间)

$$\left[\hat{D}(p)\right]_{s,s'} = \theta(L_s - s - 1)\theta(L_s - s' - 1) \left[D(p)\right]_{s,s'}, \tag{7.70}$$

其中 $[D(p)]_{s,s'}$ 就是上一节讨论的半无穷第五维中的矩阵. 由于现在出现了两个墙, 所以可以在两面墙之间发生耦合. 或者说, 我们可以为费米子场在两面墙处加上不同的边条件. 因此, 我们将研究下面这个更为普遍的费米子矩阵:

$$\left[\hat{D}(p)\right]_{s,s'} = \theta(L_s - s - 1)\theta(L_s - s' - 1) \left[D(p)\right]_{s,s'} + mP_{\mathrm{L}}\delta_{s,0}\delta_{s',L_s-1} + mP_{\mathrm{R}}\delta_{s,L_s-1}\delta_{s',0}. \tag{7.71}$$

注意, 由于在两面墙处分别束缚了不同手性的费米子, 因此如果参数 $m \neq 0$, 就意味着系统中存在左手和右手费米子之间的耦合. 换句话说, 参数 m 实际上起到了流夸克质量的作用. 这一点我们在下面通过计算其格林函数还会看得更为清晰.

下面来处理这种情形下的格林函数. 正如电动力学中求解静电边值问题一样, 一个右边界的格林函数总是可以通过无边界的格林函数再加上一些齐次方程的合适特解得到, 现在也不例外. 由于二阶算符的左右手分离, 因此一定有

$$G(p) = P_{\mathrm{L}}G^{\mathrm{L}}(p) + P_{\mathrm{R}}G^{\mathrm{R}}(p). \tag{7.72}$$

考虑到问题的对称性, 有

$$\left[G^{\mathrm{R}}(p)\right]_{s,s'} = \left[G^{\mathrm{L}}(p)\right]_{L_s-s-1, L_s-s'-1}. \tag{7.73}$$

因此, 我们猜测格林函数的形式为

$$\left[G^{\mathrm{L}}(p)\right]_{s,s'} = \left[G_0(p)\right]_{s,s'} + A_{\mathrm{L}}\mathrm{e}^{-\alpha(s+s')} + A_{\mathrm{R}}\mathrm{e}^{-\alpha(2L_s-s-s'-2)}$$
$$+ A_m \left(\mathrm{e}^{-\alpha(L_s+s-s'-1)} + \mathrm{e}^{-\alpha(L_s-s+s'-1)}\right). \tag{7.74}$$

将这个形式代入格林函数满足的方程, 我们发现 $\left[\Omega_-(p)G_\infty(p)\right]_{s,s'}$ 与单位矩阵的区别仅仅发生在两个墙上: $s = 0$ 和 $s = L_s - 1$. 如果进一步考察这些边界上多余的项, 要求它们被公式 (7.74) 中的其他项消去, 可以得到 A_{L}, A_{R} 以及 A_m 所满足的两个线性方程. 这些方程的解最后给出

$$A_{\mathrm{R/L}}(p) = \frac{B(1-m^2)(\mathrm{e}^{\mp\alpha} - b)}{\mathrm{e}^\alpha(b\mathrm{e}^\alpha - 1) + m^2(\mathrm{e}^\alpha - b)}, \quad A_m = \frac{2mbB\cosh\alpha}{\mathrm{e}^\alpha(b\mathrm{e}^\alpha - 1) + m^2(\mathrm{e}^\alpha - b)}. \tag{7.75}$$

注意到当 m 和 p_μ 都很小时 (格点单位中), $A_{\mathrm L}(p)$ 是发散的, 它的行为是[1]

$$A_{\mathrm L}(p) \approx \frac{1}{p^2 + m^2 M_5^2 (2 - M_5)^2},\tag{7.76}$$

我们发现流夸克质量为 $mM_5(2-M_5)$, 这直接与参数 m 成正比. 因此, 正如前面提到的, 边界条件中的参数 m 可以解释为流夸克质量.

31　畴壁费米子的手征性质

¶ 类似于第六章的第 23 节中对 Wilson 费米子的手征性质的讨论, 现在来讨论畴壁费米子的手征性质, 重点仍然是相应的手征 Ward 恒等式.

首先考察矢量流的情形. 第 28 节引入的畴壁费米子的作用量显然具有整体的 $U(N_{\mathrm f})$ 味对称性.[2] 这时可以得到一个五维的矢量流. 这个五维的矢量流的四维分量就是我们所熟悉的

$$j_\mu^a(x,s) = \frac{1}{2}\left(\bar\psi_{x,s}(1-\gamma_\mu)U_\mu(x)\tau^a\psi_{x+\hat\mu,s} - \bar\psi_{x+\hat\mu,s}(1+\gamma_\mu)U_\mu^\dagger(x)\tau^a\psi_{x,s}\right),\tag{7.77}$$

其中第五坐标 s 的范围是 $0 \leqslant s \leqslant L_s - 1$. 矢量流的第五分量则可以定义为

$$j_5^a(x,s) = \bar\psi_{x,s}P_{\mathrm R}\tau^a\psi_{x,s+1} - \bar\psi_{x,s+1}P_{\mathrm L}\tau^a\psi_{x,s},\tag{7.78}$$

其中第五坐标 s 的范围仍然是 $0 \leqslant s \leqslant L_s - 1$, 只不过当 $s = L_s - 1$ 时, 这个表达式中的坐标 $s+1$ 应当取 0.

上述定义的五维矢量流满足重要的连续性方程:

$$\sum_\mu \partial_\mu^* j_\mu^a(x,s) = \begin{cases} -j_5^a(x,0) - mj_5^a(x,L_s-1), & s=0, \\ -\partial_5^* j_5^a(x,s), & 0<s<L_s-1, \\ j_5^a(x,L_s-2) + mj_5^a(x,L_s-1), & s=L_s-1. \end{cases}\tag{7.79}$$

于是, 我们可以定义四维的矢量流[3]

$$V_\mu^a(x) = \sum_{s=0}^{L_s-1} j_\mu^a(x,s).\tag{7.80}$$

利用连续性方程 (7.79) 很容易验证, 定义 (7.80) 给出的四维矢量流守恒:

$$\partial_\mu^* V_\mu^a(x) = 0.\tag{7.81}$$

---

[1] 注意: $e^{-\alpha} = 1 - M_5 + O(p^2)$, $b = 1 - M_5 + O(p^2)$, 因此 $(be^\alpha - 1) = O(p^2)$.

[2] 这里假设 $N_{\mathrm f}$ 味的费米子的质量参数是简并的.

[3] 这里的矢量流 $V_\mu^a(x)$ 相当于第六章第 23 节中的修正的矢量流 $\tilde V_\mu^a(x)$, 参见公式 (6.13).

类似于 Wilson 费米子的情形, 这个公式可以理解为一个算符表达式, 也就是说, 我们可以证明算符 $\partial_\mu^* V_\mu^a(x)$ 与任何其他算符乘积的物理矩阵元都等于零.

¶ 下面讨论轴矢流. 我们可以定义无穷小的轴矢流变换为

$$\delta_A^a \psi_{x,s} = +\mathrm{i}q(s)\tau^a \psi_{x,s}, \quad \delta_A^a \bar\psi_{x,s} = -\mathrm{i}q(s)\bar\psi_{x,s}\tau^a, \tag{7.82}$$

其中的 "手征荷" $q(s)$ 可以取为

$$q(s) = \begin{cases} +1, & 0 \leqslant s \leqslant L_s/2 - 1, \\ -1, & L_s/2 \leqslant s \leqslant L_s - 1, \end{cases} \tag{7.83}$$

也就是说我们将第五维延展的场的手征荷分为两个区域, 它们的手征荷正好相反. 我们可以定义四维的轴矢流为

$$A_\mu^a(x) = -\sum_{s=0}^{L_s-1} \mathrm{sign}(L_s/2 - s - 1/2) j_\mu^a(x, s). \tag{7.84}$$

在轴矢流变换 (7.82) 下, 畴壁费米子的作用量的变化来自于两个方面: 一个是 $s = L_s/2 - 1$ 与 $s = L_s/2$ 之间的相互影响, 这个贡献即使在 $m = 0$ 时也存在; 另一个就是来自 $s = 0$ 和 $s = L_s - 1$ 的相互影响, 这个贡献在 $m = 0$ 的时候为零. 对于公式 (7.84) 定义的轴矢流, 可以得到如下的 (算符) 表达式:

$$\partial_\mu^* A_\mu^a(x) = 2m J_5^a(x) + 2 J_{5q}^a(x), \tag{7.85}$$

其中定义了

$$J_5^a(x) = j_5^a(x, s = L_s - 1), \quad J_{5q}^a(x) = j_5^a(x, s = L_s/2 - 1). \tag{7.86}$$

¶ 一个简单的办法是定义 "四维的" 夸克场:

$$q_x = P_\mathrm{R}\psi_{x,0} + P_\mathrm{L}\psi_{x,L_s-1}, \quad \bar q_x = \bar\psi_{x,L_s-1}P_\mathrm{R} + \bar\psi_{x,0}P_\mathrm{L}. \tag{7.87}$$

这样一来, 可以将前面公式中的 $J_5^a(x)$ 写为

$$J_5^a(x) = \bar q_x \gamma_5 \tau^a q_x. \tag{7.88}$$

这看上去已经比较接近我们所预期的赝标量密度了. 因此, 从公式 (7.85) 来看, 它与我们所熟知的 PCAC 关系的差别仅仅在于 J_{5q}^a 的一项.

现在考察轴矢流变换下得到的 Ward 恒等式, 其推导方法与 Wilson 费米子的情形十分类似. 对于一个非单态的轴矢流, 可得到

$$\partial_\mu^* \langle A_\mu^a(x)\mathcal{O}(y_1, y_2, \cdots)\rangle = 2m \langle J_5^a(x)\mathcal{O}(y_1, y_2, \cdots)\rangle + 2\langle J_{5q}^a(x)\mathcal{O}(y_1, y_2, \cdots)\rangle$$
$$+ \mathrm{i}\langle \delta_A^a \mathcal{O}(y_1, y_2, \cdots)\rangle. \tag{7.89}$$

可以证明, 如果算符 $\mathcal{O}(y_1, y_2, \cdots)$ 仅仅由 "四维的" 夸克场 (7.87) 构成, 那么关联函数 $\langle J_{5q}^a(x)\mathcal{O}(y_1, y_2, \cdots)\rangle$ 将会随着 $L_s \to \infty$ 而趋于零. 这意味着, 在第五维的尺度趋于无穷时, 我们的确可以得到所预期的 Ward 恒等式.

32　畴壁费米子的转移矩阵描述与重叠公式

¶ 这一节我们简要回顾一下畴壁费米子的转移矩阵 (transfer matrix) 描述方法. 这种描述对于理解理论的物理内涵是很有帮助的. 对于畴壁费米子的转移矩阵的讨论首先是 Narayanan 和 Neuberger 等人给出的.[1] 我们这里只是给出其大概, 详细的讨论请参考原始的文献. 一旦得到了转移矩阵描述, 我们可以推出四维有效作用量的所谓重叠 (overlap) 表述. 这将直接建立起畴壁费米子与另一种广泛讨论的手征费米子方案 —— 重叠费米子之间的联系.

前面关于畴壁费米子的手征性质的讨论显示, 只要第五维的尺度是有限的, 那么位于两个墙上的左手和右手费米子之间就会有相互作用. 这种相互作用通过流 J_{5q}^a 的存在而进入手征 Ward 恒等式从而改变了通常的 PCAC 关系. 当然, 如果第五维的尺度趋于无穷, 这种破坏的效应将不会出现在物理的关联函数中. 为了能够得到 "严格的" 而不是 "近似的" 手征性质, Narayanan 和 Neuberger 尝试一直保持第五维是无穷的. 在这种情形下, 可以只有一个畴壁, 为了方便起见, 我们将它的位置取在 $s = 0$.

我们选取畴壁费米子的作用量为

$$
\begin{aligned}
S_{\mathrm{f}}[\bar{\psi}, \psi, U_\mu] = &\frac{1}{2}\sum_{x,s,\mu}\left[\bar{\psi}_{x,s}(1+\gamma_\mu)U_\mu(x)\psi_{x+\hat{\mu},s} + \bar{\psi}_{x,s}(1-\gamma_\mu)U_\mu^\dagger(x-\hat{\mu})\psi_{x+\hat{\mu},s}\right] \\
&+\frac{1}{2}\sum_{x,s}\left[\bar{\psi}_{x,s}(1+\gamma_5)\psi_{x,s+1} + \bar{\psi}_{x,s}(1-\gamma_5)\psi_{x,s-1}\right] \\
&-\sum_{x,s}\left[5 - m\,\mathrm{sign}\left(s+\frac{1}{2}\right)\right]\bar{\psi}_{x,s}\psi_{x,s}.
\end{aligned}
\tag{7.90}
$$

将这个费米子作用量对费米子场积分, 就得到依赖于规范场的有效作用量

$$
\mathrm{e}^{S_{\mathrm{eff}}[U]} = \int \prod_{x,s}\left(\mathrm{d}\bar{\psi}_{x,s}\mathrm{d}\psi_{x,s}\right)\mathrm{e}^{S_{\mathrm{f}}[\bar{\psi}, \psi, U_\mu]}.
\tag{7.91}
$$

但是, 由于在第五维的无穷延伸, 这个公式其实是发散的. 注意到这个发散完全是由于第五维的无穷延伸所造成的彻体效应 (bulk effect), 而我们感兴趣的手征费米

---

[1] 参见 Narayanan R and Neuberger H. Chiral determinant as an overlap of two vacua. Nucl. Phys. B, 1994, 414: 574. 以及文章 A construction of lattice chiral gauge theories. Nucl. Phys. B, 1995, 443: 305.

子仅仅存在于四维的超平面 $s = 0$ 附近, 因此只要能够定义一个有限的 (不发散的) 四维有效作用量就可以了. 为此, 我们定义四维的有效作用量 $S_{\mathrm{I}}[U]$:

$$S_{\mathrm{I}}[U] = S_{\mathrm{eff}}[U] - \frac{1}{2}\left(S_{\mathrm{eff}}^{+}[U] + S_{\mathrm{eff}}^{-}[U]\right), \tag{7.92}$$

其中 $S_{\mathrm{eff}}^{\pm}[U]$ 的定义与 $S_{\mathrm{eff}}[U]$ 的定义 (7.91) 类似, 只不过被积函数中 S_{f} 中的质量参数 $m(s)$ 在全空间都是常数, 分别是 $\pm m$, 也就是没有畴壁的情形下的 (五维的) 有效作用量. 我们期望这样定义的四维的交界面处有效作用量是有限的.

我们采用如下的 γ 矩阵的表示 (手征表示):[1]

$$\gamma_{\mu} = \begin{pmatrix} 0 & -\sigma_{\mu} \\ -\sigma_{\mu}^{\dagger} & 0 \end{pmatrix}, \quad \gamma_5 = \begin{pmatrix} 1 & 0 \\ 0 & -1 \end{pmatrix}, \tag{7.93}$$

其中 $\sigma_0 = \mathrm{i}$, σ_i 就是 Pauli 矩阵. 借助手征投影算符, 可以将费米子场 $\bar{\psi}_{x,s}$ 和 $\psi_{x,s}$ 分为二分量的旋量:

$$\bar{\psi}_{x,s} = (\bar{\chi}_{x,s}^{\mathrm{L}}, \bar{\chi}_{x,s}^{\mathrm{R}}), \quad \psi_{x,s} = \begin{pmatrix} \chi_{x,s}^{\mathrm{R}} \\ \chi_{x,s}^{\mathrm{L}} \end{pmatrix}. \tag{7.94}$$

利用二分量的手征场, 可以将费米子作用量 (7.27) 表达为

$$\begin{aligned} S_{\mathrm{f}}[\bar{\chi}^{\mathrm{R}}, \bar{\chi}^{\mathrm{L}}, \chi^{\mathrm{R}}, \chi^{\mathrm{L}}, U] = & -\sum_s \left[(\bar{\chi}_s^{\mathrm{L}}, \mathcal{B}^s \chi_s^{\mathrm{R}}) + (\bar{\chi}_s^{\mathrm{R}}, \mathcal{B}^s \chi_s^{\mathrm{L}})\right] \\ & + \sum_s \left[(\bar{\chi}_s^{\mathrm{L}}, \mathcal{C} \chi_s^{\mathrm{L}}) - (\bar{\chi}_s^{\mathrm{R}}, \mathcal{C}^{\dagger} \chi_s^{\mathrm{R}})\right] \\ & + \sum_s \left[(\bar{\chi}_s^{\mathrm{L}}, \chi_{s+1}^{\mathrm{R}}) + (\bar{\chi}_{s+1}^{\mathrm{R}}, \chi_s^{\mathrm{L}})\right]. \end{aligned} \tag{7.95}$$

其中定义了如下的内积:

$$(\bar{v}, u) = \sum_{x,\alpha,a} \bar{v}_{x,\alpha,a} u_{x,\alpha,a}, \tag{7.96}$$

这里 $\alpha = 1, 2$ 代表二分量旋量的指标, a 则表示色指标. 上面公式中出现的矩阵 $\mathcal{B}^s$ 和 $\mathcal{C}$ 的具体表达式为[2]

$$(1 + \mathcal{B}^s)_{xy} = (5 - m(s))\,\delta_{xy} - \frac{1}{2}\sum_{\mu}\left[U_{\mu}(x)\delta_{x+\hat{\mu},y} + U_{\mu}^{\dagger}(x - \hat{\mu})\delta_{x-\hat{\mu},y}\right], \tag{7.97}$$

$$\mathcal{C}_{xy} = \frac{1}{2}\sum_{\mu}\left[U_{\mu}(x)\delta_{x+\hat{\mu},y} - U_{\mu}^{\dagger}(x - \hat{\mu})\delta_{x-\hat{\mu},y}\right](\sigma_{\mu}), \tag{7.98}$$

---

[1]最终的结论并不依赖于具体的表示, 这里采用手征表示仅仅是因为推导的方便.

[2]这里我们略写了色指标和旋量指标.

其中 $m(s) = m\,\text{sign}\,(s + 1/2)$ 是第五维的质量参数.

几乎完全套用 Wilson 格点 QCD 中转移矩阵的推导模式, 我们得到了有效作用量的二次量子化的表达式:

$$
\begin{aligned}
\mathrm{e}^{S_{\text{eff}}[U]} &= \lim_{s \to \infty} \left[\det(1 + \mathcal{B}^-)\right]^{s+1/2} \left[\det(1 + \mathcal{B}^+)\right]^{s+1/2} \\
&\quad \cdot \left\langle b_- \left| \mathbb{D}_- \left(\mathbb{T}_-\right)^{s-1} \left(\mathbb{T}_+\right)^{s-1} \mathbb{D}_+^\dagger \right| b_+ \right\rangle,
\end{aligned}
\tag{7.99}
$$

态 $|b_\pm\rangle$ 是与 $s \to \pm\infty$ 处边条件有关的量子态. 二次量子化的算符 $\mathbb{D}_\pm$ 和 $\mathbb{T}_\pm$ 以及矩阵 $\mathcal{H}_\pm$ 和 $\mathcal{Q}_\pm$ 的定义如下:

$$
\mathbb{D}_\pm = \mathrm{e}^{a^\dagger \mathcal{Q}_\pm a}, \quad \mathbb{T}_\pm = \mathrm{e}^{a^\dagger \mathcal{H}_\pm a},
\tag{7.100}
$$

$$
\mathrm{e}^{\mathcal{H}_\pm} = \begin{pmatrix} (1 + \mathcal{B}^\pm)^{-1} & (1 + B^\pm)^{-1} \mathcal{C} \\ \mathcal{C}^\dagger (1 + \mathcal{B}^\pm)^{-1} & \mathcal{C}^\dagger (1 + \mathcal{B}^\pm)^{-1} \mathcal{C} + 1 + \mathcal{B}^\pm \end{pmatrix},
\tag{7.101}
$$

$$
\mathrm{e}^{\mathcal{Q}_\pm} = \begin{pmatrix} (1 + \mathcal{B}^\pm)^{-1/2} & (1 + B^\pm)^{-1/2} \mathcal{C} \\ 0 & (1 + B^\pm)^{-1/2} \end{pmatrix},
$$

其中 $a^\dagger$ 和 a 是相应于费米子相干态的产生湮灭算符, 它们具有五维坐标和 Dirac 指标 (已缩写). 显然, 对于函数 $m(s)$ 是常数的情形, 可以推导出

$$
\mathrm{e}^{S_{\text{eff}}^\pm[U]} = \lim_{s \to \infty} \left[\det(1 + \mathcal{B}^\pm)\right]^{2s+1} \left\langle b_\pm \left| \mathbb{D}_\pm \left(\mathbb{T}_\pm\right)^{2s-2} \mathbb{D}_\pm^\dagger \right| b_\pm \right\rangle.
\tag{7.102}
$$

于是, 我们得到了有效作用量 $S_{\mathrm{I}}[U]$ 的表达式

$$
\mathrm{e}^{S_{\mathrm{I}}[U]} = \frac{\langle b_-' | 0_- \rangle \langle 0_- | 0_+ \rangle \langle 0_+ | b_+' \rangle}{|\langle b_-' | 0_- \rangle| \cdot |\langle b_+' | 0_+ \rangle|},
\tag{7.103}
$$

其中引入了新的边界态 $|b_\pm'\rangle \equiv \mathbb{D}_\pm^\dagger |b_\pm\rangle$. 需要注意的是, 这个表达式中有一个相位不确定性 (phase ambiguity). 这个相位不确定性造成四维的有效作用量 $S_{\mathrm{I}}[U]$ 的虚部是不确定的. 但是, 有效作用量的实部是完全定义好的. 我们知道, 手征费米子有效作用量的虚部实际上是与理论中的规范反常联系在一起的. 因此, 这种唯象不确定性实际上暗示着对于手征规范理论, 必须寻找一种消除规范反常的、非微扰的方法. 对于一个非阿贝尔规范场, 这一点目前还没有最终达到. 考虑到相位不确定性, 完全可以将不确定的相位吸收到真空 $|0_\pm\rangle$ 中, 因此 (7.103) 可以写为

$$
\mathrm{e}^{S_{\mathrm{I}}[U]} = \langle 0_- | 0_+ \rangle.
\tag{7.104}
$$

我们要记住, 真空具有一个相位不确定性.

¶ 上面得到的关于四维有效作用量 $S_{\mathrm{I}}[U]$ 原则上是用于处理手征规范理论的, 也就是说, 它可以处理严格手征的模式. 如果要讨论一个矢量理论, 就像 QCD 这

样的, 那么我们得到的有效作用量 (可以想象) 将是左手与右手部分的和. 又由于左右手与规范场的相互作用的耦合方式相同, 因此对于矢量理论有

$$O = \mathrm{e}_\mathrm{I}^S[U] = \langle 0_-|0_+\rangle^2, \quad \mathbb{H}^\pm|0_\pm\rangle = E_{\min}^\pm|0_\pm\rangle. \tag{7.105}$$

这个公式中的真空态 $|0_\pm\rangle$ 是相应的 "哈密顿量" $\mathbb{H}^\pm \equiv a^\dagger \mathcal{H} a$ 的最低能量本征态. 注意, 这里的矩阵 $\mathcal{H}^\pm$ 可以通过矩阵

$$\mathcal{H}(m) = \begin{pmatrix} \mathcal{B}+m & \mathcal{C} \\ \mathcal{C}^\dagger & -\mathcal{B}-m \end{pmatrix} \tag{7.106}$$

得到: $\mathcal{H}^+ = \mathcal{H}(\infty)$, $\mathcal{H}^- = \mathcal{H}(-m_0)$, 其中 $0 < m_0 < 2$. 正如所预期的, 公式 (7.105) 中不存在前面提到的、手征规范理论中存在的相位不确定性, 因为我们处理的是一个矢量规范理论. 现在令

$$\mathcal{H}_2^\pm = \begin{pmatrix} 0 & \mathcal{H}^\pm \\ \mathcal{H}^\pm & 0 \end{pmatrix}, \tag{7.107}$$

得到的所谓重叠可以写为

$$O = |\langle V_+|V_-\rangle|, \quad \mathbb{H}_2^\pm|V_\pm\rangle = E_{\min}^\pm|V_\pm\rangle. \tag{7.108}$$

于是, 我们进一步得到

$$O = \left| \det \frac{1 + \gamma_5 \epsilon(\mathcal{H}^-)}{2} \right|, \quad \epsilon(\mathcal{H}) \equiv \frac{\mathcal{H}}{\sqrt{\mathcal{H}^2}}. \tag{7.109}$$

这个公式就是目前格点 QCD 中具体使用的无质量的重叠费米子的表达式. 当然, 质量项可以很容易地加上.

　¶ 最后我们指出, 上面所得到的重叠费米子的四维有效费米矩阵显然满足所谓的 Ginsparg-Wilson 关系. 因此, 重叠费米子是更为广义的 Ginsparg-Wilson 费米子的一个特例. 另外一条得到 Ginsparg-Wilson 费米子的途径是通过研究格点上的所谓 "完美费米子作用量". 不过这些都有点偏离了我们这一章的主题.

本章进一步讨论了格点 QCD 的其他几种实现方式, 它们其实都与费米子的手征性质密切相关. 我们首先介绍了 Kogut-Susskind 费米子 (又称为 staggered 费米

子). 随后我们介绍了畴壁费米子以及由此产生的重叠费米子. 另外还有一类称为扭曲质量费米子 (twisted mass fermion) 的方案这里没有机会进一步介绍了, 感兴趣的读者可以参考相关的文献. 所有这些费米子都有它们各自的优势和缺陷. 这也就是有这么多种类的格点费米子仍然在被使用的原因. 这里并没有对这些优势和缺陷进行非常详细的讨论, 有兴趣的读者可以到格点的 arXiv 专区搜索相应的文献.

第八章 格点作用量的改进

本章提要

☞ Symanzik 改进方案
☞ Wilson 夸克作用量的改进

这 一章将讨论格点量子色动力学中的改进作用量. 前面讨论格点场论模型的连续极限与重整化问题时曾经提及 Wilson 的重整化群变换. 事实上, 正如在 6.4 小节中提到的, Wilson 的重整化群理念提示我们是有可能在格点上实现完全没有格距误差的、描写连续物理的作用量的. 这样的作用量可以称为完美作用量 (perfect action). 当然, 要求出完美作用量并不是一个容易的事情, 它意味着必须能够严格地求解出重整化群变换的每一步. 但是, 我们可以退而求其次, 寻找所谓的改进作用量 (improved action). 这就是本章要关注的问题.

为了明确起见, 我们将集中讨论 Wilson 格点 QCD 相关作用量的改进问题. 这涉及纯规范场作用量的改进和 Wilson 费米子作用量的改进. 其他格点作用量的改进也可以类似地讨论, 我们会给出相应的文献.

33 改进和 tadpole 改进方案

¶ 按照 Symanzik 的观点, 改进作用量可以通过微扰论的计算逐阶地获得. 以 Wilson 格点 QCD 为例, 它的纯规范场部分已经是 $O(a^2)$ 改进的了, 因此, 我们需要做到的是使得它变为 $O(a^4)$ 的改进. 正如 Lüscher 和 Weisz 所证明的, 这一点可以在格点微扰论中做到.[1] 下面简要地介绍一下这个计算的基本流程, 对细节有兴趣的读者可以参考原论文.

---

[1]Lüscher M and Weisz P. Computation of the action for on-shell improved lattice gauge theories at weak coupling. Phys. Lett. B, 1985, 158: 250.

¶ 首先明确我们的改进条件是要求在壳 (on-shell) 的物理量与连续场论之间的差别尽可能地小, 这就是所谓的在壳改进条件 (on-shell improvement condition). 我们将应用裸微扰论来进行计算. 准到一圈我们期望消除 $O(a^2)$ 的格点误差而不可能更高, 因为更高阶的误差势必要求计算更多圈的 (比如两圈) 效应. 这种改进作用量的寻找模式[1] 首先是 Symanzik 所倡导的, 因此这一类型的改进作用量往往被称为 Symanzik 改进作用量.

具体到纯规范场的作用量, Lüscher 和 Weisz 选择了简单的小方格和具有三维结构的、具有 6 个链接的 Wilson 圈. 当然, 具有 6 个链接的 Wilson 圈不止有一种拓扑结构, 而是有三种. 但可以论证, 其中仅仅有两种是独立的. 因此, 我们需要两个物理的改进条件来确定它们的 (相对于小方格的) 系数.

对所考察的在壳物理量, 他们选择了一种特殊的 "扭曲的" 边界条件. 具体来说, 可以在四维空间中的两维加上这种扭曲边条件. 这实际上会使得胶子变成有质量的粒子. 在这样一个 "虚拟的" 物理世界中, 可以存在一种由胶子构成的 "介子". 由于胶子现在变成有质量的粒子, 因此可以利用微扰论来计算介子的质量以及它们的二体散射振幅而不必担心存在红外非微扰效应 (包括红外发散等等). 这样的两个 "物理量"(介子的质量和二体散射振幅) 的计算就可以提供两个独立的条件, 它们足以确定前面提到的两种 6 个链接算符的系数.

¶ 当然, 具体的计算仍然是比较复杂的, 涉及格点规范场论的微扰论. 这本身就是一个值得单独讨论的问题, 里面涉及不少复杂的 Feynman 规则等等. 这里就不讨论细节了. 希望深入了解这个问题的读者可以去查阅相关的文献. 作为最后的结果, Lüscher 和 Weisz 得到了两种 6 个链接算符的改进系数:

$$\begin{cases} c_0(g_0^2) = \dfrac{5}{3} + 0.2370g_0^2 + O(g_0^4), \\ c_1(g_0^2) = -\dfrac{1}{12} - 0.02521g_0^2 + O(g_0^4), \\ c_2(g_0^2) = -0.00441g_0^2 + O(g_0^4), \end{cases} \tag{8.1}$$

其中 c_0 表示小方格算符的系数, c_1 表示平面的 2×1 长方形 Wilson 圈算符的系数, c_2 表示所谓的 "平行六边形" 的 Wilson 圈算符的系数. 正如前面提到的, 仅进行一圈的计算是无法确定 $O(g_0^4)$ 的项的系数的, 它们需要计算二圈图.

另外在实际数值模拟中值得忧虑的一点是, 即使满足于 $O(g_0^2)$ 的贡献, 也无法断言微扰论预言的最佳系数与实际的结果是吻合的, 特别是当 g_0^2 比较大的时候. 也就是说, 如果裸的耦合参数比较大, 我们很难知道按照微扰论所确定的系数去构

---

[1] 即利用微扰论逐阶计算在壳的物理量, 与连续极限的相应值比较来确定各个算符的相对系数的方法.

造作用量是否会真正获得很大改进. 通常的经验是, 格点规范中裸的微扰论的结果仅在很小的 g_0^2 的时候才是可信的. 裸的微扰论可以应用的范围往往远在实际的数值模拟所能够承受的范围之外. 事实上, 这就引出了我们下一小节要讨论的内容: 如何扩大格点规范的微扰论的适用范围, 即著名的 tadpole 改进的微扰论.

¶ 1993 年, Lepage 和 Mackenzie 考察了格点规范中裸的微扰论为何失效的问题. 他们研究这个问题的目的是双重的: 第一, 搞清楚格点规范的裸微扰论为何适用范围如此之小? 第二, 在第一个问题被澄清后, 试图寻找一种新的微扰论, 它能够在更大的范围内适用. 这就产生了所谓的 tadpole 改进的微扰论.[1]

Lepage 和 Mackenzie 发现, 格点规范的裸微扰论之所以在 g_0^2 变大时迅速发散, 其主要原因是来源于所谓的 tadpole 的贡献. 这种贡献从 Feynman 图的角度来说就是两个在同一点的 A_μ 场的自缩并产生的. 在格点上, 这个 tadpole 图虽然是有限大的 (因为格点提供了自然的紫外截断), 但是它的确贡献一个很大的数值系数. 因此, 如果想要某个物理量的微扰展开能够比较好, 就必须将其中的 tadpole 的贡献单独处理. 他们发现将 tadpole 图除外的其他图的贡献往往是很小的, 并且它们的微扰展开具有好得多的 "收敛性". 另外他们注意到, 同样的 tadpole 图会出现在许多物理量中. 具体来说, 如果我们计算小方格的平均值, tadpole 的贡献将是其主要部分. 粗略地来说, 如果 $g_0^2 \to 0$, 那么小方格的平均值会趋于 1. 但是由于 tadpole 的贡献非常大, 这个过程非常缓慢. 也就是说, 只有 g_0^2 非常小的时候, 小方格才接近于 1. 或者粗略地来说, 每个链接应当在 g_0^2 很小时候趋于 1, 但是这个过程很慢. 之所以慢就是由于 tadpole 的贡献很大. 因此, Lepage 和 Machenzie 提出了一种消除 tadpole 贡献, 同时加速收敛的方案. 我们可以试图将每一个链接变量都进行如下的一个代换:

$$U_\mu(x) \to \frac{U_\mu(x)}{u_0}, \tag{8.2}$$

这里 u_0 是一个待定参数. 显然相应的小方格也会除以一个因子 u_0^4. 如果从 Monte Carlo 模拟中, 而不是从微扰论中确定小方格的平均值, 并且取

$$u_0^4 = \langle P \rangle, \tag{8.3}$$

那么, 由于微扰论中对于小方格的平均值的主要贡献来自 tadpole, 因而我们期待: $U_\mu(x)/u_0$ 的展开中 tadpole 的贡献将几乎被 u_0 消除. 也就是说, 我们期待对于 $U_\mu(x)/u_0$ 的微扰展开应当会具有更好的收敛性.

这个想法的确被许多实践所证实. 而且, u_0 的定义实际上并不唯一, 只需要它的贡献主要来自 tadpole 就可以了. 这里特别强调的是, 参数 u_0 的数值确定是非

---

[1]Lepage G P and Mackenzie P. On the viability of lattice perturbation theory. Phys. Rev. D, 1993, 48: 2250.

微扰的, 它来自于真实的 Monte Carlo 模拟而不是微扰论. 或者说, 微扰论的计算值与数值模拟出来的真实值可能相距甚远. 但是, 只要它的微扰展开的主要贡献来自 tadpole 就可以了. 我们可以利用 tadpole 改进的微扰论计算出改进作用量中不同算符的系数, 这样构成的作用量就被称为 tadpole 改进作用量. 关于 tadpole 改进的详细讨论, 可以参考 Lepage 和 Mackenzie 的原始论文.

34 Wilson 夸克作用量的改进

¶ 这节讨论 Wilson 夸克作用量的改进. 上节提到, 规范场作用量即使是没有改进的, 它的格距误差也是 $O(a^2)$ 量级的. 经过各种改进, 这种误差会被全部或者部分地消除. 但是, 如果我们的计算中涉及夸克, 那么夸克作用量的改进就成为必需的. 通过简单的分析就会发现, Wilson 夸克作用量的格距误差是 $O(a)$ 量级的, 也就是说, 如果格距足够小, 那么由夸克作用量所造成的格距误差将起主导作用. 因此, 对于一个涉及规范场和夸克场的格点 QCD 计算来说, 仅仅改进规范场作用量是不合适的, 必须对夸克作用量同时做改进.

Wilson 夸克作用量的主要格距误差是 $O(a)$ 量级的. 这意味着如果我们需要加入高量纲的算符来进行改进, 这些高量纲的算符一定是量纲为 5 的算符. 现在我们假定格距非常接近于零, 也就是说考虑体系趋于连续极限的情况. 这时, 可以利用连续时空的语言来分析这些可能的算符. 规范不变性和 Lorentz 不变性大大限制了算符的个数. 考虑到总可以在路径积分中重新定义场, 实际上只剩下两个量纲为 5 的算符: 一个就是原先作用量中已经存在了的 Wilson 项, 它被用来解决费米子加倍问题. 另一个量纲为 5 的算符为

$$\mathcal{O}_5 = \frac{\mathrm{i}}{4}\bar{\psi}(x)\sigma_{\mu\nu}\mathcal{F}_{\mu\nu}(x)\psi(x). \tag{8.4}$$

这就是著名的 Pauli 项. 在格点 QCD 中, 人们又称加入了这种项的作用量为 Sheikholeslami-Wohlert 作用量, 或者 Clover 作用量.

一个非常重要的事实是: 量纲为 5 的这些格点算符恰恰是那些破坏手征对称性的算符. 也就是说, 在 Wilson 格点 QCD 中, 造成 $O(a)$ 误差的原因, 恰恰是由于手征对称性被明显地破坏了. 这个事实是十分重要的. 这意味着, 如果希望完全消除 $O(a)$ 的格距误差, 我们需要的就是在 $O(a)$ 的水平上完全恢复手征对称性, 反之亦然. 这在后面讨论非微扰重整化时是非常重要的出发点.

¶ 如果我们并不想完全消除 $O(a)$ 的误差, 而只是满足于部分地消除 $O(a)$ 的格距误差, 或者等价地说, 只是部分地在 $O(a)$ 水平上恢复手征对称性, 那么可以利用前面提到的 tadpole 改进的微扰论. 它可以帮助我们计算这些量纲为 5 的算符前

面系数的最佳值以获得改进. 由于除了原来的 Wilson 夸克作用量中的 Wilson 项之外仅有一个算符, 即Pauli 项存在, 因此, 我们只需要计算一个系数. 最为常用的选择是在原有的 Wilson 夸克作用量中加上所谓的 Sheikholeslami-Wohlert 项:

$$S_{\mathrm{SW}} = c_{\mathrm{SW}} \frac{\mathrm{i}}{4} \sum_{x,\mu\nu} \bar{\psi}(x)\sigma_{\mu\nu}\mathcal{F}_{\mu\nu}(x)\psi(x). \tag{8.5}$$

这里 c_{SW} 是一个依赖于裸的耦合参数 g_0^2 的参数, $\mathcal{F}_{\mu\nu}$ 是格点上规范场场强张量的某种表述, 最为常用的是选择所谓的 Clover 表述. 这就是为什么这一项又被称为 Clover 项. 要获得物理量的改进, 就必须适当选择 c_{SW}. 如果我们仅仅满足于树图水平的结果, 那么简单的考虑可以确信: $c_{\mathrm{SW}} = 1$.

按照 tadpole 改进的思路, 如果我们仅仅知道树图水平的 $c_{\mathrm{SW}} = 1$, 那么只需要对 Wilson 夸克作用量做如下的变动:

$$S_{\mathrm{f}}^{(\mathrm{TI})} = \sum_{xy} \bar{\psi}_x(\tilde{\mathrm{D}}_{\mathrm{W}} + m_0)_{xy}\psi_y + c_{\mathrm{SW}} \frac{\mathrm{i}}{4u_0^4} \sum_{x,\mu\nu} \bar{\psi}(x)\sigma_{\mu\nu}\mathcal{F}_{\mu\nu}(x)\psi(x), \tag{8.6}$$

其中修改过的 (或者说 tadpole 改进了的) Wilson-Dirac 算符 $\tilde{\mathrm{D}}_{\mathrm{W}}$ 与标准的 Wilson 格点 QCD 中所定义的完全一样, 只不过格点的协变差分算符中所有的规范场 $U_\mu(x)$ 都换成了 $U_\mu(x)/u_0$. 这里的参数 u_0 就是 tadpole 改进参数, 它的数值必须由 Monte Carlo 非微扰地确定.

¶ 前面提到了, 在进行 $O(a)$ 改进的过程中, 我们需要加上的量纲为 5 的算符恰恰就是破坏手征对称性的那些算符. 因此, 夸克作用量获得改进的条件就等价于手征对称性获得恢复的条件. 这一点可以用来非微扰地确定 Clover 项的改进系数 c_{SW}.

这种方法的出发点是与手征对称性密切联系的, 第 23 节讨论过的手征 Ward 恒等式. 我们知道, Ward 恒等式是手征对称性的具体体现, 因此要求手征 Ward 恒等式成立就等价于要求手征对称性获得恢复, 也就等价于消除所有的 $O(a)$ 的误差. 因此, 所谓 $O(a)$ 改进的夸克作用量就是能够使手征对称性在 $O(a)$ 水平恢复的格点作用量. 利用 Schrödinger 泛函的方法, 这个思路提供了一种非微扰地确定 $O(a)$ 改进作用量的方法.[1]

---

[1]Jansen K, Liu C, Lüscher M, Simma H, Sint S, Sommer R, Weisz P, and Wolff U. Nonperturbative renormalization of lattice QCD at all scales. Phys. Lett. B, 1996, 372: 275.

本章简要讨论了格点 QCD 的改进, 侧重点仍然在 Wilson 格点 QCD 的改进. 可以说对于 Wilson 格点 QCD 的 $O(a)$ 的改进基本上是目前实际模拟计算中必定采用的 "标配" 了. 规范场部分的改进基本上也都在广泛的使用之中. 显然, 改进作用量的理念不仅适用于 Wilson 格点 QCD, 它同样可以运用于前一章讨论的其他费米子方案之中.

附录 A　一些符号约定

在这个附录中, 我们简要总结一下本书中的符号约定和重要公式.

¶ 时空度规等的约定

首先, 本书闵氏时空的度规的定义采用:

$$\eta_{\mu\nu} = \eta^{\mu\nu} = \mathrm{Diag}(+1, -1, -1 - 1), \tag{A.1}$$

它可以用来升降四矢量的指标. 一个四矢量的上标 (逆变指标) 可以与一个下标 (协变指标) 缩并, 其中我们总是使用爱因斯坦的求和约定, 即重复的指标总是意味着求和 (除非特别声明). 因此, 两个四矢量 A^μ 和 B^μ 的内积为

$$A \cdot B = A^\mu B_\mu = \eta_{\mu\nu} A^\mu B^\nu = A^0 B^0 - A^i B^i = A^0 B^0 - \boldsymbol{A} \cdot \boldsymbol{B}. \tag{A.2}$$

特别地, 一个四矢量的平方 $A^2 = A \cdot A$.

¶ 闵氏空间和欧氏空间 γ 矩阵的约定

闵氏空间的 Dirac γ 矩阵由下列性质定义:

$$\{\gamma_\mu, \gamma_\nu\} = 2\eta_{\mu\nu}. \tag{A.3}$$

另外, 我们定义 γ_5 为

$$\gamma_5 = \mathrm{i}\gamma_0\gamma_1\gamma_2\gamma_3. \tag{A.4}$$

它与每一个 γ 矩阵都反对易. 利用 γ_5 可以定义左手和右手的投影算符 $P_\mathrm{L}, P_\mathrm{R}$, 相应地可以定义左手和右手的旋量:

$$P_\mathrm{L/R} = (1 \mp \gamma_5)/2, \quad \psi_\mathrm{L/R} = P_\mathrm{L/R}\psi, \quad \bar{\psi}_\mathrm{L/R} = \bar{\psi}P_\mathrm{R/L}. \tag{A.5}$$

欧氏空间的 Dirac γ 矩阵与闵氏空间的 γ 矩阵之间的联系为

$$\gamma_i^{(\mathrm{E})} = -\mathrm{i}\gamma_i^{(\mathrm{M})}, \quad \gamma_0^{(\mathrm{E})} = \gamma_0^{(\mathrm{M})}. \tag{A.6}$$

这样的定义使得欧氏空间的 γ 矩阵都是厄米的,

$$(\gamma_\mu^{(\mathrm{E})})^\dagger = \gamma_\mu^{(\mathrm{E})}, \tag{A.7}$$

并且满足下列基本反对易关系:

$$\{\gamma_\mu^{(E)}, \gamma_\nu^{(E)}\} = 2\delta_{\mu\nu}. \tag{A.8}$$

类似地, 我们定义

$$\gamma_5^{(E)} = \gamma_0^{(E)}\gamma_1^{(E)}\gamma_2^{(E)}\gamma_3^{(E)}. \tag{A.9}$$

它与所有的 γ_μ 反对易. 在不至于混淆的情形下, 我们会略写这些 γ 矩阵的上标 (E) 或 (M).

我们定义通常的 Pauli 矩阵如下:

$$\sigma_1 = \begin{pmatrix} 0 & 1 \\ 1 & 0 \end{pmatrix}, \quad \sigma_2 = \begin{pmatrix} 0 & -i \\ i & 0 \end{pmatrix}, \quad \sigma_3 = \begin{pmatrix} 1 & 0 \\ 0 & -1 \end{pmatrix}. \tag{A.10}$$

我们通常使用的欧氏空间的 γ 矩阵可以选取不同的表象. 比较方便的是手征表象, 此时 γ_5 是对角的, 其余的 γ 矩阵为

$$\gamma_0 = \begin{pmatrix} 0 & -1 \\ -1 & 0 \end{pmatrix}, \quad \gamma_1 = \begin{pmatrix} 0 & -i\sigma_1 \\ i\sigma_1 & 0 \end{pmatrix}, \quad \gamma_2 = \begin{pmatrix} 0 & -i\sigma_2 \\ i\sigma_2 & 0 \end{pmatrix},$$
$$\gamma_3 = \begin{pmatrix} 0 & -i\sigma_3 \\ i\sigma_3 & 0 \end{pmatrix}, \quad \gamma_5 = \begin{pmatrix} +1 & 0 \\ 0 & -1 \end{pmatrix}, \tag{A.11}$$

其中 σ_i 就是通常的 Pauli 矩阵. 特别值得注意的是, 在手征表象中欧氏空间的 γ_5 与闵氏空间的 γ_5 都是对角的, 但刚好相差一个符号.

我们还需要张量 γ 矩阵 $\sigma_{\mu\nu}$:

$$\sigma_{\mu\nu} = \frac{i}{2}[\gamma_\mu, \gamma_\nu]. \tag{A.12}$$

在手征表象中, 它们的具体表达式为

$$\sigma_{01} = \begin{pmatrix} +\sigma_1 & 0 \\ 0 & -\sigma_1 \end{pmatrix}, \quad \sigma_{02} = \begin{pmatrix} +\sigma_2 & 0 \\ 0 & -\sigma_2 \end{pmatrix}, \quad \sigma_{03} = \begin{pmatrix} +\sigma_3 & 0 \\ 0 & -\sigma_3 \end{pmatrix},$$
$$\sigma_{12} = \begin{pmatrix} -\sigma_3 & 0 \\ 0 & -\sigma_3 \end{pmatrix}, \quad \sigma_{23} = \begin{pmatrix} -\sigma_1 & 0 \\ 0 & -\sigma_1 \end{pmatrix}, \quad \sigma_{31} = \begin{pmatrix} -\sigma_2 & 0 \\ 0 & -\sigma_2 \end{pmatrix}. \tag{A.13}$$

所有上述欧氏空间的 γ 矩阵都是厄米的.

¶ 一些相关李群与李代数的约定

我们对于李群生成元的归一化选择是

$$\mathrm{Tr}\,(T^a T^b) = \frac{1}{2}\delta^{ab}. \tag{A.14}$$

对于 SU (2) 群, 我们可以选

$$T^a = \frac{\sigma^a}{2}. \tag{A.15}$$

这样一来, 每一个 SU (2) 群的元素在其基础表示 (fundamental representation) 中可以写成 $U(\theta) = \mathrm{e}^{\mathrm{i}\theta^a \sigma^a/2}$.

对于 SU (3) 群, 我们可以选

$$T^a = \frac{\lambda_a}{2}, \tag{A.16}$$

其中 λ_a 为 Gell-Mann 矩阵, 通常为

$$\lambda_1 = \begin{pmatrix} 0 & 1 & 0 \\ 1 & 0 & 0 \\ 0 & 0 & 0 \end{pmatrix}, \quad \lambda_2 = \begin{pmatrix} 0 & -\mathrm{i} & 0 \\ \mathrm{i} & 0 & 0 \\ 0 & 0 & 0 \end{pmatrix}, \quad \lambda_3 = \begin{pmatrix} 1 & 0 & 0 \\ 0 & -1 & 0 \\ 0 & 0 & 0 \end{pmatrix},$$

$$\lambda_4 = \begin{pmatrix} 0 & 0 & 1 \\ 0 & 0 & 0 \\ 1 & 0 & 0 \end{pmatrix}, \quad \lambda_5 = \begin{pmatrix} 0 & 0 & -\mathrm{i} \\ 0 & 0 & 0 \\ \mathrm{i} & 0 & 0 \end{pmatrix}, \quad \lambda_6 = \begin{pmatrix} 0 & 0 & 0 \\ 0 & 0 & 1 \\ 0 & 1 & 0 \end{pmatrix}, \tag{A.17}$$

$$\lambda_7 = \begin{pmatrix} 0 & 0 & 0 \\ 0 & 0 & -\mathrm{i} \\ 0 & \mathrm{i} & 0 \end{pmatrix}, \quad \lambda_8 = \frac{1}{\sqrt{3}} \begin{pmatrix} 1 & 0 & 0 \\ 0 & 1 & 0 \\ 0 & 0 & -2 \end{pmatrix}.$$

每一个 SU (3) 群的元素在其基础表示中可以写成 $U(\theta) = \mathrm{e}^{\mathrm{i}\theta_a \lambda_a/2}$. Gell-Mann 矩阵满足下列反对易关系和对易关系:

$$\{\lambda_a, \lambda_b\} = \frac{4}{3}\delta_{ab} + 2d_{abc}\lambda_c,$$
$$[\lambda_a, \lambda_b] = 2\mathrm{i}f^{abc}\lambda_c, \tag{A.18}$$

其中 f^{abc} 为群的结构常数. 对于 SU (3) 群, f^{abc} 和 d_{abc} 可以从相关书籍中查出 (如果真的需要的话).

附录 B　关于 Yang-Mills 场的一些约定

在文献中, Yang-Mills 规范理论的作用量有几种貌似不同的写法. 这里将它们列出并进行比较.

其实这些不同的写法主要的区别在于协变微商的定义. 在第一种写法中, 协变微商的表达式为

$$\mathrm{D}_\mu = \partial_\mu - \mathrm{i}g A_\mu, \tag{B.1}$$

其中 A_μ 为 (相应李代数中取值的、厄米的) 规范场, g 为规范耦合常数 (可以是裸的耦合常数, 也可以是重整化的耦合常数). 利用这个协变微商表示, 我们令体系的场强张量为

$$F_{\mu\nu} = \frac{\mathrm{i}}{g}[\mathrm{D}_\mu, \mathrm{D}_\nu], \tag{B.2}$$

或者更为明确地写出为

$$\begin{cases} F_{\mu\nu} = \partial_\mu A_\nu - \partial_\nu A_\mu - \mathrm{i}g[A_\mu, A_\nu], \\ F_{\mu\nu}^a = \partial_\mu A_\nu^a - \partial_\nu A_\mu^a + g f^{abc} A_\mu^b A_\nu^c. \end{cases} \tag{B.3}$$

利用这些定义, 我们可以将 Yang-Mills 规范场的拉氏量表达为

$$\mathcal{L} = -\frac{1}{4} F_{\mu\nu}^a F_{\mu\nu}^a, \tag{B.4}$$

其中重复的指标均求和. 上面是利用分量写出的, 另外一种写法是利用李代数取值的场强张量的求迹写出

$$\mathcal{L} = -\frac{1}{2} \mathrm{Tr}\,(F_{\mu\nu} F_{\mu\nu}). \tag{B.5}$$

在利用了分解 $F_{\mu\nu} = F_{\mu\nu}^a T^a$ 以及归一化条件 (A.14) 后, 很容易证明它与上面的表达式 (B.4) 完全一致. 采用上述约定的场论书籍包括 Peskin 和 Schroeder 的《量子场论导论》[1] (参见该书的 §16.1), 以及 Srednicki 的《量子场论》[11] (见该书的第 58 章).

另外一大类写法是将耦合参数 g 吸收到规范场 A_μ 之中. 这时的协变微商写为

$$\mathrm{D}_\mu = \partial_\mu - \mathrm{i}\mathcal{A}_\mu, \tag{B.6}$$

其中 $\mathcal{A}_\mu \equiv g A_\mu$. 这样一来相应的场强张量为

$$\mathcal{F}_{\mu\nu} = \mathrm{i}[\mathrm{D}_\mu, \mathrm{D}_\nu] = \partial_\mu \mathcal{A}_\nu - \partial_\nu \mathcal{A}_\mu - \mathrm{i}[\mathcal{A}_\mu, \mathcal{A}_\nu]. \tag{B.7}$$

而拉氏量 (B.5) 则表达为

$$\mathcal{L} = -\frac{1}{2g^2} \mathrm{Tr}\,(\mathcal{F}_{\mu\nu}\mathcal{F}_{\mu\nu}). \tag{B.8}$$

这类约定被 Weinberg 的量子场论教材采用[2], 参见该书的 §15.1.

最后, 还有一大类写法中将常数 i 或者 (−i) 也吸收到规范场的定义之中. 这样一来, 规范场就不再是厄米的, 而是反厄米的. 例如, 我们可以定义

$$\mathrm{D}_\mu = \partial_\mu + G_\mu, \tag{B.9}$$

其中 $G_\mu(x) = (-\mathrm{i})\mathcal{A}_\mu(x) = -\mathrm{i}g A_\mu(x)$ 是一个反厄米的, 在李代数中取值的规范场. 这时的场强的定义为

$$\bar{\mathcal{F}}_{\mu\nu} \equiv [\mathrm{D}_\mu, \mathrm{D}_\nu] = \partial_\mu G_\nu - \partial_\nu G_\mu + [G_\mu, G_\nu]. \tag{B.10}$$

场 $\bar{\mathcal{F}}_{\mu\nu}$ 也是个反厄米的场强张量. 因此, 系统的拉氏量这时可以写为

$$\mathcal{L} = +\frac{1}{2g^2} \mathrm{Tr}\,(\bar{\mathcal{F}}_{\mu\nu}\bar{\mathcal{F}}_{\mu\nu}). \tag{B.11}$$

参考书

[1]   Peskin M E and Schroeder D V. An Introduction to Quantum Field Theory. Reading: Addison-Wesley, 1995.

[2]   Weinberg S. The Quantum Theory of Fields. Cambridge: Cambridge University Press, 1995.

[3]   Carmeli M and Malin S. Theory of Spinors: An Introduction. Singapore: World Scientific, 2000.

[4]   Itzykson C and Zuber J B. Quantum Field Theory. New York: McGraw-Hill, 1980.

[5]   Mandl F and Shaw G. Quantum Field Theory. New York: Wiley, 1993.

[6]   Ramond P. Field Theory: A Modern Primer. 2nd edition. Redwood City: Addison-Wesley, 1989.

[7]   Ryder L H. Quantum Field Theory. Cambridge: Cambridge University Press, 1985.

[8]   Bjorken J D and Drell S D. Relativistic Quantum Fields. New York: McGraw Hill, 1965.

[9]   Greiner W. Relativistic Quantum Mechanics: Wave Equations. 3rd edition. Berlin: Springer, 2000.

[10]   Landau L D and Lifschitz E M. Quantum Mechanics. Oxford: Pergamon Press, 1994.

[11]   Srednicki M. Quantum Field Theory. Cambridge: Cambridge University Press, 2007. 这本书的电子版书稿可以在该书作者的网站http://www.physics.ucsb.edu/~ mark/qft.html 上找到.

[12]   Zee A. Quantum Field Theory in a Nutshell. Princeton: Princeton University Press, 2003.

[13]   Mahan G D. Many-Particle Physics. 3rd edition. Berlin: Springer, 2000.

[14]   Gattringer C and Lang C B. Quantum Chromodynamics on the Lattice: An Introductory Presentation. Berlin: Springer, 2010.

索　引